MÜNCHENER GEOGRAPHISCHE ABHANDLUNGEN
REIHE B

in
MÜNCHENER UNIVERSITÄTSSCHRIFTEN
FAKULTÄT FÜR GEOWISSENSCHAFTEN

Münchener Universitätsschriften
Fakultät für Geowissenschaften

MÜNCHENER GEOGRAPHISCHE ABHANDLUNGEN
REIHE B

Herausgeber
Prof. Dr. O. Baume, Prof. Dr. J. Birkenhauer,
Prof. Dr. H.-G. Gierloff-Emden, Prof. Dr. W. Mauser,
Prof. Dr. K. Rögner, Prof. Dr. U. Rust, Prof. Dr. F. Wieneke

Schriftleitung: Dr. K.R. Dietz

Band B 25

UWE HERA

Gletscherschwankungen in den Nördlichen Kalkalpen seit dem 19. Jahrhundert

Mit 80 Abbildungen, 16 Photos und 55 Tabellen

1997

Institut für Geographie der Universität München
Kommissionsverlag: GEOBUCH-Verlag, München

Gedruckt mit Unterstützung aus den Mitteln des Bayerischen Forschungsverbundes Klima (BayFORKLIM)

Textverarbeitung, Layout, Reproarbeiten und Kartenherstellung erfolgten am Institut für Geographie der Universität München

Rechte vorbehalten

Ohne ausdrückliche Genehmigung der Herausgeber ist es nicht gestattet, das Werk oder Teile daraus nachzudrucken oder auf photomechanischem Wege zu vervielfältigen.

Die Ausführungen geben Meinung und Korrekturstand des Autors wieder.

Anfragen bezüglich Drucklegung von wissenschaftlichen Arbeiten und Tauschverkehr sind zu richten an die Herausgeber im Institut für Geographie der Universität München, Luisenstraße 37, 80333 München

Druck: db drucken+binden GmbH, Schellingstraße 23, 80799 München

Zu beziehen durch den Buchhandel

Kommissionsverlag: GEOBUCH-Verlag, Rosental 2, 80331 München

ISBN 3 925 308 85 7
ISSN 0932 3147

Inhaltsverzeichnis

Inhaltsverzeichnis	I
Abbildungsverzeichnis	V
Tabellenverzeichnis	IX
Verzeichnis der photographischen Aufnahmen	XII
Vorwort	XIII

1.	EINFÜHRUNG	1
1.1	Problemstellung	1
1.2	Untersuchter Zeitraum	3
1.3	Gletscherentwicklung in den Alpen seit 1850	4
2.	UNTERSUCHUNGSGEBIET	9
2.1	Räumliche Abgrenzung des Untersuchungsgebietes	9
2.2	Klimatische Rahmenbedingungen	12
2.2.1	Niederschlag	12
2.2.2	Lufttemperatur	14
2.2.3	Bewertung der klimatischen Situation	16
3.	ARBEITS- UND UNTERSUCHUNGSMETHODEN	17
3.1	Methodische Grundlagen	17
3.2	Historische Quellen	19
3.3	Glazialmorphologische Methoden	20
3.3.1	Geländeuntersuchung	21
3.3.2	Luftbildauswertung	22
3.4	Quantitative Ansätze	22
3.4.1	Grundlagen	22
3.4.2	Bestimmung der Schneegrenzen	23
3.4.2.1	Moränenansatzmethode	25
3.4.2.2	Bergschrundmethode	25
3.4.3	Datierung der Gletscherstände	27
4.	FLÄCHENVERÄNDERUNG AUSGEWÄHLTER GLETSCHER DER LECHTALER ALPEN	29
4.1	Stand der Forschung	29
4.2	Auswahl der Gletscher	29
4.3	Oberes Medriol	31
4.3.1	Leiterferner	31
4.3.1.1	Lagebeschreibung	31
4.3.1.2	Flächenentwicklung des Leiterferners seit der holozänen Hochstandsphase um 1850	33

4.4	Parseier Gruppe	41
4.4.1	Patrolferner	41
4.4.1.1	Lagebeschreibung	41
4.4.1.2	Flächenentwicklung des Patrolferners seit der holozänen Hochstandsphase um 1850	42
4.4.2	Grinner Ferner	50
4.4.2.1	Lagebeschreibung	50
4.4.2.2	Flächenentwicklung des Grinner Ferners seit der holozänen Hochstandsphase um 1850	53
4.4.3	Parseierferner	60
4.4.3.1	Lagebeschreibung	60
4.4.3.2	Flächenentwicklung des Parseierferners seit der holozänen Hochstandsphase um 1850	62
4.5	Feuersteinspitzgruppe	70
4.5.1	Fallenbacher Ferner	70
4.5.1.1	Lagebeschreibung	70
4.5.1.2	Flächenentwicklung des Fallenbacher Ferners seit der holozänen Hochstandsphase um 1850	71
4.6	Zusammenfassender Vergleich	80
5.	VARIATIONSBREITE DER GLETSCHERSCHWANKUNGEN IN DEN NÖRDLICHEN KALKALPEN	88
5.1	Wettersteingebirge	88
5.1.1	Zugspitzplatt	88
5.1.2	Höllentalkar	90
5.2	Berchtesgadener Alpen	91
5.2.1	Blaueis	91
5.2.2	Watzmanngletscher	92
5.2.3	Hochköniggletscher (Übergossene Alm)	93
5.3	Allgäuer Alpen	94
5.4	Karwendelgebirge	96
5.5	Zusammenfassender Überblick	96
5.6	Flächenveränderungen der Gletscher der Nördlichen Kalkalpen im Vergleich zu den Zentralalpen	99
6.	SCHNEEGRENZEN	102
6.1	Veränderungen der Schneegrenzhöhen der Gletscher in den Nördlichen Kalkalpen seit dem 19. Jahrhundert	102
6.2	Vergleich mit Ergebnissen aus den Zentralalpen	105
7.	FLÄCHENVERÄNDERUNGEN UND MORPHOGRAPHIE	108
7.1	Maximale neuzeitliche Flächenausdehnung und absoluter Flächenschwund	109
7.2	Maximale neuzeitliche Flächenausdehnung und relativer Flächenschwund	111

7.3	Strahlungsexposition und relativer Flächenschwund	115
7.4	Höhenerstreckung und relativer Flächenschwund	119
7.5	Mittlere, rezente Höhenlage und Exposition	121
7.6	Mittlere, rezente Höhenlage und Position innerhalb der Nördlichen Kalkalpen	122
7.7	Zusammenfassende Bewertung	124
8.	GLETSCHERVERÄNDERUNGEN UND KLIMA	126
8.1	Grundlagen	126
8.1.1	Klima - Massenbilanz	126
8.1.2	Massenbilanz - Längenänderung	127
8.1.3	Klima - Längenänderung	128
8.2	Differenzierte Betrachtung des Komplexes ´Klima - Gletscher´	128
8.2.1	Makro-/Mesoklima	129
8.2.2	Massen - und Energieaustausch	130
8.2.3	Massenhaushalt	131
8.2.4	Reaktion	132
8.3	Modellierung der Eismassenvariationen des Nördlichen Schneeferners im Wettersteingebirge	134
8.3.1	Überprüfung der Datengrundlage auf Homogenität	137
8.3.1.1	Lufttemperatur - Station Zugspitze	139
8.3.1.2	Niederschläge - Station Zugspitze	140
8.3.2	Lufttemperatur und Niederschlag auf der Zugspitze 1901-1994 im Vergleich zur Flächenentwicklung des Nördlichen Schneeferners	143
8.3.3	Das TS-Modell nach HOINKES und STEINACKER (1975a)	150
8.3.3.1	Die Modellvariante T-SUM	150
8.3.3.2	Die Modellvariante RT-SUM	151
8.3.3.3	Die Modellvariante NS-SUM	152
8.3.3.4	Die Modellvariante WS-SUM	152
8.3.3.5	Eichung und Validierung der Modellvarianten	153
8.3.4	Die Berechnung der mittleren spezifischen Nettomassenbilanz des Nördlichen Schneeferners mit dem TS-Modell	153
8.3.5.	Vergleich der Ergebnisse des TS-Modells mit photogrammetrisch ermittelten Höhendifferenzen der Oberfläche des Nördlichen Schneeferners	159
8.3.6	Die Berechnung der mittleren spezifischen Nettomassenbilanz des Nördlichen Schneeferners auf Grundlage eines verbesserten Modellansatzes	164
8.3.7	Die Entwicklung des Nördlichen Schneeferners im großräumigen Vergleich	171

9.	ABSCHÄTZUNG EINER MÖGLICHEN ENTWICKLUNG DES NÖRDLICHEN SCHNEEFERNERS	175
9.1	Vorbemerkungen	175
9.2	Szenarien und Ergebnisse	178
9.2.1	Extrapolation der Flächenentwicklung des Nördlichen Schneeferners	178
9.2.2	Extrapolation der kumulierten mittleren spezifischen Nettomassenbilanz des Nördlichen Schneeferners	179
10.	ZUSAMMENFASSUNG	185
11.	SCHLUSSBEMERKUNG	189
12.	LITERATURVERZEICHNIS	190
13.	ANHANG	201

Abbildungsverzeichnis

Abb. 1:	Statistik der Längenänderungen der Gletscher in den Österreichischen und Schweizer Alpen 1880-1989	5
Abb. 2:	Massenänderungen von Alpengletschern 1922-1983: Kumulierte Mittelwerte der mittleren spezifischen Jahresnettobilanzen	7
Abb. 3:	Neuzeitlich vergletscherte Gebirgsgruppen der Nördlichen Kalkalpen	10
Abb. 4:	Karte der Lechtaler Alpen	11
Abb. 5:	Mittlere jährliche Niederschlagshöhe [cm] in 2500m NN	13
Abb. 6:	Zusammenhang zwischen der Höhenlage eines Einzugsgebietes und dessen Jahresmittel der Lufttemperatur im Bereich der Lechtaler Alpen	15
Abb. 7:	Methoden zur Erfassung von Gletscherbewegungen mit zeitlichen Anwendungsbereichen	18
Abb. 8:	Absolute Flächenveränderungen des Leiterferners 1850-1994	33
Abb. 9:	Relative Flächenveränderungen des Leiterferners 1850-1994	36
Abb. 10:	Flächenveränderungen des Leiterferners - Ein Vergleich 1850-1994	40
Abb. 11:	Absolute Flächenveränderungen des Patrolferners 1850-1994	43
Abb. 12:	Relative Flächenveränderungen des Patrolferners 1850-1994	45
Abb. 13:	Flächenveränderungen des Patrolferners - Ein Vergleich 1850-1994	47
Abb. 14:	Absolute Flächenveränderungen des Grinner Ferners 1850-1994	53
Abb. 15:	Relative Flächenveränderungen des Grinner Ferners 1850-1994	54
Abb. 16:	Flächenveränderungen des Grinner Ferners - Ein Vergleich 1850-1994	56
Abb. 17:	Absolute Flächenveränderungen des Parseierferners 1850-1994	64
Abb. 18:	Relative Flächenveränderungen des Parseierferners 1850-1994	65
Abb. 19:	Flächenveränderungen des Parseierferners - Ein Vergleich 1850-1994	67
Abb. 20:	Absolute Flächenveränderungen des Fallenbacher Ferners 1850-1994	72
Abb. 21:	Relative Flächenveränderungen des Fallenbacher Ferners 1850-1994	74
Abb. 22:	Flächenveränderungen des Fallenbacher Ferners - Ein Vergleich 1850-1994	76
Abb. 23:	Absolute Flächenveränderungen der Gletscher in den Lechtaler Alpen 1850-1994 im Überblick	80
Abb. 24:	Relative Flächenveränderungen der Gletscher in den Lechtaler Alpen 1850-1994 im Überblick	83

Abb. 25:	Absolute Flächenänderungen der Gletscher des Wettersteingebirges 1850-1994	89
Abb. 26:	Absolute Flächenänderungen der Gletscher der Berchtesgadener Alpen 1820/50-1993/95	91
Abb. 27:	Absolute Flächenänderungen des Schwarzmilzferners in den Allgäuer Alpen 1850-1991	95
Abb. 28:	Absolute Flächenänderungen der Gletscher der Nördlichen Kalkalpen 1820/50-1994	97
Abb. 29:	Relative Flächenänderungen der Gletscher der Nördlichen Kalkalpen 1820/50-1994	97
Abb. 30:	Relative Flächenänderungen der Gletscher der Nördlichen Kalkalpen 1850-1994 im Vergleich zu anderen Gebirgsgruppen oder Ländern	99
Abb. 31:	Änderung der Höhenlage der Schneegrenzen der Gletscher in den Nördlichen Kalkalpen im Zeitraum 1820/50-1993/95	102
Abb. 32:	Schneegrenzveränderungen der Gletscher in den Nördlichen Kalkalpen 1820/50-1993/95 im Vergleich zu den Zentralalpen	105
Abb. 33:	Zusammenhang zwischen der maximalen neuzeitlichen Flächenausdehnung der Gletscherflecken in den Nördlichen Kalkalpen und deren absoluten Flächenschwund	110
Abb. 34:	Zusammenhang zwischen Gletschergröße (Fläche 1850) und dem absoluten Flächenschwund der Graubündener Gletscher im Zeitraum 1850-1973	111
Abb. 35:	Zusammenhang zwischen der maximalen neuzeitlichen Flächenausdehnung der Gletscher der Nördlichen Kalkalpen und dem relativen Flächenschwund	112
Abb. 36:	Zusammenhang zwischen der maximalen neuzeitlichen Flächenausdehnung der Gletscher der Nördlichen Kalkalpen (gesplittet) und dem relativen Flächenschwund	113
Abb. 37:	Regressionsdiagramm zwischen dem prozentualen Flächenschwund 1850-1969 und der Gletschergröße der Gletscher in Kärnten	114
Abb. 38:	Zusammenhang zwischen der mittleren regionalen Gletschergröße und dem relativen Flächenschwund der Gletscher Graubündens im Zeitraum 1850-1973	115
Abb. 39:	Mittlere Exposition der in die Untersuchung einbezogenen rezenten Gletscher der Nördlichen Kalkalpen	117
Abb. 40:	Relative Flächenverluste der Gletscherflecken in den Nördlichen Kalkalpen in einzelnen Expositionsklassen	118
Abb. 41:	Zusammenhang zwischen der vertikalen Höhenerstreckung und dem relativen Flächenschwund der Graubündener Gletscher im Zeitraum 1850-1973	119

Abb. 42: Zusammenhang zwischen der vertikalen Höhenerstreckung der Gletscher der Nördlichen Kalkalpen während der neuzeitlichen Hochstandsphase um 1820/50 und deren rezenten relativen Flächenverlusten ... 120
Abb. 43: Zusammenhang zwischen der mittleren, rezenten Höhenlage der Gletscherflecken der Nördlichen Kalkalpen und deren Exposition ... 121
Abb. 44: Zusammenhang zwischen der mittleren, rezenten Höhenlage der Gletscherflecken der Nördlichen Kalkalpen und deren Lage innerhalb der einzelnen Gebirgsgruppen ... 123
Abb. 45: Möglichkeiten zur Modellierung der Klima-Gletscher-Beziehung ... 126
Abb. 46: Beziehungsschema des Zusammenhangs 'Klima - Gletscher' ... 129
Abb. 47: Lage des Nördlichen Schneeferners (Stand 1994) und der Klimastation 'Zugspitze' des Deutschen Wetterdienstes ... 136
Abb. 48: Ergebnisse der Homogenitätsanalyse (Doppelsummen-Verfahren) - Datenreihe ' Lufttemperatur' - Station Zugspitze ... 140
Abb. 49: Ergebnisse der Homogenitätsanalyse (Doppelsummen-Verfahren) - Datenreihe ' Niederschlag' - Station Zugspitze ... 141
Abb. 50: Ergebnisse der Homogenitätsanalyse (Doppelsummen-Verfahren) - Datenreihe ' Niederschlag' korrigiert - Station Zugspitze ... 142
Abb. 51: Jahressummen 1901-1994 (1901-1949 korrigiert) und Trend der Niederschläge (1949-1994) - Station Zugspitze ... 144
Abb. 52: Jahresmittel und Trend der Lufttemperatur 1901-1994 - Station Zugspitze ... 145
Abb. 53: Niederschlagssummen 1901/02-1993/94 (1901/02-1948/49 korrigiert) und Trend der Niederschläge der Akkumulationsperioden (1948/49-1993/94) - Station Zugspitze ... 146
Abb. 54: Niederschlagssummen 1901-1994 (1901-1949 korrigiert) und Trend der Niederschläge der Ablationsperioden 1901-1994 - Station Zugspitze ... 146
Abb. 55: Lufttemperaturen und Trend der Lufttemperaturen der Akkumulationsphasen 1901-1994 - Station Zugspitze ... 147
Abb. 56: Lufttemperaturen und Trend der Lufttemperaturen der Ablationsphasen 1901-1994 - Station Zugspitze ... 147
Abb. 57: Flächenentwicklung des Nördlichen Schneeferners im Wettersteingebirge 1900-1994 ... 149
Abb. 58: Schematischer Aufbau des TS-Modells ... 151
Abb. 59: Ergebnisse der Massenhaushaltsuntersuchungen auf dem Nördlichen Schneeferner 1962/63-1967/68 ... 154
Abb. 60: Lufttemperaturen der Station Zugspitze (1963/64-1964/65) im Vergleich zum langjährigen Mittel ... 154
Abb. 61: Niederschlagssummen der Station Zugspitze (1963/64-1964/65) im Vergleich zum langjährigen Mittel ... 155

Abb. 62:	Vergleich der glaziologisch gemessenen und mit Hilfe des TS-Modells berechneten MSB des Nördlichen Schneeferners 1962/63 -1967/68	156
Abb. 63:	Regressionsgeraden mit Grenzgeraden der mittleren Abweichung - Varianten T-SUM und RT-SUM	158
Abb. 64:	Regressionsgeraden mit Grenzgeraden der mittleren Abweichung - Varianten NS-SUM und WS-SUM	159
Abb. 65:	Photogrammetrisch ermittelte Höhenänderungen der Oberfläche des Nördlichen Schneeferners 1949-1959, 1959-1971, 1971-1979, 1979-1990	160
Abb. 66:	Vergleich der kumulierten Massenbilanzreihen mit den photogrammetrisch ermittelten Höhendifferenzen	161
Abb. 67:	Vergleich der kumulierten Massenbilanzreihen mit den photogrammetrisch ermittelten Höhendifferenzen	162
Abb. 68:	Vergleich der glaziologisch gemessenen und mit Hilfe des TS-Modells berechneten MSB des Nördlichen Schneeferners 1962/63-1967/68	166
Abb. 69:	Regressionsgeraden mit Grenzgeraden der mittleren Abweichung - Varianten WS-SUM und WS-SUM - Neu	166
Abb. 70:	Vergleich der kumulierten Massenbilanzreihen mit photogrammetrisch ermittelten Höhendifferenzen	168
Abb. 71:	Mittlere spezifische Nettomassenbilanzen des Nördlichen Schneeferners im Zeitraum 1945/46-1993/94	169
Abb. 72:	Vergleich der mittleren, spezifischen Nettomassenbilanzen ausgewählter Gletscher der Alpen 1949/50-1973/74	172
Abb. 73:	Vergleich der mittleren, spezifischen Nettomassenbilanzen ausgewählter Gletscher bzw. Gletscherflecken (Nördlicher Schneeferner, Wurtenkees, Vernagtferner) 1949/50-1973/74	173
Abb. 74:	Vergleich der kumulierten, mittleren, spezifischen Nettomassenbilanzen ausgewählter Gletscher der Alpen (Nördlicher Schneeferner, Wurtenkees, Vernagtferner) 1949/50-1973/74	174
Abb. 75:	Flächenentwicklung (1892-1994 und 1949-1994) und Entwicklung der nach WS-SUM-Neu berechneten MSB (1945/56-1993/94) des Nördlichen Schneeferners	178
Abb. 76:	Extrapolation des linearen Trends der Lufttemperatur auf der Zugspitze im Vergleich mit Szenarien	180
Abb. 77:	Ergebnisse der Extrapolation der MSB-Reihe des Nördlichen Schneeferners - (Szenarien 1 und 2)	181
Abb. 78:	Ergebnisse der Extrapolation der MSB-Reihe des Nördlichen Schneeferners - (Szenarien 3-5)	182
Abb. 79:	Zeitdauer bis zum möglichen Abschmelzen des Nördlichen Schneeferners - (Szenarien 1 und 2)	183
Abb. 80:	Zeitdauer bis zum möglichen Abschmelzen des Nördlichen Schneeferners - (Szenarien 3-5)	184

Tabellenverzeichnis

Tab. 1:	Berechnete Summen des Jahresniederschlages im Gebiet der Lechtaler Alpen in verschiedenen Höhenstufen	12
Tab. 2:	Gebietsmitteltemperaturen ausgewählter Einzugsgebiete im Bereich der Lechtaler Alpen	15
Tab. 3:	Lufttemperatur und Niederschlag im Gebiet der Lechtaler Alpen - Minimum, Maximum und Mittelwert	16
Tab. 4:	Qualitative Lageparameter des Leiterferners zum Zeitpunkt der österreichischen Gesamtbefliegung 1969/70	33
Tab. 5:	Absolute und relative Flächenveränderungen des Leiterferners 1850-1994	34
Tab. 6:	Morphographische Kennwerte des Leiterferners 1850-1994	34
Tab. 7:	Qualitative Lageparameter des Patrolferners zum Zeitpunkt der österreichischen Gesamtbefliegung 1969/70	42
Tab. 8:	Absolute und relative Flächenveränderungen des Patrolferners 1850-1994	43
Tab. 9:	Morphographische Kennwerte des Patrolferners 1850-1994	44
Tab. 10:	Qualitative Lageparameter des Grinner Ferners zum Zeitpunkt der österreichischen Gesamtbefliegung 1969/70	52
Tab. 11:	Absolute und relative Flächenveränderungen des Grinner Ferners 1850-1994	53
Tab. 12:	Morphographische Kennwerte des Grinner Ferners 1850-1994	57
Tab. 13:	Qualitative Lageparameter des Parseierferners zum Zeitpunkt der österreichischen Gesamtbefliegung 1969/70	62
Tab. 14:	Absolute und relative Flächenveränderungen des Parseierferners 1850-1994	64
Tab. 15:	Morphographische Kennwerte des Parseierferners 1850-1994	65
Tab. 16:	Qualitative Lageparameter des Fallenbacher Ferners zum Zeitpunkt der österreichischen Gesamtbefliegung 1969/70	71
Tab. 17:	Absolute und relative Flächenveränderungen des Fallenbacher Ferners 1850-1994	73
Tab. 18:	Morphographische Kennwerte des Fallenbacher Ferners 1850-1994	75
Tab. 19:	Absolute Flächenveränderungen [ha] ausgewählter Gletscher der Lechtaler Alpen im Überblick	81
Tab. 20:	Relative Flächenveränderungen [%] ausgewählter Gletscher der Lechtaler Alpen im Vergleich zur Ausdehnung um 1850 - Zusammenfassender Überblick	84
Tab. 21:	Absolute Flächenveränderung des Parzüelferners bzw. Vorderseeferners im Zeitraum 1850-1994	86
Tab. 22:	Absolute und relative Flächenänderungen der Gletscher des Wettersteingebirges 1850-1994	89

Tab. 23:	Absolute und relative Flächenänderungen der Gletscher der Berchtesgadener Alpen 1820/50-1993/95	92
Tab. 24:	Absolute und relative Flächenänderungen des Schwarzmilzferners in den Allgäuer Alpen 1850-1991	95
Tab. 25:	Änderung der Höhenlage der Schneegrenzen der Gletscher in den Nördlichen Kalkalpen im Zeitraum 1820/50-1993/95	103
Tab. 26:	Gletscherflecken der Nördlichen Kalkalpen, differenziert nach Gebirgsgruppen	109
Tab. 27:	Zugewiesene Indizes der in die Analysen der Kapitel 7.1-7.7 einbezogenen Gletscher der Nördlichen Kalkalpen	110
Tab. 28:	Relative Flächenverluste der Österreichischen Alpengletscher 1850-1969 nach Expositionsbereichen	115
Tab. 29:	Relative Flächenverluste der Kärntner Gletscher 1850-1969 nach Expositionsbereichen	116
Tab. 30:	Zusammenstellung der durchschnittlichen prozentualen Flächenverlustwerte in den verschiedenen Größenklassen und Expositionen	116
Tab. 31:	Relative Flächenverluste der Gletscher der Nördlichen Kalkalpen 1820/50-1992/94 nach Expositionsbereichen	118
Tab. 32:	Tabellarische Übersicht der Exposition und der mittleren, rezenten Höhenlage der Gletscher der Nördlichen Kalkalpen	122
Tab. 33:	Abgerundete Werte der Niederschlagshöhe [mm/a] in den Gebirgsgruppen der Nördlichen Kalkalpen	123
Tab. 34:	Ergebnisse der Homogenitätsanalyse - Datenreihe ´Lufttemperatur´ - Station Zugspitze	139
Tab. 35:	Ergebnisse des Homogenitätstests auf Basis der Niederschlagsdaten 1901-1980	140
Tab. 36:	Dokumentierte Inhomogenitäten der Niederschlagsmeßreihe - Klimastation Zugspitze	141
Tab. 37:	Korrekturfaktoren der Niederschlagsmeßreihe - Station Zugspitze für einzelne inhomogene Zeitabschnitte	142
Tab. 38:	Ergebnisse des Homogenitätstests auf Basis der korrigierten Niederschlagsdaten 1901-1994	143
Tab. 39:	Statistische Kennwerte der Lufttemperatur - Station Zugspitze 1901-1994	144
Tab. 40:	Statistische Kennwerte des Niederschlages - Station Zugspitze 1949-1994	145
Tab. 41:	Ergebnisse des TS-Modells für den Hinterreis- bzw. Vernagtferner	153
Tab. 42:	Konstante gletscherspezifische Grundgrößen des für die Berechnung der MSB des Nördlichen Schneeferners verwendeten TS-Modells	156

Tab. 43:	Ergebnisse des Vergleiches der glaziologisch gemessenen mit den berechneten MSB 1962/63-1967/68	157
Tab. 44:	Umrechnung der photogrammetrisch ermittelten Höhendifferenzen der Oberfläche des Nördlichen Schneeferners	160
Tab. 45:	Vergleich der kumulierten Massenbilanzreihen mit den nach photogrammetrisch ermittelten Höhendifferenzen	163
Tab. 46:	Konstante gletscherspezifische Grundgrößen der Modellvarianten WS-SUM und WS-SUM-Neu des TS-Modells	165
Tab. 47:	Ergebnisse des Vergleiches der glaziologisch gemessenen mit den berechneten MSB 1962/63-1967/68	167
Tab. 48:	Vergleich der kumulierten Massenbilanzreihen mit photogrammetrisch ermittelten Höhendifferenzen	169
Tab. 49:	Stochastischer Zusammenhang zwischen der MSB und der Lufttemperatur bzw. den Niederschlägen des Nördlichen Schneeferners während der Ablations- und Akkumulationsphasen	173
Tab. 50:	Zeitpunkte eines möglichen kompletten Abschmelzens des Nördlichen Schneeferners	182
Tab. A1:	Mittlere spezifische Nettomassenbilanzen des Nördlichen Schneeferners im Zeitraum 1945/46-1993/94 - Jahreswerte und kumulierte Jahreswerte	201
Tab. A2:	Mittlere spezifische Nettomassenbilanzen ausgewählter Gletscher der Alpen (1949/50-1973/74)	202
Tab. A3:	Kumulierte, mittlere spezifische Nettomassenbilanzen ausgewählter Gletscher der Alpen (1949/50-1973/74)	203
Tab. A4:	Kumulierte, mittlere spezifische Nettomassenbilanzen des Nördlichen Schneeferners im Vergleich zum Wurtenkees und Vernagtferner	204
Tab. A5:	Mittlere spezifische Nettomassenbilanzen des Nördlichen Schneeferners im Vergleich zum Wurtenkees und Vernagtferner 1949/50-1990/91 - Statistische Streuungsmaße	205

Verzeichnis der photographischen Aufnahmen

Photo 1:	Leiterferner im Oberen Medriol, im Hintergrund die Karrückwand der Leiterspitze	31
Photo 2:	Holozäne Endmoräne des Leiterferners	32
Photo 3:	Schmelzwasserrinnen im Zungenbereich des Leiterferners	37
Photo 4:	Blockgletscher im Oberen Patrol	42
Photo 5:	Grinner Ferner in der Parseiergruppe, im Hintergrund die Patrolscharte	48
Photo 6:	Patrolscharte mit Grinner Ferner, Bocksgartenspitze und Steilabfall in das Patrol	49
Photo 7:	Körniges Gletschereis des Grinner Ferners unter einer ca. 30cm tiefen Schneedecke	51
Photo 8:	Holozäne Endmoräne und Karschwelle des Grinner Ferners	52
Photo 9:	Eisreste des Parseierferners in der Parseiergruppe	61
Photo 10:	Spaltenbildung und Altschneereste auf dem Parseierferner	62
Photo 11:	Fallenbacher Ferner in der Feuersteinspitzgruppe	70
Photo 12:	Neuzeitliche Endmoräne des Fallenbacher Ferners	72
Photo 13:	Ufer- bzw. Endmoräne des Fallenbacher Ferners	78
Photo 14:	Stark eingefallene Gletscherzunge des Fallenbacher Ferners, von Schmelzwässern durchbrochene Endmoräne	79
Photo 15:	Reste des Nördlichen Schneeferners im Wettersteingebirge	135
Photo 16:	Die Wirkung der Ablationsschutzmatten, die Anfang der 1990er Jahre zur Sicherung eines Liftmasten auf dem Nördlichen Schneeferner drapiert wurden, verdeutlichen die Schmelzverluste des Nördlichen Schneeferners	135

Vorwort

Die vorliegende Arbeit, die in den Jahren 1992-1996 am Institut für Geographie der Ludwig-Maximilians-Universität München im Rahmen eines Projektes des BayFORKLIM (Bayerischer Forschungsverbund Klima) entstand, war nur durch die Unterstützung vieler Personen möglich, denen an dieser Stelle herzlichst gedankt sei:

- Herr Prof. Dr. F. Wilhelm gab die Anregung für diese Arbeit. Seine stete Diskussionsbereitschaft, seine gleichermaßen kritischen wie konstruktiven Anmerkungen, sein Interesse und sein Vertrauen in meine Arbeit waren stets Vorbild und Motivation. Ich habe durch Ihn weit über die Inhalte dieser Arbeit hinaus lernen können.
- Herr Prof. Dr. H. Jerz (Bayerisches Geologisches Landesamt) hat diese Arbeit begleitend betreut, er hat mich bei mehreren Exkursionen vor Ort in die Thematik eingeführt und trug durch seine umfangreichen Kenntnisse in allen gletschergeschichtlichen und glazialgeomorphologischen Fragen in erheblichem Maße zu dieser Arbeit bei.
- Herr Dr. habil. J. Stötter hat in vielfältiger und freundschaftlicher Weise zur Fertigstellung der Arbeit beigetragen. Seine fachliche Kompetenz, seine vielen wertvollen Anregungen und seine Beratung im Rahmen der Anwendung und Nutzung Geographischer Informationssysteme war eine große Hilfe. Ihm gilt ein besonderer Dank.
- Herr Dr. Thommen vom Deutschen Wetterdienst (Offenbach) stellte mir die Klimadaten der Station Zugspitze zur Verfügung, ohne die eine numerische Modellierung der Massenbilanz des Nördlichen Schneeferners nicht möglich gewesen wäre.
- Herr Dipl.-Ing. (FH) T. Richtmann unterstützte mich stets in allen Fragen der kartographischen Darstellung des in dieser Arbeit enthaltenen Kartenmaterials.
- Viele Kollegen gaben in zahlreichen Gesprächen und Diskussionen wichtige Anregungen. Stellvertretend seien hier Herr Dr. K.-F. Wetzel (Lehrstuhl für Physische Geographie, Universität Augsburg) und Herr Dr. T. Schneider (Lehrstuhl für Didaktik der Geographie, Universität Augsburg) genannt.
- Herr Dipl.-Geogr. E. Jungsberger half im Rahmen mehrerer gemeinsamer Geländeaufenthalte bei der Erfassung der Gletscher und Moränen im Bereich der Lechtaler Alpen.
- Frau V. Erfurth, Frau V. Falck, Herr W. Pons und Herr P. Schade unterstützten mich bei der Herstellung der Druckvorlage dieser Arbeit mit großer fachlicher Kompetenz und spontaner Hilfsbereitschaft, Herr Dr. K.R. Dietz stand mir als Schriftleiter bei allen technischen und fachlichen Fragen bezüglich der Veröffentlichung stets mit Rat und Tat zur Seite.
- Herr Dipl.-Geogr. A. Winterholler war als studentische Hilfskraft im Rahmen des BayFORKLIM-Projektes insbesondere für die Aufbereitung und Eingabe der Klimadaten zuständig und erledigte dies mit großer Zuverlässigkeit.

- Frau stud. geogr. Monika Maier war mir über einen Zeitraum von mehreren Monate bei der Digitalisierung der Gletscherflächen behilflich, sie hat durch ihre stets zuverlässige und exakte Arbeitsweise die Voraussetzungen für eine bestmögliche Datengrundlage geschaffen.
- Einige der photographischen Aufnahmen, die im Umfeld des Patrolferners entstanden, konnten wegen eines Kameradefektes nicht verwertet werden. Herr stud. geogr. B. Helfer stellte mir freundlicherweise einige im Rahmen einer gemeinsamen Begehung enstandene Photos aus diesem Gebiet zur Verfügung.
- In der Zeit zwischen 1992 und 1997 erhielt ich im Rahmen des BayFOR-KLIM-Projektes A II 1 finanzielle Unterstützung, für die ich stellvertretend dem Koordinator des Forschungsverbundes, Herrn Prof. Dr. J. Egger, danken möchte.
- Letztlich wäre aber diese Arbeit ohne die Unterstützung meiner Familie nicht möglich gewesen. Meinem Vater und meiner Mutter bin ich zu großem Dank verpflichtet, daß sie es mir ermöglicht haben, das Studium der Geographie aufzunehmen und zu beenden. Meine Frau Sabine und mein Sohn Christoph haben in den letzten Jahren oftmals auf mich verzichten müssen, sie haben mich in Zeiten, in denen ein Fortkommen der Arbeit schwierig erschien, ermutigt und stets ein harmonisches Umfeld geschaffen. Ihnen allen, insbesondere aber meiner Mutter, die die Fertigstellung dieser Arbeit um wenige Tage nicht mehr erleben konnte, möchte ich diese Arbeit widmen.

München, im März 1996

1. EINFÜHRUNG

1.1 Problemstellung

Zu den elementaren, in unserer Gesellschaft zur Diskussion stehenden Fragestellungen gehört ohne Zweifel die Auseinandersetzung über das Ausmaß und die möglichen Folgewirkungen einer anthropogenen Einflußnahme auf die Umwelt. Bedingt durch vielfältige technische sowie sozio-ökonomische Entwicklungen wirkt der Mensch in zunehmendem Maße auf die komplexen Regelkreise seines Lebensraumes ein. Die sich aus diesem Handeln ergebenden Auswirkungen auf die gegenwärtige wie auch zukünftige Lebensqualität des Menschen haben in den letzten Jahren dazu geführt, daß sich eine Vielzahl wissenschaftlicher Fachrichtungen mit dieser Thematik auseinandersetzten, um einen Beitrag zur Erfassung, zur Bewertung und zu möglichen Lösungsansätzen dieser Entwicklungen zu leisten. Eine der wesentlichen und grundsätzlichen Feststellungen dieser regen Forschungstätigkeit besteht in der Erkenntnis, daß der Eingriff des Menschen in einen singulären ökologischen Regelkreis eine Reihe negativer wie positiver Rückkopplungsmechanismen zur Folge hat, die zu einer Vielzahl von Veränderungen der komplexen natürlichen Umgebungsbedingungen führen können. Daraus ist zu schließen, daß eine befriedigende Problemerfassung und Lösungsstrategie nurmehr durch eine integrative Zusammenarbeit mehrerer involvierter Wissenschaftsdisziplinen erreicht werden kann. Aus diesem Grund konstituierte sich im Jahre 1990 der interdisziplinär strukturierte Forschungsverbund BayFORKLIM (**Bay**erischer **For**schungsverbund **Klim**a). Dieser Verbund verfolgt die Aufgabe, Kenntnisse über klimatische Prozesse und mögliche Folgewirkungen in regionaler Begrenzung auf Bayern zu gewinnen. Die wesentlichen Forschungsziele des BayFORKLIM bestehen in:

- der Erhebung von Klimadaten,
- der Ermittlung natürlicher Klimavariationen bzw. in der Prognostik möglicher Klimaänderungen im regionalen Bereich infolge anthropogener Eingriffe in das Klimasystem sowie in
- der Ermittlung bzw. Prognose der Folgen einer anthropogenen Klimaänderung für die Biosphäre einschließlich des Menschen (Klimawirkungsforschung).

Die Ergebnisse der vorliegende Arbeit wurden im Rahmen des Teilprojektes A II 1 ('Spät- und postglaziale Gletscherschwankungen in den Nördlichen Kalkalpen unter besonderer Berücksichtigung neuzeitlicher Oszillationen') des BayFORKLIM-Themenbereiches 'Klimageschichte' erarbeitet. Primäres Ziel dieses Projektes war es, spät- und postglaziale Gletscherstände der Nördlichen Kalkalpen zu erfassen, zu kartieren und zu datieren, um somit einen Beitrag zur Rekonstruktion der Klimageschichte dieses Raumes seit dem letzten Hochglazial zu erbringen. Über die Kenntnis der Klimaschwankungen des untersuchten Zeitraumes soll es ermöglicht werden, das Ausmaß der gegenwärtigen Klimaschwankungen besser beurteilen zu können. Ein besonderer Schwerpunkt liegt dabei auf neuzeitlichen bzw. historisch belegbaren Gletscherständen, die teilweise mit Klimadaten verknüpft werden können. Die Begrenzung der Untersuchungen auf das Gebiet der Nördlichen Kalkalpen ergab sich aus unterschiedlichen Gründen:

- Die Gletscher der nördlichen Kalkalpen sind bzw. waren in der Nacheiszeit relativ klein, sie liegen zudem überwiegend niederschlagsexponiert im Bereich des Nordstaus der Alpen. Dies führte zu der Annahme, daß diese Gletscher wesentlich rascher und flexibler auf Klimaschwankungen reagieren können als die großen Zentralalpengletscher, sie somit als funktionale Klimazeiger betrachtet werden können.
- Eine vertiefte Erkenntnis der Gletschergeschichte randalpiner Hochgebirge kann die Ergebnisse aus den Zentralalpen ergänzen, so daß peripher-zentral gerichtete Gradienten einzelner Klimaparameter bestimmt werden können. Dadurch werden differenzierende Aussagen zur Klimageschichte des Alpenraumes ermöglicht.
- Unzweifelhaft gehören zu den Erscheinungen, die das Klima in besonders eindrucksvoller Weise widerspiegeln die Gletscher der Erde. Aufgrund ihrer Eigenschaft, klimatische Variationen ihrer Umgebung integrativ zu vereinigen und durch Eismassen- und/oder Flächenveränderungen abzubilden, eignen sie sich besonders gut, sowohl rezent ablaufende Schwankungen als auch in der Vergangenheit stattgefundene Veränderungen des Klimas abzubilden. Während die Gletscher der Zentralalpen bereits seit weit mehr als einem Jahrhundert in unterschiedlicher thematischer Hinsicht Gegenstand zahlreicher glaziologischer wie glazialgeomorphologischer Fragestellungen waren, wurde den wenigen kleinen, noch existierenden Gletschern der Nördlichen Kalkalpen kaum Beachtung geschenkt.
- Die Nördlichen Kalkalpen liegen zum Teil auf dem Staatsgebiet des Bundeslandes Bayern. Damit ist eine Konzentration auf den regional geprägten Kontext von BayFORKLIM gewährleistet.

Die bisher im Rahmen des Projektes erbrachten Ergebnisse decken im wesentlichen das Gebirgsmassiv des Wettersteingebirges (HIRTLREITER 1992) sowie der Berchtesgadener Alpen (JUNGSBERGER 1993) ab. Die vorliegende Arbeit versteht sich als Fortführung bzw. Ergänzung dieser vorangegangenen Untersuchungen. Sie verfolgt zunächst das Ziel, anhand ausgewählter Gletscher im Gebiet der Lechtaler Alpen das Flächenverhalten dieser Ferner in historisch belegbarer Zeit transparent zu machen. Darüberhinaus wird ein optimiertes Massenbilanz-Klima-Modell (TS-Modell) nach HOINKES und STEINACKER (1975a) zur Diskussion gestellt, mit dessen Hilfe - stellvertretend für die noch existierenden Gletscher der Nördlichen Kalkalpen - zum einen die mittlere spezifische Nettomassenbilanz des Nördlichen Schneeferners (Wettersteingebirge) durch eine abgestimmte Integration von Klimadaten modelliert, zum anderen (möglicherweise) dessen Lebensdauer abgeschätzt werden kann. Insgesamt spannt diese Arbeit also einen weiten thematischen und räumlichen Bogen.

Die der Arbeit zugrundeliegenden Fragestellungen können somit wie folgt präzisiert werden:

- Untersuchung der Flächenveränderungen ausgewählter Gletscher der Lechtaler Alpen seit der letzten Hochstandsphase im 19. Jahrhundert (Kap. 4.1-4.6).
- Vergleich dieser Flächenveränderungen mit Ergebnissen anderer Gebirgsgruppen der Nördlichen Kalkalpen sowie der Zentralalpen (Kap. 5.1-5.6).
- Quantifizierung der Veränderungen der Schneegrenzhöhen ausgewählter Gletscher in den Lechtaler Alpen (Kap. 6.1).
- Vergleich dieser Ergebnisse mit analogen Resultaten anderer Gebirgsgruppen der Nördlichen Kalkalpen sowie der Zentralalpen (Kap. 6.1-6.2).
- Untersuchung der Existenzbedingungen der Gletscher der Lechtaler Alpen unter besonderer Berücksichtigung der Flächenausdehnung des neuzeitlichen Hochstandes, der Exposition sowie der Höhenlage (Kap. 7.1-7.7).
- Entwicklung bzw. Optimierung eines auf der TS-Methode nach HOINKES und STEINACKER (1975a) basierenden Modells zur Verknüpfung des Massenhaushaltes des Nördlichen Schneeferners mit seiner klimatischen Umwelt (Kap. 8.3.3-8.3.7).
- Abschätzung der Lebensdauer des Nördlichen Schneeferners durch eine in die Zukunft gerichtete extrapolative Berechnung des Massenhaushaltes unter Berücksichtigung verschiedener Klimaszenarien (Kap. 9.2.2).

1.2 Untersuchter Zeitraum

Der im Rahmen des glazialgeschichtlichen Ansatzes dieser Arbeit untersuchte Zeitraum umfaßt den jüngsten neuzeitlichen Abschnitt des alpinen Postglazials, also den Zeitraum zwischen der holozänen Hochstandsphase um die Mitte des vergangenen Jahrhunderts und der Gegenwart. Die Neuzeit aus Sicht der Glazialmorphologie kann dabei nicht völlig mit der Neuzeit in historischem Sinne parallelisiert werden. Während letztere mit der Entdeckung der Neuen Welt im 15. Jahrhundert begann, umfaßt die glaziale Neuzeit nach ZUMBÜHL und HOLZHAUSER (1988) insgesamt etwa die letzten 600 Jahre, also einen Zeitabschnitt, der im 13.-14. Jahrhundert begann und zwischen 1600 und Mitte des vergangenen Jahrhunderts seinen Höhepunkt erreichte (GROVE 1988).

Nach SCHÖNWIESE (1979) stellte sich am Ende des mittelalterlichen Klimaoptimums (ca. 950-1200 n. Chr.) gegen Mitte des 13. Jahrhunderts eine Klimawende ein, die zur sogenannten "Kleinen Eiszeit" (*Little Ice Age*) überleitete. Diese Bezeichnung wurde gerade in der jüngeren Vergangenheit glazialgeomorphologischer Forschungen häufig kritisiert. So impliziert dieser Ausdruck die Ansicht, daß es sich bei dieser Phase um den gletschergünstigsten Abschnitt des gesamten Postglazials gehandelt haben muß. Tatsächlich erreichten die Alpengletscher jedoch während des Postglazials nachweislich mehrmals die Ausmaße des jüngsten, in diese Phase fallenden Hochstandes oder übertrafen diesen geringfügig. Deshalb schlägt PATZELT (1980, S. 16) für diesen Zeitraum die Bezeichnung "neuzeitliche Gletschervorstoßperiode" vor, HOLZHAUSER (1982, S. 124) bezeichnet diese gletschergünstige Phase als "Gletscherhochstandsphase der Neuzeit". Differenzierter erscheint insgesamt die Bezeichnung "spätmittelalterlich - neuzeitliche Hochstandsphase", da nach PATZELT (1980) die Alpengletscher bereits nach Ende des mittelalterlichen Klimaoptimums im Zeitraum zwischen dem 12. und 16. Jahrhundert mehrmals die Ausmaße um 1820/50 erreichten.

Nach HOLZHAUSER (1982, S. 122) kam es während der vom 16.-19. Jahrhundert andauernden Phase zu einem allmählichen Anwachsen der Alpengletscher. Lediglich einige wenige Alpengletscher erreichten bereits im 17. Jahrhundert ihren neuzeitlichen Hochstand. Während sich das 18. Jahrhundert durch eine Phase des Zurückschmelzens mit zwei Vorstoßperioden um 1720 und 1780 auszeichnete, kam es schließlich vor allem im 19. Jahrhundert im gesamten Alpenraum zu durchgreifenden starken Gletschervorstößen.

In der vorliegenden Arbeit wird das Verhalten der Gletscher der Lechtaler Alpen während des Zeitraumes vom Ende der holozänen Hochstandsphase gegen Mitte des 19. Jahrhunderts bis zur Gegenwart untersucht. Sie deckt damit eine Periode ab, die sowohl aus glazialgeomorphologischer wie auch aus klimatologischer Sicht von großem Interesse ist. Die Veränderungen, die die Gletscher in diesem sehr kurzen Zeitraum erfahren haben reichen von einer für das Holozän repräsentativen Maximalausdehnung bis in eine Phase, in der nahezu alle Alpengletscher extrem an Masse und Fläche verloren haben, viele vor allem der kleineren Eiskörper bereits vollständig abgeschmolzen sind. Da für diesen Zeitraum und für einige Gletschergebiete teilweise hochwertige Klimadaten mit entsprechend guter zeitlicher Auflösung vorliegen, ist es möglich geworden, Gletscher als operationell einsetzbare Klimazeiger zu instrumentalisieren.

1.3   Gletscherentwicklung in den Alpen seit 1850

Die Entwicklung der Gletscher in den Alpen seit der holozänen Hochstandsphase im 19. Jahrhundert ist durch einen starken Flächen- und Massenschwund gekennzeichnet. Das im letzten Jahrhundert erreichte Ausmaß der Vergletscherung repräsentiert Verhältnisse, die im gesamten Holozän nur selten und geringfügig überschritten wurden. Informationen über den zeitlichen Ablauf und das Ausmaß des an diese Hochstandsphase anschließenden Flächenrückganges liegen insbesondere in Form von langfristigen Beobachtungsreihen vor. So umfaßte das bis in das Jahr 1880 zurückreichende Beobachtungsnetz der Schweiz im Jahre 1973 insgesamt 120 Gletscher mit einer Gesamtfläche von 793km^2 (AELLEN 1986, S. 244). In Österreich wird nach PATZELT (1973) der Meßdienst an ca. 150 Gletschern von Mitgliedern des österreichischen Alpenvereins sowie von zahlreichen ehrenamtlichen Helfern wahrgenommen. Erfaßt werden seit Beginn der in jährlichen Abständen stattfindenden Messungen die Längenänderungen der Gletscher. Damit stehen für die Alpen zwei über 100jährige Reihen zur Verfügung, die nach PATZELT (1990) aus unterschiedlichen Gründen für glaziologische und glazialgeomorphologische Fragestellungen relevant sind:

– Mit Hilfe der Beobachtungsreihen lassen sich spezifische Eigenheiten einzelner Gletscher, insbesondere die Reaktionszeiten auf sich verändernde Ernährungsbedingungen bestimmen.

- Das flächendeckende Beobachtungsnetz und die jährliche Begehung einer repräsentativen Auswahl der Alpengletscher ermöglicht eine hinreichend gute Kontrolle der Grundgesamtheit.

Die Flächenänderungen und Massenbilanzvariationen der Gletscher im Bereich des deutschen Anteiles der Alpen (Blaueis, Watzmanngletscher, Nördlicher und Südlicher Schneeferner, Höllentalferner) werden seit 1949 in periodischen, etwa 10jährigen Zyklen photogrammetrisch erfaßt und quantifiziert (FINSTERWALDER 1951a,b; FINSTERWALDER 1971, 1981, 1992; FINSTERWALDER und RENTSCH 1973; vgl. auch Kap. 5.5.1).

In Abbildung 1 ist die statistische Auswertung der Längenänderungen der österreichischen (=a) und schweizerischen (=b) Gletscher für den Zeitraum 1880-1989 dargestellt. Schwarz hervorgehoben ist der relative Anteil vorstoßender Gletscher, stationäre Gletscher sind durch weiß umrandete Säulen gekennzeichnet.

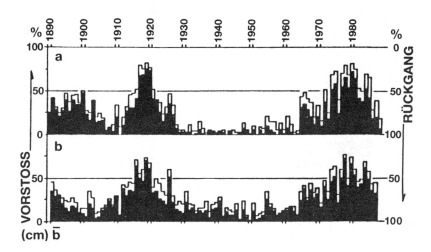

Abb. 1: Statistik der Längenänderungen der Gletscher in den Österreichischen (=a) und Schweizer Alpen (=b) 1880-1989 (PATZELT 1990)

Es wird zunächst deutlich, daß bei dem generellen Gletscherrückgang in den Alpen keine lineare und kontinuierliche Entwicklung zugrunde liegt. Vielmehr ist die jüngste Phase des alpinen Holozäns durch kurzfristige Perioden mit überwiegenden Vorstoßtrends sowie durch Zeitabschnitte mit starken Rückschmelztendenzen gekennzeichnet. Ein Vergleich der beiden langen Meßreihen zeigt einen prinzipiell gleichförmigen Verlauf der Längenentwicklung. Geringe Unterschiede sind allenfalls in der Stärke der Ausprägung einzelner Phasen zu erkennen. So spiegelt sich die zur Mitte der 1920er Jahre einsetzende und bis etwa 1975 andauernde nachhaltige Rückschmelzperiode in den Ostalpen deutlicher wider als in den Westalpen. Sehr markant treten daneben drei Vorstoßphasen hervor, von denen aber nur die Perioden um 1920 und 1980 Zeiträume darstellen, die eine generelle Bedeutung für den Alpenraum erlangten, da in ihnen mehr als die Hälfte der beobachteten Gletscher (je etwa 75%) an Länge gewannen. Eine vor allem im Bereich der österreichischen Alpen auftretende Vorstoßphase gegen Ende des letzten Jahrhunderts tritt in den Ergebnissen des Beobachtungsnetzes der Schweiz weniger markant in Erscheinung. Eine Erklärung ist nach MAISCH (1992) vor allem in der zu diesem Zeitpunkt noch sehr geringen Anzahl von beobachteten Gletscher zu suchen, die keine statistisch signifikante und repräsentative Aussage zuläßt.

Insgesamt haben nach einer Auswertung des österreichischen Gletscherinventars durch GROSS (1987) die vergletscherten Gebiete von 1850 (1011km²) bis 1969 (542km²) um 469km² an Fläche verloren. Dies entspricht einem Rückgang von ca. 46%. Dabei hat sich der Zeitraum von 1925-1965 im Gegensatz zur Periode 1865-1890 insgesamt etwas stärker auf die Abschmelzbeträge ausgewirkt (PATZELT 1990).

In der Schweiz fehlen detailliertere Angaben über das flächenhafte Ausmaß der Vergletscherung zum Zeitpunkt des holozänen Hochstandes um 1850. Nach KASSER (1981) wurden anläßlich der Neuaufnahmen durch die Landesvermessung für die Erstellung von Landeskarten insgesamt 1818km² (1876) bzw. 1556km² (1934) Gesamtgletscherfläche kartiert. Nach MÜLLER et al. (1976) betrug die Gletscherfläche der Schweiz im Jahre 1973 insgesamt ca. 1342km². Setzt man das Ausmaß der Vergletscherung um 1850 in der Schweiz mit ca. 2000km² an (PATZELT 1990), so fällt der Flächenschwund im Bereich der schweizerischen Alpen mit ca. 33% - entsprechend dem größeren Anteil höher gelegener Gletscher - geringer aus.

Ähnlich wie in den Zentralalpen wurde auch im bayerischen Alpenraum eine langanhaltende Rückschmelzphase von indifferenten bzw. insgesamt nahezu ausgeglichenen Verhältnissen im Zeitraum 1960-70 abgelöst. Daran schließt sich ein gletschergünstiger Zeitraum an (1970-1980), der durch überwiegend positive Massenhaushalte der fünf untersuchten Gletschern gekennzeichnet ist. Seit dieser Periode ist ein kontinuierliches Rückschmelzen der bayerischen Gletscher zu beobachten, die Massengewinne der 1970er Jahre sind mit Ausnahme derer des Watzmanngletschers bereits mehr als aufgebraucht (FINSTERWALDER 1992, vgl. Kap. 5.2.2).

Die Interpretation der letztgenannten Ergebnisse deutet bereits darauf hin, daß neben der Kartierung und Auswertung der Gletscherflächen im Laufe des 20. Jahrhunderts insbesondere direkte Massenbilanzuntersuchungen von einer zunehmenden Anzahl von Gletschern vorgenommen wurden. Somit stehen heute Meßreihen glaziologischer Parameter zur Verfügung, welche - anders als beispielsweise Flächenvariationen oder Zungenlängenveränderungen - in eine direkte Beziehung zu den klimatischen Umgebungsbedingungen eines Gletschers gesetzt werden können. *Abbildung 2* zeigt hierzu den zeitlichen Verlauf der Massenbilanzveränderung von insgesamt elf ausgewählten Gletschern aus dem Gebiet der Zentralalpen (LETRÉGUILLY 1984).

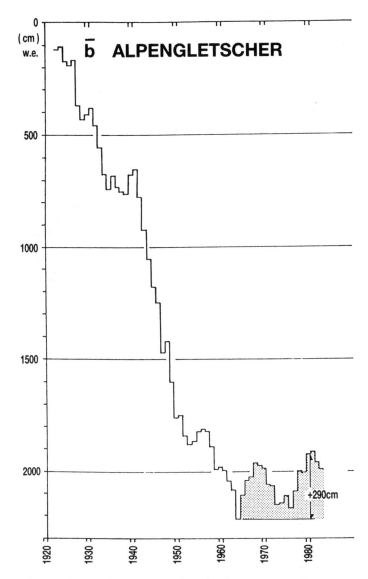

Abb. 2: Massenänderungen von Alpengletschern 1922-1983: Kumulierte Mittelwerte der mittleren spezifischen Jahresnettobilanzen (nach LE-TRÈGUILLY 1984)

Sehr deutlich kommt in dieser Abbildung der rapide Eisschwund zum Ausdruck, der nur von einigen wenigen Phasen mit positivem Massenhaushalt gekennzeichnet ist. Besonders markant fällt der Massenverlust in den 1940er Jahren ins Auge.

In diesem vergleichsweise kurzen Abschnitt verloren die beobachteten Gletscher durchschnittlich etwa 12m (Wasseräquivalent) an Mächtigkeit. Kurze, gletschergünstige Phasen im Zeitraum 1965-1980 konnten den Verfall der beobachteten Gletscher nur kurzfristig stoppen, der letzte, Anfang der 1980er Jahre beginnende kurze Abschnitt der Massenbilanzkurve deutet bereits wieder auf eine Fortsetzung des negativen säkularen Trends hin (vgl. Kap. 8.3.7).

Zusammenfassend betrachtet zeichnet sich der dieser Arbeit zugrundeliegende Untersuchungszeitraum im gesamten Alpenraum durch eine tiefgreifende und extrem rasch ablaufende negative Gletscherentwicklung aus. Dies mag ein wesentlicher Grund dafür sein, daß in neueren Arbeiten - wie auch in der vorliegenden - vielfach der Ansatz einer Abschätzung oder Prognose über die zukünftig zu erwartende Entwicklung der Vergletscherung erarbeitet wird (MAISCH 1992; STÖTTER 1994). Die Möglichkeit einer nahezu vollständigen Entgletscherung des gesamten Alpenraumes unter Berücksichtigung gängiger Klimaszenarien (IPCC 1990, 1992) liegt demnach durchaus im Bereich des Möglichen (MAISCH 1992).

2. UNTERSUCHUNGSGEBIET

2.1 Räumliche Abgrenzung des Untersuchungsgebietes

Die Lechtaler Alpen - primäres glazialgeomorphologisches Untersuchungsgebiet der vorliegenden Arbeit - gehören zu den zentralen, neuzeitlich vergletscherten Gebirgsgruppen der Nördlichen Kalkalpen (*Abb. 3*).

Die Lechtaler Alpen werden im Norden bzw. Nordwesten durch die Allgäuer Alpen, im Westen durch das Lechquellengebirge, im Südwesten durch die bereits den Zentralalpen zugehörige Verwallgruppe, im Südosten durch die Samnaungruppe, die Pitztaler Alpen und dem Tschirgant sowie im Osten durch die Gebirgsgruppen des Wettersteingebirges und der Mieminger Gruppe begrenzt.

Die Lechtaler Alpen verlaufen vom westlichen Rand (Flexenpaß) bis zur Parseier Gruppe in west-östlicher Richtung, um im weiteren Verlauf nach Nordosten umzuknicken (*Abb. 4*). Die Hauptentwässerung ist im wesentlichen nördlich bis nordwestlich gerichtet, daher weisen die Lechtaler Alpen im Norden eine mannigfaltige und übersichtliche Gliederung auf, im Süden und Südosten zum Rosanna-, Sanna- und Inntal überwiegen starke und akzentuierte Reliefunterschiede bzw. steil aufragende Felsformationen. Die größte Längenausdehnung der Lechtaler Alpen (Zürs - Lermoos) beträgt etwa 60km, die Breite beträgt maximal 20km (Elbigenalp - Landeck). Mit einer Fläche von ca. 1000km^2 stellen die Lechtaler Alpen die größte Gebirgsgruppe der Nördlichen Kalkalpen dar. Die Lechtaler Alpen weisen insgesamt 54 Gipfel mit einer Höhe von mehr als 2500m NN auf, weitere 65 Gipfel erreichen Höhen von 2000 bis 2500m NN. Der Kulminationspunkt wird in der Parseier Spitze (3036m NN) erreicht. Sie ist zugleich auch die höchste Erhebung der Nördlichen Kalkalpen.

Die in *Abbildung 4* eingetragenen Gletscherflächen stellen die rezent existierenden Gletscher der Lechtaler Alpen dar, die in der vorliegenden Arbeit eingehender betrachtet werden. Sie sind in dieser Karte lagerichtig, jedoch nicht exakt flächentreu wiedergegeben und dienen lediglich einer ersten Orientierung. Die neben den Signaturen angegebenen Indizes beziehen sich auf folgende Gletscher:

1 Parzüelferner
2 Fallenbacher Ferner
3 Vorderseeferner
5 Grinner Ferner
6 Patrolferner
7 Leiterferner

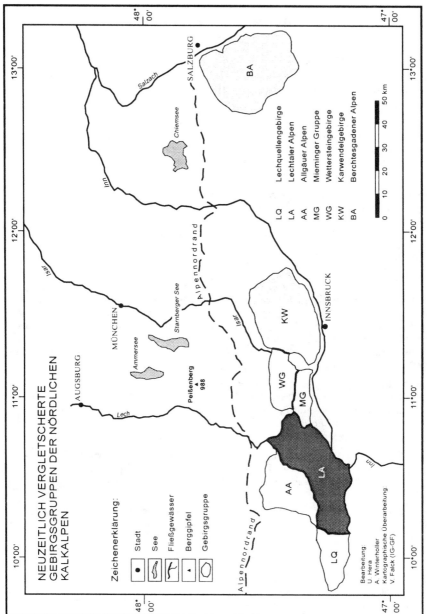

Abb. 3: Neuzeitlich vergletscherte Gebirgsgruppen der Nördlichen Kalkalpen

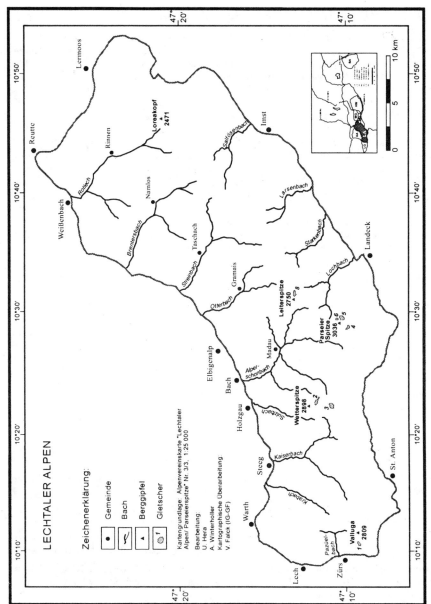

Abb. 4: Karte der Lechtaler Alpen

2.2 Klimatische Rahmenbedingungen

Nach LANG (1978) bzw. PATZELT (1990) steuern die Parameter 'Lufttemperatur' und 'Niederschlag' maßgeblich den Massenhaushalt eines Gletschers. Für eine unmittelbare numerische Verknüpfung des Komplexes 'Klima - Gletscher' werden in aller Regel hochaufgelöste, langjährige Datenreihen benötigt, die in unmittelbarer und repräsentativer Nähe des Gletschers erhoben werden sollten. Diese Voraussetzungen sind im gesamten Bereich der Lechtaler Alpen jedoch nicht gegeben. Zwar gibt es in den Tallagen des die Lechtaler Alpen umgebenden Inn- bzw. Lechtales durchaus einige kontinuierlich messende Klimastationen, in den Höhenregionen und Kammlagen dieses Gebirgsmassives fehlen sie dagegen völlig. Bei der Charakterisierung der klimatischen Bedingungen des Untersuchungsgebietes ist man daher auf Arbeiten angewiesen, die durch eine abgestimmte Gebietsmittelung und durch Interpolationsverfahren Rückschlüsse auf die thermische und hygrische Situation ermöglichen. Daraus folgt, daß sich die verfügbaren Angaben zwar für eine allgemeine klimatische Betrachtung des Untersuchungsgebietes eignen, sie jedoch keine differenzierteren Aussagen insbesondere über die Wechselwirkung zwischen den klimatischen Variationen und den sich daraus ergebenden Reaktionen eines Gletschers zulassen.

2.2.1 Niederschlag

Nach BAUMGARTNER et al. (1983) liegen die Lechtaler Alpen generell im Bereich der niederschlagsreichen Nordalpen innerhalb des atlantischen Klimagebietes mit einer nur gering ausgeprägten kontinentalen Komponente. BAUMGARTNER et al. (1983) geben für die Lechtaler Alpen folgende mittlere Jahresniederschlagssummen an (*Tab. 1*):

Tab. 1: Berechnete Summen des Jahresniederschlages im Gebiet der Lechtaler Alpen in verschiedenen Höhenstufen (nach BAUMGARTNER et al. 1983)

Hochkämme [mm/a]	Mittlere Kämme [mm/a]	Innere Täler und Becken [mm/a]	Äußere Täler und Vorland [mm/a]
1700 - 2000	1500 - 1700	900 - 1200	900 - 1100

Die Abstufung in *Tabelle 1* erfolgte auf Grundlage der nachfolgend beschriebenen Höhenstufen:

- Hochkämme: ca. 2500-3000m NN
- Mittlere Kammlagen: ca. 2000-2500m NN
- Innere/Äußere Täler und Becken bzw. Vorland: Lokationen beziehen sich auf die Lage in Bezug auf das Gebirgsmassiv

Abbildung 5 zeigt eine Gesamtübersicht der mittleren, jährlichen Niederschlagssummen eines Teils des Alpenraumes. Die Lage der Lechtaler Alpen ist durch einen Rahmen angedeutet.

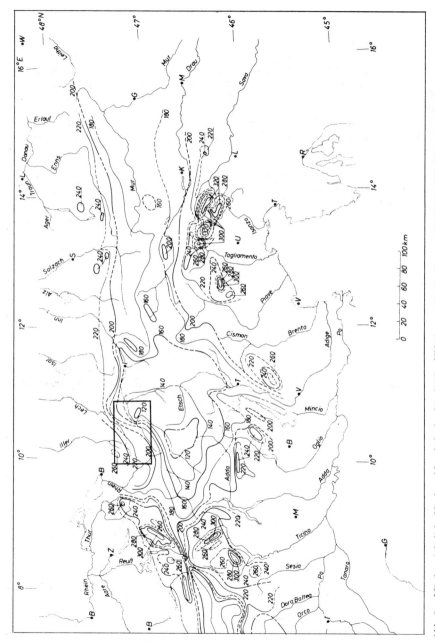

Abb. 5: Mittlere jährliche Niederschlagshöhe [cm] in 2500m NN (Ausschnitt der Karte in BAUMGARTNER et al. 1983)

Die Interpolation der Isohyeten wurde für ein Höhenniveau von 2500m NN vorgenommen. Dort, wo die Isohyeten nur als gerissene Liniensignatur vorliegen, wird die Bezugsfläche (2500m NN) aufgrund der orographischen Bedingungen nicht erreicht. Als Grundlage für die Berechnung des Gebietsniederschlages diente die "Niederschlagskarte von Österreich", Maßstab 1:500 000, Periode 1901-50 von STEINHAUSER (1953). Das der Interpolation zugrunde liegende Verfahren besteht in einer punktweisen Niederschlagsbestimmung unter Verwendung eines geeigneten Rasters. Die Auswahl der Rasterart wurde nach der Größe des Einzugsgebietes unter Berücksichtigung der aus den orographischen Bedingungen zu erwartenden klimatischen Differenzierung vorgenommen. Dabei wurden je Einzugsgebiet mindestens 15 Rasterpunkte berechnet. Nähere Details zum Bestimmungsverfahren der Ermittlung sind bei BAUMGARTNER et al. (1983, S. 37) nachzulesen.

Sehr deutlich kommt in *Abbildung 5* die starke meridionale Differenzierung der Niederschlagsverteilung zwischen den vorgelagerten niederschlagsreichen Allgäuer Alpen und den Lechtaler Alpen mit geringeren Niederschlagssummen zum Ausdruck (vgl. Kap. 7.6, *Tab. 33*). BAUMGARTNER et al. (1983) erklären diesen Gradienten durch Staueffekte vor allem im Gefolge von niederschlagsbringenden Kaltlufteinbrüchen aus NW.

Aus *Tabelle 1* geht deutlich der Höhengradient der Niederschlagsverteilung im Gebiet der Lechtaler Alpen hervor. Eine grundlegende Erklärung für die Zunahme der Niederschläge mit der Höhe in den Alpen wurde von WEISCHET (1965) erarbeitet. Für die gesamten Ostalpen gibt EKHARDT (1940) einen mittleren Höhengradienten von $\Delta P=68$ mm/100m an, ein Wert, der nach einer kritischen Anmerkung von LAUSCHER (1976) auf der Berechnung einzelner Höhenstufen beruht, die mit einer unterschiedlichen, nach oben sehr stark abnehmenden Zahl von Meßwerten für den Niederschlag verknüpft sind. Nach neueren Berechnungen von BAUMGARTNER et al. (1983) ergibt sich für das gesamte Alpengebiet eine Niederschlagszunahme von $\Delta P=57$mm/100m. Für die Alpenregion, in der die Lechtaler Alpen gelegen sind, ergibt sich ein Höhengradient von $\Delta P=62$mm/100m.

2.2.2 Lufttemperatur

Die Mittelwerte der in *Tabelle 2* wiedergegebenen Lufttemperaturen basieren in der Regel auf einer größeren Anzahl langjähriger Messungen, vorwiegend aus der Periode 1931-60. Als Bezugsflächen sind stets die im Bereich des Untersuchungsgebietes der Lechtaler Alpen liegenden Einzugsgebiete des Lechs bzw. Inns zu betrachten.

Angesichts der zur Verfügung stehenden Werte bleibt insbesondere die Ermittlung des Höhengradienten der Lufttemperatur problematisch, da im Alpenraum über 1000m Seehöhe nur sehr wenige Klimastationen mit langjährigen Aufzeichnungen existieren. Im Gebiet der Lechtaler Alpen fehlen diese, wie bereits erwähnt, vollständig. So ist es auch nicht verwunderlich, daß eine Regressionsanalyse der

Höhenabhängigkeit der Einzugsgebietstemperaturen nur einen vergleichsweise schwachen Zusammenhang von r=-0,77 erbringen kann. Zudem fällt der über dieses Verfahren bestimmte Temperaturgradient mit ΔT=0,33K/100 m derart gering aus, daß dieses Ergebnis wohl in Zweifel gezogen werden darf (*Abb. 6*).

Tab. 2: Gebietsmitteltemperaturen ausgewählter Einzugsgebiete im Bereich der Lechtaler Alpen (nach BAUMGARTNER et al. 1983)

Flußgebiet	Einzugsgebiet (Nr.)	Mittlere Höhe [m NN]	Fläche [km²]	T [°C]
Lech	701	1720	49,0	2,1
Lech	702	1910	55,6	1,0
Lech	703	2060	61,0	0,9
Lech	704	1360	61,8	1,8
Lech	705	1980	84,9	1,2
Lech	706	1660	69,9	1,5
Lech	707	1950	45,4	1,3
Lech	708	1830	89,9	1,8
Lech	709	1630	83,9	2,8
Lech	710	1630	75,2	2,9
Lech	711	1500	57,4	3,6
Lech	712	1340	64,3	3,7
Lech	713	1660	86,0	3,2
Lech	714	1100	57,7	2,7
Lech	715	1350	68,9	5,0
Inn	8	2174	174,2	-0,1

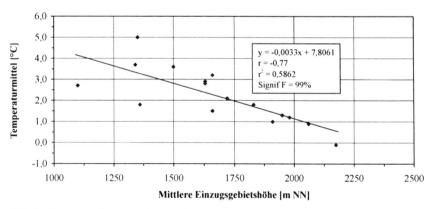

Abb. 6: Zusammenhang zwischen der Höhenlage eines Einzugsgebietes und dessen Jahresmittel der Lufttemperatur im Bereich der Lechtaler Alpen (nach BAUMGARTNER et al. 1983)

Darüberhinaus zeigen berechnete Temperaturgradienten unmittelbar benachbarter Einzugsgebiete nicht nachvollziehbare Abweichungen, die auf ausgeprägte Inhomogenitäten einzelner Datenreihen schließen lassen (BAUMGARTNER et al. 1983).

2.2.3 Bewertung der klimatischen Situation

Tabelle 3 gibt eine zusammenfassende Übersicht über die für das Gebirgsmassiv der Lechtaler Alpen gemittelten Werte.

Tab. 3: Lufttemperatur und Niederschlag im Gebiet der Lechtaler Alpen - Minimum, Maximum und Mittelwert (nach BAUMGARTNER et al. 1983)

Einzugsgebiet [km²]	Höhe [m NN]	T [°C]	P [mm]	
	1200	-4,8	1050	Min.
	3036	5,7	2090	Max.
12279	1782	2,1	1501	Mittel

Auch die in *Tabelle 3* enthaltenen Daten können insgesamt nicht darüber hinwegtäuschen, daß die auf der Basis einer räumlichen Interpolation beruhende Datenlage nur eine grobe Charakterisierung der thermischen und hygrischen Situation des Untersuchungsgebietes zuläßt. Zusammenfassend ergeben sich aufgrund der Datenlage Erschwernisse, die eine weitere Verarbeitung des vorliegenden Datenmaterials in einem Modell zur Bestimmung der Massenbilanz der Gletscher der Lechtaler Alpen verhindern:

- Die zur Verfügung stehenden Klimadaten können keinesfalls als repräsentativ für die klimatischen Umgebungsbedingungen der Gletscher der Lechtaler Alpen angesehen werden
- Die Auflösung der zur Verfügung stehenden Daten ist zu gering
- Eine Überprüfung der abgeleiteten Daten weist auf deren mangelnde Aussagekraft im mesoklimatischen Bereich hin.

3. ARBEITS- UND UNTERSUCHUNGSMETHODEN

3.1 Methodische Grundlagen

Die Festlegung und Datierung von spät- und postglazialen bzw. neuzeitlichen Gletscherständen ist ein entscheidendes Kriterium bei der Untersuchung der in vergangenen Zeiträumen abgelaufenen Eismassenvariationen. Das zur Verfügung stehende Methodeninventar ist vielfältig, es umfaßt neben den im Rahmen von glazialgeomorphologischen Untersuchungen entwickelten Verfahren ebenso Erkenntnisse aus anderen, vor allem naturwissenschaftlichen Diszipinen. ZUMBÜHL und HOLZHAUSER (1988) weisen auf die Vielzahl von Möglichkeiten hin, Gletscherstände zu erfassen, sie geben darüber hinaus eine Vorstellung des zeitlichen Anwendungsbereich der einzelnen Methoden (vgl. *Abb. 7*). Die innere Gliederung der Abbildung ergibt sich aus der angewandten Methodik, desweiteren aus dem Zeitraum, der von den entsprechenden Verfahren abgedeckt werden kann. Die Zeitspanne reicht von nur wenigen Jahrzehnten des 19. Jahrhunderts - hier liegen Ergebnisse von direkten Massenbilanzstudien vor - bis in das Spät- und Postglazial.

In der Regel können nicht alle dargestellten Verfahren bei entsprechenden Untersuchungen zum Einsatz kommen. Die Möglichkeiten werden grundsätzlich beschränkt durch:

- *den gewählten Untersuchungszeitraum*
  Die vorliegende Arbeit beschränkt sich auf die Zeitspanne zwischen dem holozänen Hochstand der Gletscher der Nördlichen Kalkalpen im 19. Jahrhundert und der Gegenwart. Die Gletscher sind in diesem Zeitraum jedoch nie in bewaldete Areale vorgestoßen. Damit ist beispielsweise eine Altersdatierung mittels Dendrochronologie nicht möglich, eine ^{14}C-Datierung schließt sich methodisch aus (vgl. Kap. 3.4.3).
- *die vorhandene Datenlage*
  Für das gesamte Gebiet der Nördlichen Kalkalpen existiert lediglich für den Nördlichen Schneeferner im Wettersteingebirge eine nach der direkten glaziologischen Methode ermittelte Massenbilanzreihe. Diese wird in den Kapiteln 8.3 - 8.3.7 für eine numerische Verknüpfung der Parameter ´Klima´ und ´Massenbilanz´ aufgegriffen.
- *die Zuverlässigkeit des Kartenmaterials*
  Die Genauigkeit der Information, die aus Karten bzw. Kartierungen entnommen werden kann, ist unterschiedlich hoch. Besonders geeignet erscheinen amtliche Kartenwerke großen Maßstabs, bei denen der Zeitpunkt der Aufnahme bzw. Aktualisierung der Gletscherstände bekannt ist, so daß sich die Ausdehnung eines Gletschers zeitlich genau eingrenzen läßt.
- *die Zuverlässigkeit alter Schrift- und Bildquellen*
  Alte Abbildungen von Gletscherständen (Aquarelle, Lithographien, Gemälde etc.) sowie schriftliche Aufzeichnungen lassen sich unter Umständen einerseits für die zeitliche Verknüpfung von Gletscherständen mit Ufer- oder Endmorä-

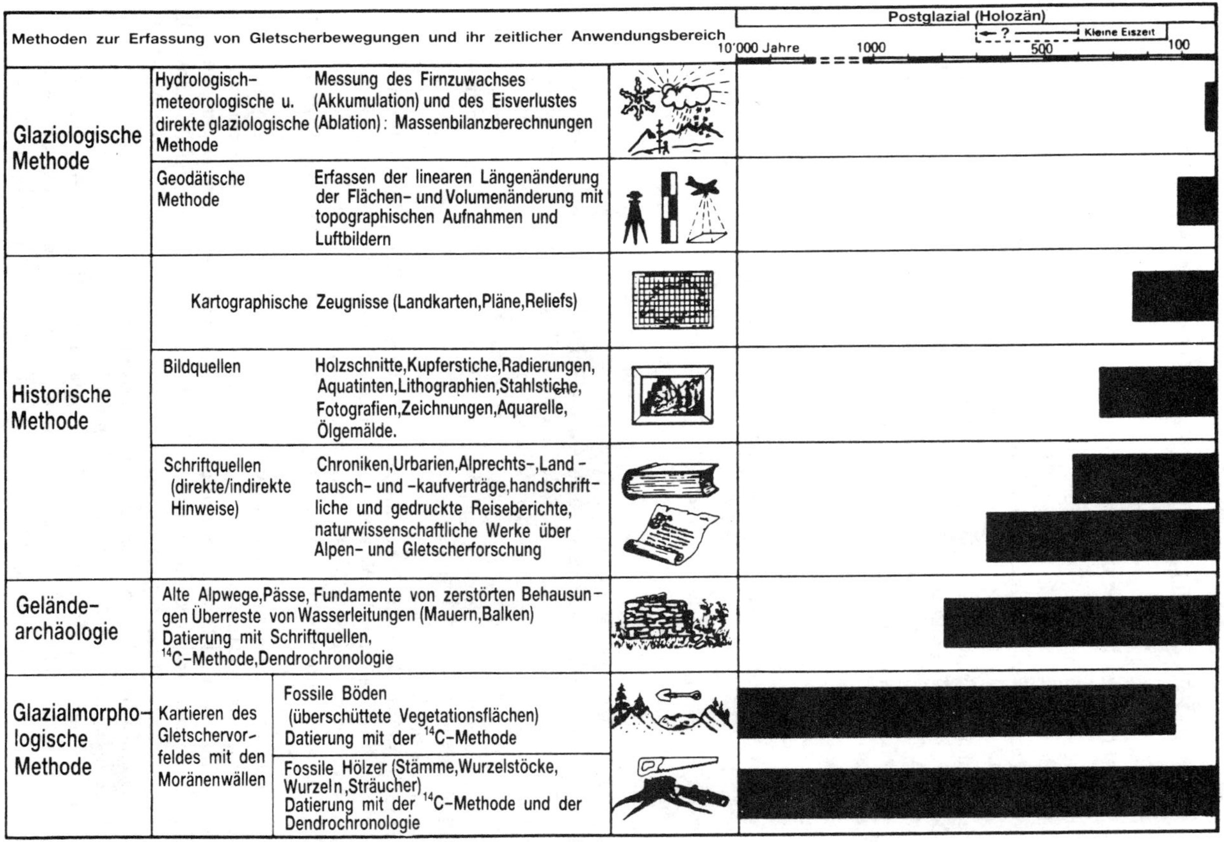
Methoden zur Erfassung von Gletscherbewegungen und ihr zeitlicher Anwendungsbereich
Postglazial (Holozän)
? Kleine Eiszeit
10'000 Jahre
1000
500
100
Glaziologische Methode
Hydrologisch-meteorologische u. direkte glaziologische Methode
Messung des Firnzuwachses (Akkumulation) und des Eisverlustes (Ablation): Massenbilanzberechnungen
Geodätische Methode
Erfassen der linearen Längenänderung der Flächen- und Volumenänderung mit topographischen Aufnahmen und Luftbildern
Historische Methode
Kartographische Zeugnisse (Landkarten, Pläne, Reliefs)
Bildquellen
Holzschnitte, Kupferstiche, Radierungen, Aquatinten, Lithographien, Stahlstiche, Fotografien, Zeichnungen, Aquarelle, Ölgemälde.
Schriftquellen (direkte/indirekte Hinweise)
Chroniken, Urbarien, Alprechts-, Landtausch- und -kaufverträge, handschriftliche und gedruckte Reiseberichte, naturwissenschaftliche Werke über Alpen- und Gletscherforschung
Gelände-archäologie
Alte Alpwege, Pässe, Fundamente von zerstörten Behausungen Überreste von Wasserleitungen (Mauern, Balken) Datierung mit Schriftquellen, 14C-Methode, Dendrochronologie
Glazialmorphologische Methode
Kartieren des Gletschervorfeldes mit den Moränenwällen
Fossile Böden (überschüttete Vegetationsflächen) Datierung mit der 14C-Methode
Fossile Hölzer (Stämme, Wurzelstöcke, Wurzeln, Sträucher) Datierung mit der 14C-Methode und der Dendrochronologie

Abb. 7: Methoden zur Erfassung von Gletscherbewegungen mit zeitlichen Anwendungsbereichen (ZUMBÜHL und HOLZHAUSER 1988, *Fig. 1)* nenlagen verwenden, andererseits können sie Hinweise auf den Ernährungzustand und damit auf die Bewegungstendenz des entsprechenden Gletschers geben. Soweit Informationsquellen dieser Art zur Verfügung stehen, muß jedoch gewährleistet sein, daß die visuellen oder verbalen Informationen hinreichend objektiv sind und nicht etwa durch künstlerische Interpretation verändert wurden. Methodische Grundlagen hierzu finden sich insbesondere bei PFISTER et al. (1978); PFISTER (1981, 1982) sowie ZUMBÜHL und HOLZHAUSER (1988).

Nach HOLZHAUSER und WETTER (1982) sollten drei Voraussetzungen erfüllt sein, damit Bildquellen qualitativ auswertbar sind:

- Die Abbildung muß Hinweise auf den Zeitpunkt der Erstellung beinhalten, sie sollte möglichst in monatlicher Genauigkeit datierbar sein. Falls - in Abhängigkeit des Erstellungsmonates der Abbildung - ein Gletscher noch von Altschneeresten oder Firn bedeckt war, wird eine genaue Abgrenzung des Eisrandes unmöglich oder in unzulässiger Weise erschwert.
- Die Umgebung des Gletschers muß naturgetreu wiedergegeben sein. Ist dies nicht der Fall, so muß davon ausgegangen werden, daß die Abbildung ein zu hohes Maß an künstlerischer Freiheit aufweist und somit auch der Gletscher insgesamt nicht flächen- oder lagetreu wiedergegeben wurde.
- Der Aufnahmestandort des Künstlers und damit das perspektivische Zentrum eines Bildes muß eindeutig zu identifizieren sein, um bei sehr exakten bildlichen Wiedergaben quantitativ aussagekräftige Informationen ermitteln zu können.

3.2   Historische Quellen

Die Erfassung des zeitlichen Ablaufes und des Ausmaßes von Gletschervorstößen wird unter anderem durch eine Auswertung historischer Quellen ermöglicht. Der Zeitraum, der dabei abgedeckt werden kann, reicht bis etwa in das 13.-14. Jahrhundert zurück, also in eine Phase, in der es nach dem mittelalterlichen Wärmeoptimum zwischen dem 12. und 14. Jahrhundert (PATZELT 1980) bzw. 950-1200 n. Chr. (SCHÖNWIESE 1979) erneut zu Gletschervorstößen kam, die eine Phase der Klimaverschlechterung bis in das 19. Jahrhundert einleiteten (vgl. Kap. 1.2).

Aus dieser Zeit sind vor allem aus dem Gebiet der Zentral- bzw. Westalpen Ortschroniken und Berichte erhalten, die von den Einwirkungen der vorstoßenden Gletscher auf menschliche Kulturgüter zeugen. Quellen dieser Art lassen Rückschlüsse auf den Ernährungszustand und die Bewegungstendenz der Gletscher zu. Sind die bedrohten oder überfahrenen Bauwerke bzw. Areale in ihrer ehemaligen Lage bekannt, so läßt sich die Ausdehnung des Gletschers zu diesem Zeitpunkt verhältnismäßig genau abschätzen. Die Gletscher der Nördlichen Kalkalpen stießen während des Validierungszeitraumes jedoch selbst in gletschergünstigen Perioden nachweislich nie in bewohnte oder bewirtschaftete Gebiete vor (HIRTLREITER 1992), daher scheidet diese Informationsquelle aus (Erst in jüngerer Zeit - nach der wirtschaftlichen Inwertsetzung des Zugspitzplattes durch Maßnahmen des

Skitourismus - ergaben sich echte Konfliktsituationen. Dort sind in der Vergangenheit erhebliche Sicherungs- und Sanierungsmaßnahmen für die zum Teil im niedertauenden Eis des Nördlichen und Südlichen Schneeferners verankerten Liftmasten nötig geworden).

Analog zu den Ortschroniken und -berichten sind auch historische Bildquellen lediglich dazu geeignet, qualitative Hinweise auf die flächenhafte Ausdehnung eines Gletschers zu geben. Indirekt lassen sich bei ausreichend großer Detailschärfe der Abbildung auch Hinweise auf den Ernährungs- und Bewegungszustand des Gletschers erhalten. Darüberhinaus können die durch Ufer- und Endmoränenkomplexe im Gletschervorfeld dokumentierten Gletscherstände unter Umständen mit Abbildungen verknüpft und somit zeitlich verhältnismäßig genau eingegrenzt werden.

Kartographische Darstellungen (vor allem in topographische Karten) lassen sich hingegen direkt quantitativ auswerten. Dabei ist zu beachten, daß Kartenmaterialien nicht in direkter Beziehung zur Gletscherbewegung stehen, sie also nur einen Momentanzustand der Ausdehnung repräsentieren. Kritisch zu bewerten ist darüberhinaus auch der Aufnahmezeitpunkt, um die Möglichkeit einer Firn- oder Altschneebedeckung des Gletschers und damit eine flächige Überrepräsentanz des Gletschers ausschließen zu können.

Direkt auswertbare Quellen in Form von Monographien, wissenschaftlichen Aufsätzen oder auch Berichten von Forschungsreisenden und engagierten Bergsteigern gibt es erst in jüngerer Zeit. Dies ermöglicht in weiten Bereichen der Alpen wie auch in den Lechtaler Alpen eine differenziertere Betrachtung der Gletscherentwicklung seit der holozänen Hochstandsphase um 1850. Auch hier muß wie bei der Interpretation des historischen Kartenmaterials vor allem auf den Aufnahmezeitpunkt einer Flächen- oder Längenmessung geachtet werden.

Die vorliegende Arbeit stützt sich entsprechend dem zugrunde liegenden Ansatz dieser Arbeit ausschließlich auf quantifizierbares Material, welches einen zusammenfassenden Vergleich mit weiteren, bereits untersuchten Gebirgsgruppen der Nördlichen Kalkalpen sowie Gebirgsgruppen der Zentralalpen ermöglicht. Daher wurde versucht, insbesondere Informationen aus amtlichen kartographischen Kartenwerken auszuwerten. Zu diesem Zweck wurden die in den topographischen Karten enthaltenen Gletscherflächen im Bereich der Lechtaler Alpen verzerrungsfrei vergrößert und anschließend digitalisiert. Die Bestimmung der Gletscherflächen erfolgte durch eine Flächenanalyse mit Hilfe eines Geographischen Informationssystems (Arc/INFO 6.1).

3.3 Glazialmorphologische Methoden

Die Erfassung und Kartierung der Moränen sowie deren geomorphologische sowie sedimentologische Ansprache im Gelände stellt eine wesentliche Feldmethode der Glazialgeomorphologie dar. Zu den zahlreichen Veröffentlichungen, die sich mit methodischen Überlegungen der Ansprache von Moränen beschäftigen, gehören unter anderem die Arbeiten von KLEBELSBERG (1948); REICHELT (1961); EM-

BLETON und KING (1968); SCHRÖDER-LANZ (1970); STÄBLEIN (1970); FLINT (1971); BRAUN (1973, 1974); PRICE (1973, 1980); LESER (1977); CHINN (1979); JERZ (1980) und GURNELL und CLARK (1987).

Die Bildung eines Ufer- oder Endmoränenwalles setzt primär einen positiven Massenhaushalt des Gletschers voraus, in dessen Folge es zu einem Vorstoß des Gletschers und zur Ablagerung von Moränenmaterial am Zungenende und in lateralen Bereichen kommen kann. Die Bildung eines Moränenkomplexes (Satzendmoräne) an einem stationären Gletscher mit über einen längeren Zeitraum hinweg ausgeglichenen Massenhaushalt ist grundsätzlich denkbar, sie stellt jedoch eher einen Ausnahmefall dar. Realistischer erscheint der Fall eines pseudo(quasi)stationären Zustandes, der durch einen positiven Massenhaushalt gekennzeichnet ist, wobei ein Vorstoß jedoch nicht erfolgen kann, weil ein orographisches Hindernis die Gletscherzunge blockiert. Der Gletscher beantwortet einen solchen Zustand in der Regel mit einer Aufhöhung seiner Oberfläche (vgl. Nördlicher Schneeferner in HIRTLREITER 1992, S. 66).

Grundsätzlich stellt ein Moränenwall einen Beleg für eine Klimaschwankung oder -änderung dar, die sich durch eine Kombination aus tieferen Lufttemperaturen und einem erhöhten Anteil an festem Niederschlag ausdrücken kann. Einen allgemeinen und detaillierteren Überblick über die Rekonstruktion der Gletschergeschichte durch glazigene und glaziale Ablagerungen geben die Arbeiten von KLEBELSBERG (1948); KINZL (1949, 1953, 1958); WILHELM (1975); HANTKE (1978b); GOLDWAITH (1982) und KUHLE (1991).

3.3.1 Geländeuntersuchung

Die mehrmalige Begehung der im Rahmen dieser Arbeit untersuchten Gletscher fand in den Sommermonaten 1992-94 statt. Dabei wurden

– die beiden peripheren Marken der Gletscherentwicklung im Validierungszeitraum (holozäner Hochstand um 1850 und gegenwärtiger Ist-Zustand) dokumentiert bzw. quantifiziert,
– die vorausgegangene Luftbildkartierung im Gelände verifiziert und gegebenenfalls korrigiert (vgl. Kap. 3.3.2).

Die Kartierung und meßtechnische Erfassung der Lage der Moränenwälle sowie des Ist-Zustandes der Gletscher erfolgte zum einen mit Hilfe eines barometrischen Höhenmessers (Modell Thommen), der aufgrund seiner funktionsimmanenten Empfindlichkeit gegenüber Luftdruckschwankungen möglichst häufig an eingemessenen Höhenpunkten nachjustiert wurde, die Lage der Meßpunkte wurde durch Rückwärtseinschneiden mittels eines Kompaß ermittelt, zur Erhöhung der Genauigkeit wurden an möglichst vielen Meßpunkten mehrere Fixpunkte des Geländes verwendet. Die gemessenen Lage/Höhe - Koordinaten wurden anschließend in großmaßstäbige Karten übertragen und digitalisiert.

Im Unterschied zu den Befunden der Zentralalpen weisen die Moränenwälle in den Gletschervorfeldern der Lechtaler Alpen im allgemeinen geringere Mächtigkeiten auf, sie stehen damit grundsätzlich in einem proportionalen Verhältnis zur ehemaligen Ausdehnung ihrer Gletscher. Lediglich der Leiterferner sowie Fallenbacher Ferner weisen überdurchschnittlich mächtige Ufer- bzw. Endmoränensysteme auf (vgl. Kap. 4.3ff. und 4.5ff.).

Nach HIRTLREITER (1992) unterscheiden sich die Moränen der Nördlichen Kalkalpen insbesondere sedimentologisch von analogen Formen in den Zentral- oder Westalpen. Bedingt durch die Lösungsfähigkeit des Karbonatgesteins durch kalkagressives Wasser kann der Schluffanteil niedriger sein, durch die kurzen Transportweiten ist das Geschiebematerial für gewöhnlich kantiger als vergleichbare Sedimente der Zentralalpen.

3.3.2 Luftbildauswertung

Die vom Österreichischen Bundesamt für Eich- und Vermessungswesen bezogenen Luftbilder der untersuchten Gletscher in den Lechtaler Alpen ermöglichten eine genaue Übersicht über die Untersuchungsgebiete. Moränenartig erscheinende Wälle wurden kartiert, anhand der relativen Lage der vorhandenen Moränenwälle wurde versucht, eine erste zeitliche Einordnung der damit zusammenhängenden Vorstoßphasen vorzunehmen. Darüberhinaus konnten die zum Zeitpunkt der österreichischen Gesamtbefliegung des Jahres 1969/70 entstandenen Luftbilder als Flächeninformation genutzt werden, die die Ausdehnung der Gletscher zeitlich genau datierbar wiedergeben. Zusätzlich konnten die Luftbilder vor allem in unübersichtlichen Geländesituationen Klarheit über den Verlauf und die Ansatzstellen insbesondere von relativ geringmächtigen Moränen (z.B. Patrolferner, vgl. Kap. 4.4.1 ff.) verschaffen.

3.4 Quantitative Ansätze

3.4.1 Grundlagen

Gletscher reagieren auf Klimaänderungen bzw. -schwankungen durch Variationen ihres Massenhaushaltes (HOINKES und STEINACKER 1975a). Diese gehen in der Regel mit einer Flächen- oder Längenänderung des Gletschers einher. Während die klimatische Einwirkung auf den Gletscher unmittelbar über dessen Massenhaushalt erkennbar wird, stellt sich eine Längen- bzw. Flächenänderung erst mit einer gewissen Verzögerung ein. Diese sogenannte Reaktionszeit kann bei großen Alpengletschern bis zu 40 Jahren betragen, der Zeitraum zwischen der Reaktion und dem Einstellen eines neuen Gleichgewichtszustandes (= Anpassungszeit) kann mehrere bis etwa 80 Jahre umfassen (PATZELT und AELLEN 1990, S. 51). Eine große Bedeutung kommt primär den Lageparametern des Gletschers (mittlere Höhenlage, Exposition etc.) und reliefbedingten Faktoren zu (vgl. Kap. 7.1ff.). So können im Extremfall auch Variationen des Witterungsablaufes weniger Jahre zu Veränderungen der Gletscherfläche führen (HIRTLREITER 1992).

Ein Vergleich von Gletscherschwankungen über einen größeren Raum hinweg und eine Verknüpfung des klimatischen Geschehens mit der Reaktion eines Gletschers erfolgt insbesondere durch die Bestimmung der Höhenlage der Schneegrenzen, die den zu vergleichenden Gletscherständen entsprechen. Nach GROSS et al. (1976) wird die Schneegrenze für einen ausgeglichenen Massenhaushalt ermittelt, bei dem es zur endgültigen Ablagerung der Moränenwälle kommt (vgl. Kap. 3.4.2). Ein ausgeglichener Massenhaushalt stellt sich im Regelfall in einer Phase des Übergangs zwischen positivem und negativem Massenhaushalt ein, bei dem es zu einer kurzfristig stationären Haushaltslage kommt. Desweiteren kann es während einer tendenziellen Rückschmelzphase zu einer zwischenzeitlich stationären Lage kommen.

3.4.2 Bestimmung der Schneegrenzen

Die methodischen Möglichkeiten zur Bestimmung der Schneegrenze werden in einschlägigen Veröffentlichungen bereits seit annähernd 200 Jahren diskutiert (GROSS et al. 1976). Wesentliche und für die spätere Diskussion richtungsweisende Gedanken wurden nach GROSS et al. (1976) bereits im 19. Jahrhundert durch RATZEL (1886) und RICHTER (1888) geäußert. Bedingt durch voneinander abweichende Schwerpunkte der Fragestellungen, die mit unterschiedlichen Anforderungen an die Genauigkeit zur Bestimmung der Schneegrenzen einhergingen, wurden in der Vergangenheit zahlreiche Vorschläge zur Diskussion gestellt, die den Begriff der Schneegrenze zu definieren suchten. Eine kritische Diskussion dieser Problematik findet sich unter anderem bei BADER (1991) und KERSCHNER (1990).

Der Begriff der Schneegrenze wird im Rahmen dieser Arbeit in Anlehnung an GROSS et al. (1976); HEUBERGER (1980) und KERSCHNER (1990) verstanden. Demnach ist die Schneegrenze eines Gletscherstandes als die Höhenlage der Gleichgewichtslinie (GWL) eines Gletschers über einen längeren Zeitraum aufzufassen. Die GWL ist die Verbindungslinie derjenigen auf einem Gletscher liegenden Punkte, deren mittlere spezifische Nettomassenbilanz gleich Null ist. Sie stellt damit eine temporäre Grenzlinie zwischen dem Nähr- und dem Zehrgebiet eines Gletschers dar, die in ihrer Höhenlage und in ihrem Verlauf über mehrere Haushaltsjahre hinweg großen Schwankungen unterworfen sein kann (MAISCH 1992). Die GWL wird aus diesem Grund insbesondere für Massenbilanzuntersuchungen durch einen generalisierten Höhenwert wiedergegeben (ELA=equilibrium line altitude).

Die GWL trennt das Nährgebiet eines Gletschers von dessen Zehrgebietsfläche, damit beeinflußt ihre Höhenlage nach MAISCH (1987a) unter Berücksichtigung des hypsographischen Profils eines Gletschers maßgeblich den AAR - Wert (AAR = Accumulation Area Ratio, entspricht dem Flächenverhältnis zwischen Akkumulationsgebiet S_C und Gesamtfläche S eines Gletschers). Die Variationen dieses Verhältnisses bilden direkt und oft gut sichtbar den Ernährungszustand eines Gletschers ab (BADER 1991; HAEBERLI und HERREN 1991).

Die Ermittlung bzw. rechnerische Rekonstruktion von Massenbilanzreihen zentralalpiner Gletscher ließ zunächst erkennen, daß ein $S_C:S$ - Verhältnis von 2,0:1 (AAR=0,67) eine gute Annäherung an die mittlere Höhenlage der GWL bei ausgeglichenen Massenhaushalt darstellt (GROSS et al. 1976). Dieses auch als "2:1 - Methode" bezeichnete Verfahren wird nach MAISCH (1992) zur Charakterisierung und Parallelisierung spätglazialer Stadien und zur Bestimmung von Schneegrenzhöhen bzw. Schneegrenzdepressionen im Vergleich zum definierten Bezugsniveau 1850 (BZN 1850) herangezogen. Voraussetzungen für die Anwendung dieser Methode sind die geometrischen Eigenschaften der Eisoberfläche wie beispielsweise ein ausgeglichenes Längsprofil des Gletschers.

In einer neueren Arbeit (BADER 1991) wird darauf hingewiesen, daß bei einer Neuberechnung der Schneegrenzen von neun Alpengletschern auf Basis einer nunmehr längeren Massenbilanzreihe die AAR - Werte im Mittel etwas geringer ausfallen (AAR=0,60±0,12, $S_c:S=1,5:1$). Gletscher mit kontinentalerer Lage tendieren zu höheren Werten (AAR=0,70 bis 0,80, $S_c:S=2,3:1$ bis 4,0:1), die entsprechenden AAR - Werte für stärker ozeanisch geprägte Gletscher liegen hingegen im Bereich von AAR=0,50 bis 0,65 ($S_c:S=1,0:1$ bis 1,9:1). Zu ähnlichen Ergebnissen waren bereits GROSS et al. (1976, S. 231) gekommen. HAEBERLI und HERREN (1991), die die AAR - Werte für 29 ausgewählte und global verteilte Gletscher auf Basis längerer Massenbilanzreihen bestimmten, kommen zu mittleren AAR - Werten von 0,56 (Min. 0,34/Max. 0,76).

Nach MAISCH (1992) lassen sich diese Ergebnisse nicht zwingend durch klimageographische Unterschiede begründen. Zum einen weisen die Einzelwerte eine verhältnismäßig große Streuung mit einem großen statistischen Wahrscheinlichkeitsbereich auf, zum anderen berücksichtigen diese Untersuchungen die individuellen Geometrien und Hypsographien der untersuchten Gletscheroberflächen nicht in ausreichendem Maße. Daher stellen diese beiden Untersuchungen noch keine gesicherte Grundlage für die Annahme einer gleichermaßen regelhaften wie regelmäßigen Abweichung von der "2:1 - Methode" dar. Ohnehin bedarf die Anwendung dieses Verfahrens im Einzelfall einer stetigen geomorphologischen Kontrolle. Bedingt durch eine Reihe von Faktoren können die Abweichungen sehr groß sein, daher ist im Grunde nur der AAR - Mittelwert einer größeren Gletscherregion oder Klimaprovinz aussagekräftig. Nach MAISCH (1992) ist zudem die "2:1 - Methode" bei kleineren Gletschern mit geringer Höhenstreckung mit größeren Fehlern behaftet, denn die Schneegrenze wird hier sehr stark von kleinräumig wirksamen klimatischen und reliefbedingten Faktoren beeinflußt. Dazu zählen insbesondere:

- der Expositionseinfluß,
- Lee/Luv - Situationen sowie die
- Heizwirkung der sich bei länger andauernden Abschmelzphasen vergrößernden Felsareale.

Zudem weisen bereits GROSS et al. (1976) darauf hin, daß die "2:1 - Methode" bei Gletschern mit

- hoher Felsumrahmung,
- großen Eisabbrüchen und
- steil abbrechenden oder kalbenden Zungen

zu fehlerhaften Ergebnissen führt.

Da die Einschränkungen dieser Methoden in unterschiedlicher Art und Weise auf alle untersuchten Gletscher der Lechtaler Alpen zutreffen, ist es nicht sinnvoll, die Höhenlage der Schneegrenzen durch dieses Verfahren zu bestimmen. In Anlehnung an die Arbeiten von HIRTLREITER (1992) und JUNGSBERGER (1993) werden zwei Methoden zur Bestimmung der Höhenlage der Schneegrenze angewandt, die den spezifischen morphographischen Verhältnissen der kleinen Gletscher der Lechtaler Alpen besser angepaßt sind (vgl. Kap. 3.4.2.1 und 3.4.2.2).

3.4.2.1 Moränenansatzmethode

Dieses auch als "Methode Lichtenecker" bekannte Verfahren bietet die Möglichkeit, glazialgeomorphologische Hinweise zur Bestimmung der Schneegrenze eines Gletscherstandes heranzuziehen (LICHTENECKER 1938; VISSER 1938).

Dort, wo die submergente, in das Eis eines Gletschers hineingerichtete Bewegung in eine emergente Bewegungsrichtung wechselt, liegt aus eisdynamischen Gründen auch die Grenze zwischen Akkumulations- und Ablationsgebiet eines Gletschers. Hier kann es in der Folge zur Bildung von Ober- und Ufermoränen kommen. Damit markieren etwaige im Gelände noch erhaltenen Ansatzstellen der Ufermoränen die Mindesthöhe der diesem Stand entsprechenden Schneegrenze (GROSS et al. 1976).

Dieses Verfahren konnte an mehreren Gletschern der Lechtaler Alpen zur Bestimmung der Schneegrenzen während der letzten holozänen Hochstandsphase um 1850 angewandt werden (Leiterferner, Patrolferner, Fallenbacher Ferner).

3.4.2.2 Bergschrundmethode

Nach diesem von GROSS et al. (1976) vorgestellten Verfahren zur Berechnung der Schneegrenzhöhe eines Gletscherstandes soll die Schneegrenze auf halber Höhe zwischen der mittleren Höhenlage des Bergschrundes und dem tiefsten Punkt des Gletschers liegen, dort wo die Lage des Bergschrundes nicht mehr nachvollzogen werden kann oder kein Bergschrund vorhanden war oder ist, wird die mittlere Höhe des Bergschrundes durch den höchsten Punkt des Gletschers oder Gletscherrestes ersetzt (HIRTLREITER 1992). Dabei ist darauf zu achten, möglicherweise über diesen Punkt hinausreichende Eis- oder Firnreste auszuschließen.

Die Höhe der Schneegrenze eines Standes x läßt sich daher wie folgt berechnen (*F1*):

(F1)
$$SG_x = \frac{(HP_x + TP_x)}{2}$$

SG_x Schneegrenze eines Standes x
HP_x Höchster Punkt eines Gletscherstandes x
TP_x Tiefster Punkt eines Gletscherstandes x

Die Schneegrenzdepression *SGD*, also die Differenz der Schneegrenzhöhen zum Zeitpunkt des Hochstandes um *1850* und jüngeren Gletscherständen errechnet sich - unter der Voraussetzung, daß sich die Höhenlage des *HP* nicht geändert hat - demnach zu (*F2*) oder (*F3*):

(F2)
$$SGD_x = SG_{1850} - SG_x$$

SGD_x Schneegrenzdepression eines Standes x in Bezug auf die Schneegrenzhöhe um *1850*
SG_{1850} Schneegrenze um *1850*
SG_x Schneegrenze eines Standes x

(F3)
$$SGD_x = \frac{(TP_{1850} - TP_x)}{2}$$

SGD_x Schneegrenzdepression eines Standes x in Bezug auf die Schneegrenze
TP_{1850} Tiefster Punkt des Gletscherstandes um *1850*
TP_x Tiefster Punkt eines Gletschers zum Zeitpunkt des Gletscherstandes x

Dieses Verfahren bietet nur bei kleinen Gletschern mit geringer Höhenerstreckung eine verhältnismäßig genaue Eingrenzung der Höhenlage der Schneegrenze. Nach HIRTLREITER (1992) steht zudem der Aufwand zur Bestimmung der Schneegrenze in einem vertretbaren Verhältnis zu der ohnehin eingeschränkten erzielbaren Genauigkeit (vgl. auch LIEB 1987, S. 11-12).

Weitere in der Literatur genannte Verfahren fanden in der vorliegenden Arbeit keine Anwendung. Nach der von HÖFER (1879) vorgeschlagenen Methode, die in der Vergangenheit eine weitere Verbreitung erfuhr, liegt die Schneegrenze auf halber Höhe zwischen der den Gletscher umgebenden Kammumrahmung und dem tiefsten Punkt des Gletschers. Die mittlere Höhe der Kammumrahmung ist dabei jedoch mit der Höhenlage der Firnlinie und damit mit der Höhe der eigentlich zu bestimmenden Schneegrenze gleichzusetzen. GROSS et al. (1976) merken zurecht an, daß dieses Verfahren nicht haltbar ist, da es im eigentlichen Sinne auf einem Zirkelschluß beruht, weil die zu errechnende Größe als bereits bekannt vorausgesetzt werden muß.

Das von MILLER (1968) vorgestellte Verfahren berücksichtigt insbesondere die Situation stark lawinenernährter Gletscher (Lawinenkesseltyp). MILLER (1968) erweitert die Gletscheroberfläche um das Areal der den Gletscher umgebenden Karrückwände (Adventiv-Nährgebiet) und wendet auf diese vergrößerte Fläche die 2:1-Flächenteilungsmethode an. Da diese Methode für einen Spezialfall entwickelt wurde, eignet sie sich nach HIRTLREITER (1992) nicht für eine ganzheitliche Betrachtung und einen überregionalen Vergleich von Schneegrenzen bzw. Schneegrenzänderungen.

3.4.3 Datierung der Gletscherstände

Eine **absolute** Datierung der durch Moränen gekennzeichneten Gletscherstände ließ sich im Bereich der Lechtaler Alpen generell nicht durchführen:

So konnte weder ein fossiler Boden ergraben werden, noch hätte dies bei der eingeschränkten Genauigkeit der ^{14}C - Methode - das Minimalalter einer organischen Probe muß über 300-350 Jahre liegen - ein sinnvolles Ergebnis für den relativ kurzen Untersuchungszeitraum ergeben (GEYH 1980; KELLER 1987).

Eine Altersdatierung durch eine Kartierung der Wachstumsgeschwindigkeit von Flechten (Lichenometrie) schied ebenfalls aus, da nach HIRTLREITER (1992) grundlegende Untersuchungen über das Verhalten der üblicherweise für diese Zwecke verwendeten Landkartenflechte (Rhizocarpon geographicum) auf Karbonatgesteinen fehlen. Bekannt ist hingegen eine Eigenschaft der im Gebiet der Berchtesgadener Alpen und des Dachsteingebirges heimischen Blauen Flechte (Aspicilia coerulea), die ausschließlich auf Substrat gedeiht, das zum Zeitpunkt des holozänen Hochstandes im 19. Jahrhundert nachweislich eisfrei war (JAKSCH 1973). Dadurch wird es möglich, auch dort, wo keine Moränen mehr erhalten sind, die ehemalige Eisausdehnung zu rekonstruieren. Flechten dieser Art wurden jedoch im Gebiet der Lechtaler Alpen nicht vorgefunden.

Ebenfalls nicht möglich war eine Altersbestimmung mittels der der Methodik der Dendrochronologie. Voraussetzung hierfür wäre ein während des Untersuchungszeitraumes erfolgter Vorstoß der Gletscher der Lechtaler Alpen in bewaldete Areale gewesen. Dies war aber mit Sicherheit nicht der Fall, die tiefste Lage der untersuchten Gletscher erreichte zum Zeitpunkt des letzten Hochstandes der Patrolferner auf ca. 2315 m NN, eine Höhe, die definitiv oberhalb der Waldgrenze lag (vgl. Kap. 4.4.1.2).

Aus diesen Gründen ist die Datierung des neuzeitlichen Maximalstandes auf die Mitte des 19. Jahrhunderts (="1850") im weiteren Verlauf der Arbeit unter dem Vorbehalt einer gewissen Unsicherheit zu sehen. Möglicherweise trat dieser Hochstand, analog zu den Gletschern des Wettersteingebirges und der Berchtesgadener Alpen bereits um 1820 auf (vgl. Kap. 5.1 und 5.2), hierfür gibt es jedoch ebenfalls keine Belege.

Eine **relative** Datierung konnte anhand der Lage bzw. Abfolge der Moränen im Gelände sowie auf Grundlage der Bodenentwicklung vorgenommen werden:

So kann grundsätzlich davon ausgegangen werden, daß die Moränen mit zunehmender Entfernung von der rezenten Gletscherzunge älteren Ablagerungszeitpunkten entsprechen. Nur in Ausnahmefällen sind auch Umkehrungen dieser Regel möglich (MANI und KIENHOLZ 1988).

Darüberhinaus lassen sich Moränen, die um die Mitte des vergangenen Jahrhunderts abgelagert wurden von denen der 1920er Jahre durch die Entwicklung der Bodenbildung gut unterscheiden. Während die Moränen des 1850er Hochstandes bereits eine bescheidene Syrosementwicklung aufweisen (vgl. *Photo 3*), ist im Bereich der Lechtaler Alpen auf den 1920er Moränen noch keine oder allenfalls eine initiale Bodenbildung zu beobachten.

4. FLÄCHENVERÄNDERUNG AUSGEWÄHLTER GLETSCHER DER LECHTALER ALPEN

4.1 Stand der Forschung

Die Lechtaler Alpen weisen eine Vielzahl von Gipfeln mit Höhen über 2500m NN auf (vgl. Kap. 2.1). Dennoch kann man die Lechtaler Alpen nicht als ein zumindest in Teilregionen vergletschertes Gebirgsmassiv bezeichnen. Nur wenige und zudem sehr kleine Gletscher finden sich auch heute noch in offenbar bevorzugten Lagen (vgl. *Abb. 4*). Während jedoch die Gletscher anderer Gebirgsgruppen der Nördlichen Kalkalpen in der Vergangenheit mehrmals Inhalt wissenschaftlicher Untersuchungen waren (RICHTER 1888; GOLDBERGER 1950; FINSTERWALDER 1951a,b; MILLER 1968, FINSTERWALDER 1971, 1981; FINSTERWALDER und RENTSCH 1973; GÜNTHER 1982; HIRTLREITER 1992; JUNGSBERGER 1993 für die Gletscher der Berchtesgadener Alpen bzw. des Wettersteingebirges), existieren über die Gletscher der Lechtaler Alpen im Validierungszeitraum nur sehr wenige Informationen. Hier wirkt sich in erheblichem Maße der Umstand aus, daß die bisherigen glaziologischen bzw. glazialgeomorphologischen Forschungen auf österreichischem Gebiet im wesentlichen auf die großen Zentralalpengletscher beschränkt waren. Erst in jüngerer Vergangenheit richtete sich auch dort ein verstärktes Interesse auf kleinere, peripher gelegene Kargletscher, so etwa im Karwendel (KUHN 1993) und in den Allgäuer Alpen (SCHUG und KUHN 1993).

4.2 Auswahl der Gletscher

Die wenigen verfügbaren Angaben über Flächenvariationen der Gletscher in den Lechtaler Alpen macht es notwendig, die nachfolgenden Betrachtungen und Analysen der Kapitel 4.3-4.6 auf insgesamt fünf Gletscher zu beschränken, für die eine relativ große Informationsdichte vorliegt. Dadurch soll eine ausreichende zeitliche Auflösung der Gletscherentwicklung im Untersuchungsgebiet gewährleisten werden.

Es sind dies:

- der im Oberen Medriol östlich der Leiterspitze (2750m) gelegene **Leiterferner,**
- der im Gebiet der Parseiergruppe nordöstlich der Parseierspitze (3036m) gelegene **Patrolferner,**
- der im Gebiet der Parseiergruppe südöstlich der Parseierspitze gelegene **Grinner Ferner,**
- der im Gebiet der Parseiergruppe nördlich des Dawinkopfes (2968m) gelegene **Parseierferner** sowie
- der im Gebiet des Feuersteinspitzgruppe nordöstlich der Feuer-Spitze (2852m) gelegene **Fallenbacher Ferner.**

Für die Flächenrekonstruktion der ausgewählten fünf Gletscher der Lechtaler Alpen im Untersuchungszeitraum standen verschiedenartige Quellen zur Verfügung:

- *Glazialgeomorphologische Auswertung*
An vier der fünf untersuchten Gletschern konnte durch eine Kartierung bzw. Umzeichnung der End- bzw. Ufermoränen in topographische Karten des Untersuchungsgebietes eine Rekonstruktion und - daran anschließend - eine Bestimmung der Flächenausdehnung des neuzeitlichen Hochstandes vorgenommen werden (vgl. Kap. 4.3-4.5). Darüberhinaus konnten im Gletschervorfeld des Leiterferners, des Patrolferners und des Fallenbacher Ferners kleinere Moränen der 1920er-Vorstoßphase erfaßt und ausgewertet werden.
- *Schriftquellen*
Aufzeichnungen und Berichte über die Vergletscherung der Lechtaler Alpen stammen insbesondere von WALTENBERGER (1875); SPIEHLER (1885/1886), RICHTER (1888) und GROTH (1983). Diese Arbeiten enthalten zum Teil quantitative Flächen- und Höhenangaben der untersuchten Gletscher, die im Einzelfall jedoch mit Vorsicht zu interpretieren sind (vgl. Kap. 4.3-4.5).
- *Kartenmaterial*
An Kartenmaterial standen insbesondere die Alpenvereinskarte des Deutschen und Österreichischen Alpenvereines von 1911, Maßstab 1:25 000 (Stand der Gletscher 1911), die Österreichische Karte, Maßstab 1:50 000 (Stand der Gletscher 1959) sowie die Alpenvereinskarte "Lechtaler Alpen (Parseierspitze)" Nr. 3/3, Maßstab 1:25 000 (Stand der Gletscher 1983) zur Verfügung.
- *Österreichischer Gletscherkataster (GROSS 1969)*
Der Österreichische Gletscherkataster (GROSS 1969) enthält über alle in die nachfolgenden Auswertungen einbezogenen Gletscher der Lechtaler Alpen detaillierte Informationen über Fläche, (flächengewichtete) Höhenlage, Exposition und weitere morphographische und glaziologische Kenngrößen. Der Österreichische Gletscherkataster gibt die Situation der Gletscher zum Zeitpunkt der österreichischen Gesamtbefliegung im Jahre 1969/70 wieder.

Insgesamt konnten für den Untersuchungszeitraum im Einzelfall bis zu acht Flächenangaben gewonnen werden. Die teilweise günstige Verteilung der Werte auf relevante Phasen der Gletscherentwicklung in den Alpen läßt eine hinreichend gute Vergleichbarkeit mit den Ergebnissen aus den Gebieten der Nördlichen Kalkalpen sowie der Zentralalpen zu.

Zwei weitere kleine Kargletscher,

- der im Gebiet der Vallugagruppe westlich der Valluga (2809m) gelegene **Parzüelferner** sowie
- der im Gebiet der Feuersteinspitzgruppe östlich der Vordersee-Spitze (2889m) gelegene **Vorderseeferner**

werden lediglich in die Untersuchungen über die Flächenveränderungen und Lagebedingungen der Gletscher der Nördlichen Kalkalpen einbezogen (Kap. 5.5 und 7.1ff.), weil in diesen Fällen die Informationsdichte für eine kontinuierliche Auswertung der Flächenentwicklung im Validierungszeitraum zu gering ist.

Ermittelt wurden bei diesen beiden Gletschern lediglich die Flächeneckwerte (Ausdehnung um 1850 durch eine Rekonstruktion der durch End- und Ufermoränen vorgegebenen Maximalausdehnung sowie eine Flächenbestimmung der rezenten Gletscherflächen nach Geländebegehungen) sowie morphographische Kennwerte (höchste (HP) und tiefste (TP) Punkte der Gletscher, Exposition).

Die aus den geomorphologischen Geländebefunden rekonstruierte Flächengrößen der Gletscher in den Lechtaler Alpen um 1850 und 1920 werden generell in ganzzahligen Werten angegeben.

4.3 Oberes Medriol

4.3.1 Leiterferner

4.3.1.1 Lagebeschreibung

Der Leiterferner ist der einzige noch existierende kleine Gletscher im Oberen Medriol (*Photo 1, Abb. 10*). Er liegt - nach Osten exponiert und flach eingebettet in einer kleinen Mulde - unter den Wänden der Leiterspitze in einer Höhe zwischen 2450 und 2600m NN. Mit einer Fläche von 7,0ha erreicht der Leiterferner die typische gegenwärtige Dimension eines Gletschers der Lechtaler Alpen.

Photo 1: Leiterferner im Oberen Medriol, im Hintergrund die Karrückwand der Leiterspitze (Aufnahme: HERA 9/94)

Eine mächtige Ufer- bzw. Endmoräne, die stellenweise eine Höhe von 30-40m erreicht, weist auf eine ehemals sehr viel größere Fläche des Leiterferners zum

Zeitpunkt seines neuzeitlichen Hochstandes um 1850 hin (*Photo 2*). Eine weniger deutlich ausgeprägte Endmoräne, die in engem Kontakt mit dem Innensaum der 1850er-Moräne steht, belegt eine weitere neuzeitliche Vorstoßphase des Gletschers um 1920.

Photo 2: Holozäne Endmoräne des Leiterferners (Aufnahme: HERA 10/93)

Die den Gletscher umgebende Karumrahmung überragt den Leiterferner nahezu allseitig um bis zu 150 Höhenmeter und bedingt einen effektiven Strahlungsschutz.

Die Oberfläche des Gletschers, die zum Zeitpunkt der Begehungen (Oktober 1993, September 1994) stark eingesunken war, läßt auf einen deutlich negativen Massenhaushalt in den zurückliegenden Jahren schließen. Die tiefstgelegenen Areale lassen eine bescheidene Schmelzwasserrinnenbildungen erkennen (*Photo 3*), Hinweise auf eine aktive Bewegungstätigkeit (wie etwa Spalten) fehlen hingegen völlig.

Der Gletscher besitzt keine den großen Alpengletschern vergleichbare Gletscherzunge (vgl. *Abb. 10*), sein unterer Rand verläuft diffus und befindet sich in einem Stadium fortgeschrittener Auflösung. Trotz der schlechten Ernährungsbedingungen war der Leiterferner zum Ende der Ablationsperioden 1993 und 1994 jeweils noch gänzlich mit Firn- und/oder Altschnee bedeckt, der stellenweise eine Höhe von 20-30cm erreichte. Darunter zeigte sich an allen Grabungsstellen blankes Gletschereis.

Der Leiterferner wurde anläßlich der österreichischen Gesamtbefliegung der Jahre 1969 und 1970 in den Österreichischen Gletscherkataster (GROSS 1969) aufgenommen. Dieser enthält neben quantitativen Angaben zu Höhenlage und Fläche ein Klassifikationsschema, das für eine nähere Beschreibung des Gletschers Verwendung findet (*Tab. 4*). Der Österreichische Gletscherkataster (GROSS 1969) klassifiziert den Leiterferner als 'Gletscherflecken'. Auf diese Nomenklatur wird in Kapitel 4.6 nochmals gesondert eingegangen.

Tab. 4: Qualitative Lageparameter des Leiterferners zum Zeitpunkt der österreichischen Gesamtbefliegung 1969/70 (nach GROSS 1969)

Lage	Exposition	Typ	Form	Zunge	Längsprofil
N 47° 13' 18'' E 10° 31' 36''	NE	Gletscherflecken	Kar	Unregelmäßig	Ausgeglichen

4.3.1.2 Flächenentwicklung des Leiterferners seit der holozänen Hochstandsphase um 1850

Der Leiterferner wies zum Zeitpunkt seines holozänen Hochstandes um 1850 eine nach der Lage und dem Verlauf seiner End- und Ufermoräne rekonstruierte Ausdehnung von 17ha auf (*Abb. 8, Tab. 5*). Damit gehörte er - zusammen mit dem Grinner Ferner - zu den kleineren der untersuchten Gletscher im Bereich der Lechtaler Alpen.

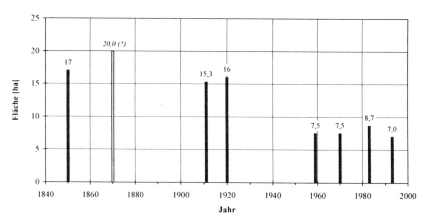

Abb. 8: Absolute Flächenveränderungen des Leiterferners 1850-1994 (unrealistische Werte sind *kursiv* dargestellt)

Eine größere Ausbreitung in dieser gletschergünstigen Phase verhinderte möglicherweise die dem Leiterferner vorgelagerte Endmoräne, deren im Vergleich zur Ausdehnung des Leiterferners relativ große Mächtigkeit darauf schließen läßt, daß sie das Ergebnis mehrerer holozäner Vorstoßphasen darstellt und zum Zeitpunkt des 1850er-Hochstandes bereits existierte (vgl. *Photo 2*). Der Gletscher dürfte demnach den Eismassenzuwachs bis zur Mitte des 19. Jahrhunderts durch eine starke Aufhöhung seiner Oberfläche kompensiert haben.

Tab. 5: Absolute und relative Flächenveränderungen des Leiterferners 1850-1994 (unsichere bzw. unrealistische Werte sind *kursiv* dargestellt)

Jahr	Fläche [ha]	Absolute Flächenveränderung [ha]	Relative Flächenveränderung [%]
1850	17		
1870	*20,0*	*+ 3,0*	*+ 17,7*
1911	15,3	- 4,7	- 23,5
1920	16	+ 0,7	+ 4,6
1959	7,5	- 8,5	- 53,1
1970	7,5	0,0	0,0
1983	8,7	+ 1,2	+ 16,0
1994	7,0	- 1,7	- 19,5

Der tiefste Punkt (TP) der Gletscherzunge lag bei 2430m NN. Aus der höchsten Lage (HP) des Leiterferners (2640m NN) resultiert eine vertikale Erstreckung von ΔH_{1850}=210m (*Tab. 6*).

Tab. 6: Morphographische Kennwerte des Leiterferners 1850-1994

Jahr	Höchster Punkt HP [m NN]	Tiefster Punkt TP [m NN]	Höhenerstreckung ΔH [m]
1850	2640	2430	210
1870			
1911	2640	2440	200
1920	2640	2430	210
1959	2600	2450	150
1970	2590	2460	130
1983	2600	2450	150
1994	2600	2450	150

Für den der neuzeitlichen Hochstandsphase nachfolgenden Zeitraum um 1870 gibt RICHTER (1888) die Ausdehnung des Leiterferners mit 20,0ha an, ein Wert, der das Ausmaß des holozänen Hochstandes um 1850 leicht übersteigt (*Abb. 8, Tab. 5*). Dies erscheint wenig plausibel und ist möglicherweise auf einen Meß- oder Interpretationsfehler zurückzuführen. Ursächlich hierfür erscheinen insbesondere zwei Faktoren:

- RICHTER (1888) war nur in geringem Umfang direkt vor Ort, um sich ein Bild der Verhältnisse zu machen. Möglicherweise war dies ausschlaggebend für mancherlei Fehlinterpretation über das Ausmaß und die Abgrenzung der Vergletscherung (z.B. Grinner Ferner - Patrolferner, vgl. Kap. 4.4.2.2).

— RICHTER (1888) selbst schreibt: "Endlich tritt die Streitfrage ein, ob man die Felsumrahmungen und die einzelnen aufragenden Felsköpfe ausschließen soll, oder bis zu welchem Grade man sie hereinziehen darf. (...) Ich habe in dieser Beziehung den Grundsatz verfolgt, in grösseren Höhen, welche ohne Zweifel oberhalb der Schneelinie liegen, nicht gar zu engherzig mit dem Hereinziehen der Felsen zu sein, und habe weniger ausgedehnte Wände, dann mit Felsen durchbrochene Firnlehnen (...) stets zum Firnfeld gerechnet (...)."

Damit bezieht er - ähnlich wie sehr viel später MILLER (1968) - die Karrückwände eines Gletschers (Adventivnährgebiet) in das Nährgebiet mit ein. Aus diesem Grund könnten seine Angaben teilweise über die eigentlichen Flächen der Eissignaturen in den von ihm verwendeten Karten hinausgehen.

Im Bereich der Lechtaler Alpen waren dies die Spezialkarten der österreichisch-ungarischen Monarchie 1:75 000 sowie Kopien der Originalblätter des k.u.k Österreichischen Miltärgeographischen Institutes, die in den Jahren 1870/71 erstellt wurden. Während die Spezialkarten lediglich eine Eissignatur des Grinner Ferners enthalten, die aber nicht ausgewertet werden konnte, weil sie teilweise von einem Schriftzug überdeckt wird, sind die Originalaufnahmen nicht mehr erhältlich. Somit ist es nicht möglich, die Angaben Richters objektiv zu überprüfen. Generell erscheint aber die Abgrenzung der Eisoberfläche von Firnkragen oder Altschneebedeckungen durch unerfahrene Vermesser oder Kartographen problematisch.

Legt man die Angabe von RICHTER (1888) zugrunde, so ergäbe sich für den Zeitraum 1850-1870 ein relativer Flächenzuwachs von $\Delta F_r=+17{,}7\%$ (*Abb. 9, Tab. 5*). Wenn auch ein Hochstand des Leiterferners um 1870 nachträglich nicht ausgeschlossen werden kann, erscheint es dennoch realistischer, daß die Flächenvariationen des Leiterferners innerhalb dieses zwanzigjährigen Zeitraumes indifferent waren und sich die Ausdehnung des Leiterferners seit Mitte des 19. Jahrhunderts bis in das Jahr 1870 nur marginal verändert hat.

Die Flächenauswertung der Alpenvereinskarte des Deutschen und Österreichischen Alpenvereines aus dem Jahre 1911 mit Hilfe eines Geographischen Informationssystems ergab eine Gletscherfläche des Leiterferners von 15,3ha (*Abb. 8, Tab. 5*). Damit hat dieser kleine Kargletscher im Vergleich zu seinem holozänen Hochstand um 1850 lediglich 1,7ha an Fläche verloren ($\Delta F_r=-10{,}0\%$). Ob diese Ausdehnung zwischen den gletschergünstigen Phasen um 1890 und 1920 ein relatives Minimum darstellte, läßt sich dieser Information nicht entnehmen.

Da für diesen Zeitraum keine Abbildungen oder Photographien vorliegen, nach denen man aus der Morphographie des Leiterferners auf seinen Ernährungszustand schließen könnte (vgl. MÜLLER 1988), kann auch nicht beurteilt werden, ob sich der Vorstoß des Gletschers um 1920 bereits andeutet. Aus der geringen Differenz zum Ausmaß der Vergletscherung um 1850 kann jedoch geschlossen werden, daß der Leiterferner längere Perioden mit überwiegend negativen mittleren spezifischen Nettomassenbilanzen primär durch eine Veränderung seiner Oberfläche und erst über einen längeren Zeitraum durch eine Verkleinerung seiner Fläche beantwortet. Dies ist ein Verhalten, das unter anderem auch für den

Nördlichen Schneeferner im Wettersteingebirge nachgewiesen werden konnte (HIRTLREITER 1992, vgl. Kap. 9.2.1).

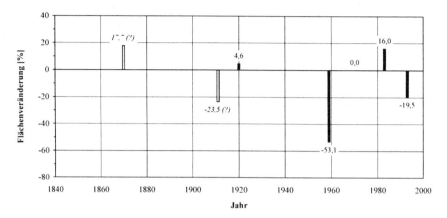

Abb. 9: Relative Flächenveränderungen des Leiterferners 1850-1994 (unsichere bzw. unrealistische Werte sind *kursiv* dargestellt)

Der tiefste (höchste) Punkt des Gletschers lag zum Aufnahmezeitpunkt der Alpenvereinskarte (1911) bei 2440m NN (2640m NN), aus diesen Werten ergibt sich eine Höhenerstreckung von $\Delta H_{1911}=200$m.

Die gletschergünstige Phase der 1920er Jahre bewirkte einen neuerlichen Vorstoß des Leiterferners, der durch eine vegetationsfreie Endmoräne belegt werden kann, welche an den Innensaum der 1850er-Moräne angrenzt und stellenweise auch in diese übergeht.

Die für diesen Stand ermittelte Gletscherfläche liegt mit 16ha nur unwesentlich unter dem Wert des holozänen Hochstandes um 1850 ($\Delta F_a=-1,0$ha, $\Delta F_a=-5,9\%$). Die absolute (relative) Flächenzunahme für den Zeitraum 1911-1920 beträgt $\Delta F_a=+0,7$ha ($\Delta F_a=+4,6\%$). Die vertikale Erstreckung des Leiterferners entsprach zu diesem Zeitpunkt der Situation um 1850 ($\Delta H_{1850/1920}=210$m).

Die Auswertung der in der Österreichischen Karte 1:50 000 verzeichneten Gletscherfläche des Leiterferners ergab einen Wert von nurmehr 7,5ha. Dies entspricht einer Flächenreduktion von $\Delta F_a=-8,5$ha im Zeitraum 1920-1959 ($\Delta F_a=-53,1\%$, Abb. 8, Tab. 5).

Erstmals innerhalb des Untersuchungszeitraumes kam es in dieser Phase zu einem deutlichen Flächenrückgang des Gletschers. Vorausgegangen waren die glaziologisch ungünstigen 1940er und beginnenden 1950er Jahre mit geringen winterlichen Rücklagen und sehr hohen Sommertemperaturen (vgl. auch Kap. 8.3.2).

Photo 3: Schmelzwasserrinnen im Zungenbereich des Leiterferners (Aufnahme: HERA 10/93)

Nur geringfügig verändert hat sich dagegen die Höhenerstreckung, da der Leiterferner zu diesem Zeitpunkt noch immer eine kleine Restzunge aufwieß, die bis nahe an seine holozäne Endmoräne reichte (vgl. *Abb. 10*). Der tiefste bzw. höchste Punkt des Gletschers lag im Jahre 1959 in einer Höhe von 2450 bzw. 2600m NN, daraus resultiert eine Höhenerstreckung von $\Delta H_{1850}=150m$.

Der Österreichische Gletscherkataster (GROSS 1969) weist den Leiterferner als Kargletscher mit einer Fläche von 0,075km² (=7,5ha) aus (vgl. *Abb. 8, Tab. 5*).

Der tiefste (höchste) Punkt lag zum Zeitpunkt der Aufnahme im Jahre 1970 bei 2460m (2590m) NN. Die Höhenerstreckung hat sich somit im Vergleich zu 1959 um 20m auf $\Delta H_{1969}=130m$ verringert.

Die im Zeitraum 1959-1970 eingetretene Flächenstagnation ($\Delta F_a=0,0ha$) fügt sich in das Gesamtbild der Gletscherentwicklung Österreichs (vgl *Abb. 1*). Einer extrem gletscherungünstigen Periode folgte zwischen 1965 und Mitte der 1970er Jahre ein Zeitraum, der durch ausgeglichene Verhältnisse gekennzeichnet ist. Für den Nördlichen Schneeferner konnte in dieser Phase sowohl für die Flächenentwicklung als auch für dessen Massenbilanz ein ähnliches Verhalten nachgewiesen werden (HIRTLREITER 1992).

Die gletschergünstige Phase der 1970er Jahre führte zu einer merklichen Vergrößerung der Gletscherfläche des Leiterferners. Die Auswertung der Alpenvereinskarte "Lechtaler Alpen (Parseierspitze) 1:25 000" ergab für den Aufnahmezeitpunkt (1983) eine Flächenausdehnung von 8,7ha (*Abb. 8, Tab. 5*). Dies bedeutete einen

Flächenzuwachs von ΔF_a=+1,2ha im Vergleich zur Situation um 1970 (ΔF_r=+16,0%, Abb. 9, Tab. 5).

Die Höhenerstreckung betrug zu diesem Zeitpunkt ΔH_{1983}=150m (TP=2450m NN, HP=2600m NN).

Nach dem Flächengewinn der 1920er Jahre kann durch diese Ergebnisse ein erneuter kleinerer Vorstoß für den Leiterferner belegt werden. Das Ausmaß hält sich allerdings in bescheidenen Grenzen, die Maximalausdehnung des Leiterferners um 1850, die sich während des Validierungszeitraumes bis in die 1920er Jahre offenbar kaum veränderte bzw. verringerte, wurde deutlich unterschritten.

Die Fläche des Leiterferners betrug zum Zeitpunkt eigener glazialgeomorphologischer Kartierungen in den Jahren 1993 und 1994 nurmehr 7,0ha (Abb. 8, Tab. 5). Dies entspricht einem Verlust von ΔF_a=-1,7ha (ΔF_r= -19,5%) im Vergleich zu 1983.

Die größte vertikale Erstreckung beträgt unverändert ΔH_{1993}=150m (TP=2450m NN, HP=2600m NN). Zwar hat sich die zwischenzeitlich stark eingefallene Zunge des Leiterferners um einige Zehnermeter zurückgezogen, die Lagerungsverhältnisse des Gletschers in den tiefer gelegenen Arealen sind jedoch als nahezu horizontal anzusprechen, so daß sich der Flächenverlust des Leiterferners nicht auch zusätzlich durch eine Verminderung der vertikalen Erstreckung bemerkbar macht.

Seit Mitte der 1980er Jahre führten eine Reihe von aufeinanderfolgenden Haushaltsjahren mit überdurchschnittlich hohen Sommertemperaturen nahezu im gesamten Alpenraum zu deutlichen Flächen- und Massenverlusten der Gletscher (KRAUL 1992; HAMMER 1993). Diese gravierende Veränderung der klimatischen Umgebungsbedingungen bewirkten auch beim Leiterferner im Zeitraum 1983-1994 einen Flächenrückgang, der aber im Vergleich mit einigen anderen Gletschern der Lechtaler Alpen zum gegenwärtigen Zeitpunkt verhältnismäßig gering ausfällt (vgl. Kap. 4.6).

Die deutlichen Flächenverluste des Leiterferners seit seinem holozänen Hochstand um 1850 spiegeln sich nochmals in Abbildung 10 wider. Diese Abbildung faßt die Informationen aus dem zur Verfügung stehenden Kartenmaterial und den Geländebegehungen zusammen.

Auffällig - aber ebenso typisch - für kleine Kargletscher mit einer geringen vertikalen Komponente ist die Beobachtung, daß sich Flächenverluste nicht ausschließlich auf den Zungenbereich und die angrenzenden, tief gelegenen Eisregionen beschränken. Vielmehr sind von den Flächenreduktionen ebenso höher wie peripher gelegene Areale des Leiterferners betroffen. Aus diesem Grund erscheint es sicher, daß der Leiterferner keine Trennung in ein Nähr- bzw. Zehrgebiet aufweist, ein dynamischer Eismassentransfer bei Massenverlusten vom Nähr- zum Zehrgebiet stark eingeschränkt oder ganz unterbunden ist und als Folge Eismassenverluste des Gletschers praktisch im gesamten Bereich des Gletschers auftreten. Berücksichtigt man zusätzlich die spezifische Morphographie, so stellt sich der Leiterferner als flach gelagerter Eiskörper ohne nennenswerte vertikale Erstreckung dar, der auf signifikante Änderungen seiner klimatischen Umgebungsbedingungen im wesentlichen durch ein integrierendes, die gesamte Gletscherfläche umfassendes Verhalten reagiert.

Der Gesamtflächenverlust des Leiterferners seit der holozänen Hochstandsphase um 1850 beträgt bis in die Gegenwart (1994) ΔF_a=-10,0ha. Dies entspricht einem relativen Flächenverlust von ΔF_r=-58,9% (*Abb. 24*). Die Entwicklung weist jedoch keine Linearität auf, vielmehr lassen sich zwei Zeitphasen mit unterschiedlichen Flächenverhältnissen und deutlich voneinander abgesetzten Niveaus unterscheiden.

Die erste von 1850-1920 andauernde Periode ist durch Flächenverhältnisse gekennzeichnet, die sich stets im Bereich des holozänen Hochstandes um 1850 bewegen. Gletschergünstige Phasen führten hier zu Flächenvergrößerungen, die bis in die unmittelbare Nähe der großen holozänen Endmoräne reichten.

Im Zeitraum von 1959 bis 1994 treten dagegen Flächenvariationen auf einem deutlich tiefer gelegenen Niveau auf. Die extrem gletscherungünstigen 1940er Jahre dieses Jahrhunderts haben dazu geführt, daß sich der Leiterferner auf ein neues Flächengleichgewicht eingestellt hat, das dazu führte, daß die Flächenverluste seit der Mitte der 1980er Jahre beginnenden Wärmephase vergleichsweise gering ausfielen.

Dennoch ist - eine Fortsetzung gegenwärtiger klimatischer Verhältnisse oder weitere Erwärmung vorausgesetzt - längerfristig mit einem Abschmelzen des Leiterferners zu rechnen. Zwei Gründe sprechen dafür:
- Durch die Flächenreduktion sind große Areale des Leiterferners abgeschmolzen. Eine veränderte Energiebilanz dieser Flächen, die sich insbesondere durch eine Verringerung der Albedo im kurzwelligen solaren Strahlungsbereich und durch eine Erhöhung der Strahlungsabsorption äußert, wird durch eine verstärkte Wärmeabgabe im langwelligen Bereich einen beschleunigten Verfall des Gletschers zur Folge haben.
- Berücksichtigt man die flache Lagerung des Leiterferners, so steht zu vermuten, daß der Gletscher nur eine geringe Eismächtigkeit aufweist. Kommt es zukünftig zu einem Austauen von Felsinseln innerhalb der Gletscherfläche, so stellen diese Felsflächen aufgrund ihrer relativ geringen Albedo sowie ihrer hohen Wärmeleitfähigkeit und geringen spezifischen Wärme exponierte Heizoberflächen dar, an denen verstärkt einsetzende Schmelzprozesse auftreten würden. Auswirkungen dieser Art sind im Gebiet der Nördlichen Kalkalpen mehrmals beschrieben worden (HIRTLREITER 1992; JUNGSBERGER 1993).

Zusammenfassend erscheint der Leiterferner unter Berücksichtigung der zurückliegenden ca. 140 Jahren rekonstruierten Flächenentwicklung und weiterer Aspekte in seiner langfristigen Existenz gefährdet.

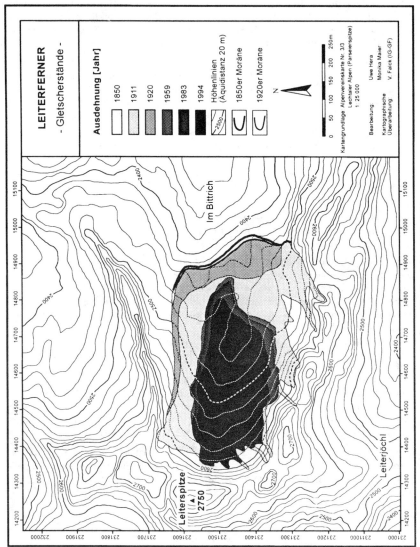

Abb. 10: Flächenveränderungen des Leiterferners - Ein Vergleich 1850-1994

4.4 Parseier Gruppe

4.4.1 Patrolferner

4.4.1.1 Lagebeschreibung

Der Patrolferner ist der kleinste der um die Parseier Spitze gruppierten Gletscher. Mit einer Restfläche von ca. 0,5ha ist der Patrolferner nahezu abgeschmolzen. Lediglich ein kleineres Eislager ist knapp unterhalb der Patrolscharte in 2650m Höhe noch vorhanden (*Abb. 13*).

Der Patrolferner gehörte zum Zeitpunkt seines Hochstandes um die Mitte des 19. Jahrhunderts mit einer Fläche von 31ha zu den größten Gletschern der Lechtaler Alpen. Seine damaligen Ausmaße blieben dennoch deutlich unter denen der großen Zentralalpengletscher.

Die maximale Ausdehnung des Validierungszeitraumes wird durch eine gut sichtbare und deutlich ausgebildete Ufer- bzw. Endmoräne abgegrenzt, die der Patrolferner während dieses Vorstoßes bildete. Die Mächtigkeit dieser Moränen (maximal ca. 3-4m) ist mit den Verhältnissen im Gletschervorfeld des Leiterferners (vgl. Kap. 4.3.1ff.) bzw. Fallenbacher Ferners (vgl. Kap. 4.5.1ff.) jedoch nicht vergleichbar.

Eine weitere, im Innensaum der 1850er-Umgrenzung liegende Endmoräne belegt einen nochmaligen Vorstoß des Patrolferners um 1920, der die Ausmaße des Hochstandes um 1850 fast erreichte.

Etwa einhundert Meter unterhalb der 1850er-Endmoräne befindet sich in einer Höhenlage von etwa 2160 bis 2300m NN einer der wenigen bekannten Blockgletscher der Nördlichen Kalkalpen (*Photo 4*), dessen Position im Oberen Patrol gut durch den Verlauf der Isohypsen in den topographischen Karten des Gebietes bestimmt werden kann. In der Karte des Deutschen und Österreichischen Alpenvereines von 1911 ist dieser Blockgletscher noch als Gletscher gekennzeichnet. Eine Einmessung der lateralen Bereiche in den Jahren 1993 und 1994 erbrachte keine Hinweise auf zwischenzeitlich stattgefundene Lageveränderungen. Ob dieser Blockgletscher damit als inaktiv bzw. fossil anzusprechen ist, läßt sich wegen des zu geringen zeitlichen Abstandes der Messungen nicht beurteilen. Ein weiterer, kleinerer Blockgletscher befindet sich im Kar "Stierlahnzugjoch" südlich der Feuer-Spitze im Gebiet der Feuersteinspitzgruppe (mdl. Mitt. KERSCHNER 1993).

Nach dem Österreichischen Gletscherkataster (GROSS 1969) ergaben sich für den Patrolferner die in *Tabelle 7* zusammengefaßten qualitativen Merkmale. Wenngleich auch diese Charakterisierung für den fast abgeschmolzenen Patrolferner gegenstandslos geworden ist, beschreibt sie dennoch die Lagebedingungen, in denen sich der Gletscher während eines wesentlichen Teiles des Validierungszeitraumes befunden hat.

Photo 4: Blockgletscher im Oberen Patrol (Aufnahme: HERA 7/94)

Tab. 7: Qualitative Lageparameter des Patrolferners zum Zeitpunkt der österreichischen Gesamtbefliegung 1969/70 (nach GROSS 1969)

Lage	Exposition	Typ	Form	Zunge	Längsprofil
N 47° 10′ 24″ E 10° 28′ 54″	N	Gletscherflecken	Kar	Unregelmäßig	Ausgeglichen

4.4.1.2 Flächenentwickrners seit der holozänen Hochstandsphase um 1850

Der Patrolferner nahm während der holozänen Hochstandsphase um 1850 eine (rekonstruierte) Fläche von 31ha ein (Abb. 11, Tab. 8). Ob seine Ausmaße die des in unmittelbarer Nachbarschaft liegenden Parseierferners übertrafen, läßt sich aus heutiger Sicht nicht definitiv beurteilen, da für den Parseierferner mangels glazialgeomorphologischer Hinweise die Ausdehnung dieses holozänen Hochstandes nicht exakt rekonstruiert werden konnte (vgl. Kap. 4.4.3.2).

Die Höhenerstreckung des Patrolferners betrug zu diesem Zeitpunkt ΔH_{1850}=540m (Tab. 9). Sein Nährgebiet erstreckte sich im Bereich der Patrolscharte bis in eine Höhe von 2850m NN, hier bestand zum damaligen Zeitpunkt eine Verbindung zum Grinner Ferner (vgl. Abb. 13). Die Gletscherzunge des Patrolferners reichte bis in den Bereich des Unteren Patrols in eine Höhe von 2310m NN. Sie hinterließ dort eine deutlich ausgeprägte Ufer- bzw. Endmoräne, letztere ist als Doppelwall ausgebildet, der auf ein Oszillieren der Gletscherzunge in dieser gletschergünstigen Phase hinweist.

Für den Zeitraum der nachfolgenden Phase um 1870 liegen für den Patrolferner keine expliziten Angaben vor. Auf Grundlage einer Indizienkette in Zusammenhang mit den Angaben von RICHTER (1888) und SPIEHLER (1885/1886) zur Vergletscherung des Grinner Ferners bzw. der Parseier Gruppe um 1870 wird für den Patrolferner eine Größe von ca. 28ha abgeschätzt (*Abb. 11, Tab. 8,* vgl. Kap. 4.4.2.2 und 4.4.3.2).

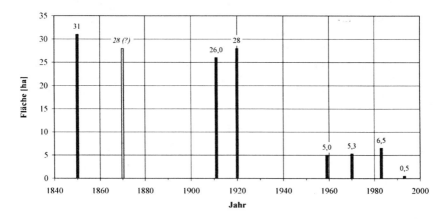

Abb. 11: Absolute Flächenveränderungen des Patrolferners 1850-1994 (unrealistische Werte sind kursiv dargestellt)

Tab. 8: Absolute und relative Flächenveränderungen des Patrolferners 1850-1994 (unsichere bzw. unrealistische Werte sind *kursiv* gedruckt)

Jahr	Fläche [ha]	Absolute Flächenveränderung [ha]	Relative Flächenveränderung [%]
1850	31		
1870	*28*	*- 3,0*	*- 9,7*
1911	26,0	- 2,0	- 7,1
1920	*28*	*+ 2,0*	*+ 7,7*
1959	5,0	-23,0	- 82,1
1970	5,3	+ 0,3	+ 6,0
1983	6,5	+ 1,2	+ 22,6
1994	0,5	- 6,0	- 92,3

Die Auswertung der topographischen Karte des Deutschen und Österreichischen Alpenvereines von 1911 ergab eine Ausdehnung des Patrolferners von 26,0ha (*Abb. 11, Tab. 8*).

Die geringe Flächenreduktion von ΔF_a=-5,0ha (ΔF_r=-16,1%) seit dem holozänen Hochstand um 1850 legt die Vermutung nahe, daß sich der Patrolferner gegen Anfang des 20. Jahrhunderts, analog etwa zum Verhalten des Leiterferners im Oberen Medriol - dieser verlor innerhalb des Zeitraumes von 1850-1911 ebenfalls nur wenig seiner ursprünglichen Fläche (ΔF_r=-10,0%, vgl. Kap. 4.3.1.2) - im Bereich seiner holozänen Ausdehnung um 1850 bewegt haben könnte.

Die topographische Karte weist für den Patrolferner im Jahre 1911 eine gemeinsame Firnsignatur mit dem Grinner Ferner auf, eine Auflösung der Verbindung beider Gletscher hat sich also noch nicht vollzogen. Dies galt mit Sicherheit ebenso für die Situation des Patrolferners um 1870.

Somit ist der höchste Punkt dieses Gletschers unverändert mit 2850m NN anzusetzen. Seine tiefste Lage erreicht der Patrolferner zum Aufnahmezeitpunkt der Karte bei ca. 2360m NN. Daraus resultiert eine vertikale Höhenerstreckung von ΔH_{1911}=490m (*Tab. 9*).

Tab. 9: Morphographische Kennwerte des Patrolferners 1850-1994

Jahr	Höchster Punkt HP [m NN]	Tiefster Punkt TP [m NN]	Höhenerstreckung ΔH [m]
1850	2850	2310	540
1870			
1911	2850	2360	490
1920	2850	2340	510
1959	2670	2380	290
1970	2680	2380	300
1983	2660	2380	280
1994			

Auf die anschließende gletschergünstige Phase bis in die 1920er Jahre reagierte der Patrolferner mit einem neuerlichen kleinen Vorstoß, der sich im Gelände durch eine zu diesem Zeitpunkt abgelagerte Ufer- und Endmoräne nachweisen läßt (vgl. *Abb. 13*). Auf Grundlage einer interpolativen Rekonstruktion der Gletscherfläche aus den geomorphologischen Geländebefunden ergibt sich für den Patrolferner eine Größe von 28ha (*Abb. 11, Tab. 8*). Damit hat sich die Gletscherfläche des Patrolferners innerhalb des relativ kurzen Zeitraumes von 1911 bis 1920 um ΔF_a=+2,0ha (ΔF_r=+7,7%, *Abb. 12, Tab. 8*) vergrößert.

Die Verbindung zum Grinner Ferner über die Patrolscharte bestand noch immer, der höchste Punkt des Gletschers lag folglich unverändert bei 2850m NN. Da eine genaue Höheneinmessung der 1920er-Moräne eine tiefste Lage von nunmehr 2340m NN ergab, kann - eine hinreichende Genauigkeit des Kartenmaterials vorausgesetzt - davon ausgegangen werden, daß der im gemäßigten Abschmelzen begriffene Gletscher nach 1911 innerhalb weniger Jahre die klimatisch günstigen Verhältnisse im Alpenraum in einen sehr rasch vorgetragenen Vorstoß umsetzte. Dieser erreichte jedoch nicht ganz das Ausmaß der Vergletscherung des Patrolferners um 1850, führte jedoch insgesamt zu einer leichten Vergrößerung der

Gletscherfläche. Somit resultiert für den Patrolferner gegen 1920 eine im Vergleich zu den Verhältnissen um 1911 leicht vergrößerte vertikale Höhenerstreckung von ΔH_{1911}=510m (Tab. 9).

Insgesamt konzentrieren sich die geringen Flächenverluste im Vergleich zum Hochstand um 1850 im wesentlichen auf den Zungenbereich sowie auf die nordwestlichen, lateral gelegenen Bereiche des Gletschers bis in eine Höhe von ca. 2420m NN (vgl. Abb. 13).

Die Auswertung der in der Österreichischen Karte 1:50 000 verzeichneten Gletscherfläche des Patrolferners des Jahres 1959 verdeutlicht das gesamte Ausmaß der Auswirkungen der gletscherungünstigen 1940er und beginnenden 1950er Jahre. Mit einer Restfläche von lediglich 5,0ha verlor der Gletscher - gemessen an den Verhältnissen von 1920 ΔF_r=-82,1% seiner ursprünglichen Fläche (ΔF_a=-23,0ha, Abb. 12, Tab. 8).

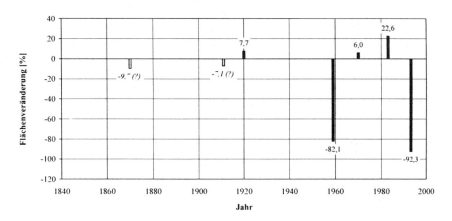

Abb. 12: Relative Flächenveränderungen des Patrolferners 1850-1994 (unsichere bzw. unrealistische Werte sind kursiv dargestellt)

Die gravierenden Flächeneinbußen wirkten sich in erheblichem Maße auf die Höhenerstreckung des Patrolferners aus. Im Jahre 1959 lag der höchste Punkt des Gletschers auf 2670m NN, seine tiefste Lage erreichte der Patrolferner bei etwa 2380m NN. Dies entspricht einem Rückgang der vertikalen Höhenerstreckung von 220m im Vergleich zu 1920 (ΔH_{1959}= 290m, Tab. 9).

Ein direkter Vergleich der Vergletscherung der Jahre 1920 und 1959 macht deutlich, daß sich die extreme Flächenreduktion des Patrolferners im wesentlichen auf den Zungenbereich und wiederum, ähnlich wie im Zeitraum 1850-1911, auf die nordwestlichen lateralen Bereiche des Gletschers konzentrierten (Abb. 13). Darüberhinaus verlor der Patrolferner erstmals im Validierungszeitraum auch in seinen höheren Lagen erheblich an Fläche. Als Folge löste sich die ursprüngliche Verbindung zwischen Patrolferner und Grinner Ferner im Bereich der Patrolscharte, die beiden kleinen Gletscher liegen nunmehr als zwei räumlich voneinander getrennte Eiskörper vor. Die großen Flächenverluste hatten in einer Höhe von etwa 2520m NN zudem fast die Trennung des Patrolferners in einen oberen aktiven (?) und einen darunterliegenden Toteisblock zur Folge. Lediglich ein ca. 30m breites Areal verband zum damaligen Zeitpunkt die beiden Hälften.

Der Österreichische Gletscherkataster (GROSS 1969) führt den Patrolferner nicht mehr namentlich auf, der Gletscher ist in diesem nur über einen Abgleich der Lagekoordinaten zu identifizieren. Danach lag die Größe des Patrolferners im Jahre 1970 bei 5,3ha (*Abb. 11*, *Tab. 8*).

Der höchste (tiefste) Punkt des Patrolferners wird mit 2680m (2380m) NN angegeben. Die Vertikalerstreckung des Gletschers errechnet sich entsprechend zu $\Delta H_{1970}=300m$. Dies entspricht in etwa den Verhältnissen von 1959 und ist gut mit der generell indifferenten Flächenentwicklung der Gletscher im Alpenraum im Zeitraum 1959-1970 in Einklang zu bringen.

Der minimale Flächengewinn von ΔF_a=+0,3ha (ΔF_r=+6,0%, *Abb. 12*) der Periode 1959-1970 entspricht ebenso den Ergebnissen anderer untersuchten Gletscher der Nördlichen Kalkalpen (vgl. Kap. 4.6 sowie Kap. 5.5).

Die sich aus diesen Angaben ergebende leichte Gesamtverlagerung des Patrolferners auf ein etwas höheres Niveau resultiert vermutlich aus der eingeschränkt erzielbaren Genauigkeit, mit der ein kleiner Karg letscher in einer Karte des Maßstabes 1:50 000 darstellbar ist. Deshalb erscheint es wahrscheinlicher, daß die Morphographie der Eisoberfläche sowie die vertikale und flächige Ausdehnung des Gletschers innerhalb des Zeitraumes 1959-1970 nur geringfügigen Veränderungen unterworfen war.

Die Flächenbestimmung der in der Karte des Deutschen Alpenvereines eingetragenen Gletscherfläche des Patrolferners ergab für das Jahr 1983 eine Ausdehnung von 6,5ha. Dies bedeutete einen absoluten (relativen) Flächenzuwachs von ΔF_a=+1,2ha (ΔF_r=+22,6%) im Vergleich zur Situation des Jahres 1970 (*Abb. 11* und *12*, *Tab. 8*).

Der höchste Punkt des Patrolferners lag zum Aufnahmezeitpunkt der Karte bei ca. 2660m NN, seine tiefste Lage nahm der Gletscher bei etwa 2380m NN ein. Die Höhenerstreckung und das Lageniveau des Patrolferners entsprach damit im wesentlichen den morphographischen Kennwerten der Jahres 1959 und 1970 (vgl. *Tab. 9*).

Die Flächengewinne sind nicht die Folge eines Vorstoßes des Patrolferners sondern resultieren aus einem Flächenzuwachs insbesondere in dem bereits mehrmals von Flächenvariationen betroffenen nordwestlichen Areal des Gletschers (vgl. *Abb. 13*).

Die Kartierung der spärlichen Reste des Patrolferners in den Jahren 1993 und 1994 ergab eine Restfläche des ehemaligen Gletschers von nurmehr 0,5ha (*Abb. 11*, *Tab. 8*). Die in gehäufter Form aufgetretenen sehr warmen Sommer der vergangenen Jahre haben zum endgültigen Abschmelzen des Gletschers geführt. Der Patrolferner kann somit nicht mehr als Gletscher bezeichnet werden.

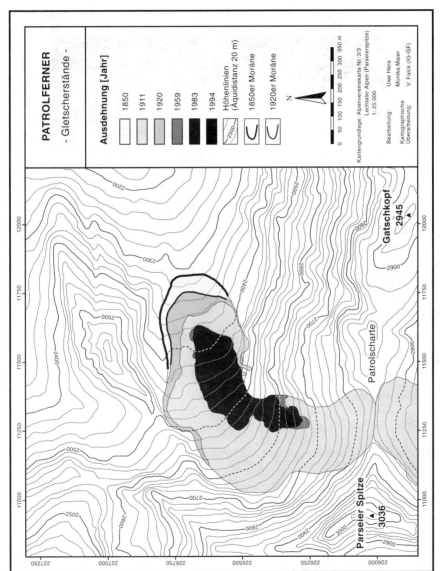

Abb. 13: Flächenveränderungen des Patrolferners - Ein Vergleich 1850-1994

Der Flächenverlust betrug im Zeitraum 1983-1994 insgesamt ΔF_a=-6,0ha (ΔF_r=-92,3%, Abb. 12, Tab. 8), ein Wert der in seiner absoluten wie relativen Dimension von keinem der anderen untersuchten Gletschern im Bereich der Lechtaler Alpen auch nur annähernd erreicht wurde (vgl. Abb. 23 und 24).

Photo 5: Grinner Ferner in der Parseiergruppe, im Hintergrund die Patrolscharte (2850m NN) (Aufnahme: HERA 7/93)

Eine zusammenfassende Übersicht der aus der Digitalisierung und Auswertung des vorhandenen Kartenmaterials sowie der Geländebegehungen entstandenen Informationen über die zeitliche Abfolge und das Ausmaß der Flächenreduktion des Patrolferners im Untersuchungszeitraum ist in *Abbildung 13* dargestellt.

Angesichts der günstigen äußeren Bedingungen

- Strahlungsgeschützte N- bis NE-Exposition
- Zusätzlicher Strahlungsschutz durch die den Gletscher im Norden, Westen und Osten umgebenden Karseitwände
- Niederschlagsexponierte Position insbesondere bei Nordstaulagen

erscheint die Tatsache, daß der relative Flächenverlust des Patrolferners seit 1850 annähernd 100% beträgt, zunächst überraschend. Dabei verlor der Patrolferner - ähnlich wie auch der Leiterferner - im Laufe des Untersuchungszeitraumes nicht nur im Zungenbereich an Masse und Fläche, die Flächenverluste schließen auch bei diesem Gletscher periphere Bereiche und ebenso die am höchsten gelegenen Areale ein. Im Unterschied zum Leiterferner kann dieses Verhalten jedoch nicht mit einer flachen Lagerung erklärt werden. Die größte vertikale Höhenerstreckung des Patrolferners betrug noch während der gletschergünstigen 1920er Jahre dieses Jahrhunderts immerhin ΔH_{1920}=510m (Leiterferner ΔH_{1920}=210m).

Photo 6: Patrolscharte mit Grinner Ferner (linksseitig), Bocksgartenspitze (im Hintergrund) und Steilabfall in das Patrol (rechtsseitig) (Aufnahme: HELFER 7/94)

Die Frage, warum der Patrolferner trotz seiner günstigen äußeren Voraussetzungen abgeschmolzen ist - und sein unmittelbar benachbartes Pendant (Grinner Ferner) nur vergleichsweise bescheidene Flächenverluste aufweist und darüberhinaus in seiner langfristigen Existenz auch kaum gefährdet scheint (vgl. Kap. 4.4.2.2) - ist mit großer Wahrscheinlichkeit einem Ursachenkomplex zuzuschreiben:

- Die durch die Karseitwände bedingte strahlungsgeschützte Position könnte bei niederschlagsreichen Wetterlagen aus Nordwest für eine Benachteiligung des Patrolferners bei der Ablagerung fester Niederschlägen geführt haben. Somit würde ein theoretischer Lagevorteil durch ein meteorologisches bzw. aerodynamisches Phänomen (Lee-Effekt) mit negativen Folgen für den Massenhaushalt des Patrolferners überkompensiert.
- Die Flächenvariationen des Patrolferners im Untersuchungszeitraum betreffen vor allem diejenigen Gebiete, welche unmittelbar an die im Westen bzw. Nordwesten des Gletschers aufragenden Karseitwände angrenzen. Dort erreichte die Eismächtigkeit des Patrolferners offensichtlich ein Minimum, Wärmeperioden führten hier bevorzugt zum Abschmelzen großer lateraler Bereiche des Gletschers und damit zu einem wiederholten Auftreten eines typischen Abschmelzmusters (vgl. Abb. 13). Die stellenweise geringe Eismächtigkeit des Patrolferners ist möglicherweise eine direkte Auswirkung des aerodynamisch bedingten Lee-Effektes, der dazu geführt hat, daß - in Bezug auf die Projektionsfläche des Gebietes - die bei West- bzw. Nordwestlagen ausfallenden festen Niederschläge erst in einiger Entfernung der Kammlinie abgelagert wurden.

- Dennoch kann dieses Phänomen nicht ausschließlich durch meteorologische Prozesse erklärt werden. Vielmehr ist zudem ein gravitativer, dynamischer Ausgleich der asymmetrischen Eismassenverteilung ausgeblieben, ein deutlicher Hinweis darauf, daß auch der Patrolferner - analog zu den Verhältnissen am Leiterferner - trotz seiner vergleichsweise großen vertikalen Höhenerstrekkung kein differenzierbares Nähr- bzw. Zehrgebiet nach glaziologischen Gesichtspunkten ausbilden konnte. Spätestens seit den 1950er Jahren bis zum endgültigen Abschmelzen des Patrolferners kann diese Annahme ohnehin als gesichert gelten, weil durch die beginnende Einschnürung des Gletschers (Abb. 13) ein Eismassentransfer wenn nicht völlig ausgeschlossen so doch erheblich eingeschränkt war. Als Folge konnte ein negativer mittlerer spezifischer Nettomassenhaushalt kaum durch eine dynamische Eisverlagerung vom Nähr- zum Zehrgebiet ausgeglichen werden. Negative Haushaltsjahre wirkten sich primär durch eine Verkleinerung der Gletscheroberfläche aus, dies wiederum ging einher mit der Forcierung bekannter, das Abschmelzen eines Gletschers beschleunigender Synergieeffekte.
- Die durchschnittliche Eismächtigkeit des Gletschers kann während des gesamten Holozäns und darüber hinaus nicht besonders groß gewesen sein. Die eisfrei gewordenen Areale des ehemaligen Patrolferners sowie dessen Gletschervorfeld weisen nur geringe Übertiefungsbeträge auf, insgesamt stellt sich der Bereich des ehemaligen Patrolferners eher als steil geneigte Rampe und weniger als eine typische, lehnstuhlartig eingetiefte Karmulde dar.

Somit kann zumindest ansatzweise eine Erklärung für das extreme Verhalten des Patrolferners gegeben werden. Inwieweit diese Interpretationen allerdings der Realität standzuhalten vermögen, läßt sich abschließend nur durch gezielte Messungen und längerfristigere Beobachtungen beurteilen, die einer weiterführenden Arbeit vorbehalten bleiben müssen.

Fraglich bleibt, ob der Patrolgletscher mit seinem Verschwinden eine ´Vorbildfunktion´ für die Gletscher der Lechtaler Alpen einnimmt. Dies hängt´ einerseits unzweifelhaft von der zukünftigen klimatischen Entwicklung des Untersuchungsgebietes ab, zum anderen deutet ein Vergleich zwischen Leiterferner und Patrolferner, beide Gletscher wiesen im Jahre 1983 eine vergleichbare Dimension auf, die nicht zu unterschätzenden Auswirkungen der lokalen Orographie und des Mesoklimas an.

4.4.2 Grinner Ferner

4.4.2.1 Lagebeschreibung

Der im Südosten des höchsten Gipfels der Nördlichen Kalkalpen (Parseier Spitze, 3036m) gelegene Grinner Ferner ist mit einer Fläche von 10,0ha der größte noch existierende Gletscher in den Lechtaler Alpen (Abb. 23). Er wird im Norden von der Patrolscharte sowie im Nordwesten von der Parseier Spitze und Bocksgarten-

Spitze umrahmt und reicht im Südosten bis nahe an eine ca. 100m hohen Karschwelle, die die obere Begrenzung des Gasilltales bildet (*Photo 8*).

Der Grinner Ferner - benannt nach der oberhalb des Sannatals auf einer Terrasse liegenden Ortschaft Grins (in älterer Literatur auch als Tawingletscher bezeichnet, vgl. WALTENBERGER 1875) - bildete während der Hochstandsphase um die Mitte des 19. Jahrhunderts am Rand der Karschwelle eine Endmoräne, die es ermöglichte, die maximale Ausdehnung des Gletschers im Validierungszeitraum zu rekonstruieren. Weitere glazialgeomorphologische Hinweise, etwa für einen nochmaligen Vorstoß um 1920 konnten nicht gefunden werden.

Trotz der im Vergleich zu Patrol- und Parseierferner ungünstigeren SE-Exposition war der Grinner Ferner zum Zeitpunkt der Geländebegehungen in den Sommern 1993 und 1994 stets gänzlich von Firn- und Altschneeschichten bedeckt (*Photo 7*). Die Schmelzwasserlieferung an den Begehungstagen blieb auch bei idealen Strahlungsbedingungen bescheiden, eine unmittelbare Auswirkung der durch die Schneebedeckung bedingten hohen Albedo der Gletscheroberfläche. Nach Auskunft des Hüttenwirtes der Augsburger Hütte aperte dieser kleine Gletscher selbst in den wärmsten Jahren der 1980er und 1990er Jahre niemals aus.

Photo 7: Körniges Gletschereis des Grinner Ferners unter einer ca. 30 cm tiefen Schneedecke (Aufnahme: HERA 7/93)

Der in einer Karmulde eingetieft liegende Grinner Ferner weist keine typische Gletscherzunge sondern - als Folge seiner nierenartigen Form (vgl. *Abb. 16*) - eine breit angelegte Eisfront auf, die etwas eingesunken ist und somit auf einen derzeit unausgeglichenen (negativen) mittleren spezifischen Nettomassenhaushalt hinweist.

Photo 8: Holozäne Endmoräne und Karschwelle des Grinner Ferners (Aufnahme: HERA 7/93)

Der Grinner Ferner ist in seiner gesamten Erstreckung spaltenfrei, lediglich an der Schwarz-Weiß-Grenze zwischen Fels und Eis befindet sich eine schmale Randkluft, die zum Teil mit Schnee erfüllt ist.

In *Tabelle 10* sind die im Österreichischen Gletscherkataster (GROSS 1969) enthaltenen qualitativen Merkmale des Grinner Ferners zusammengefaßt.

Tab. 10: Qualitative Lageparameter des Grinner Ferners zum Zeitpunkt der österreichischen Gesamtbefliegung 1969/70 (nach GROSS 1969)

Lage	Exposition	Typ	Form	Zunge	Längsprofil
N 47° 10′ 18″ E 10° 28′ 48″	SE	Gletscherflecken	Kar	Unregelmäßig	Ausgeglichen

4.4.2.2 Flächenentwicklung des Grinner Ferners seit der holozänen Hochstandsphase um 1850

Die Rekonstruktion der ehemaligen Erstreckung des Grinner Ferners - unter Verwendung einer an die Morphographie des Gletscherumfeldes angepaßten räumlichen Extrapolation der teilweise durch eine deutlich ausgeprägte Endmoräne vorgegebenen Ausdehnung - betrug zum Zeitpunkt des holozänen Hochstandes um 1850 ca. 15ha (Abb. 14, Tab. 11).

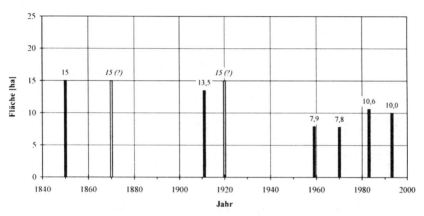

Abb. 14: Absolute Flächenveränderungen des Grinner Ferners 1850-1994 (unsichere bzw. unrealistische Werte sind *kursiv* dargestellt)

Tab. 11: Absolute und relative Flächenveränderungen des Grinner Ferners 1850-1994 (unrealistische bzw. unsichere Werte sind *kursiv* dargestellt)

Jahr	Fläche [ha]	Absolute Flächenveränderung [ha]	Relative Flächenveränderung [%]
1850	15		
1870	≤15	0,0	0,0
1911	13,5	- 1,5	- 10,0
1920	15	+ 1,5	+ 11,1
1959	7,9	- 7,1	- 47,3
1970	7,8	- 0,1	- 1,3
1983	10,6	+ 2,8	+ 35,9
1994	10,0	- 0,6	- 5,7

In diesem Zeitraum erstreckte sich der Gletscher im Süden bis zur unterhalb der Bocksgartenspitze gelegenen Scharte, er reichte im Südosten bis an den unmittelbaren Steilabfall seiner Karschwelle und im Norden bis zur 2850m NN hoch gelegenen Patrolscharte, an der er sich mit dem Patrolferner vereinigte (*Photo 6*, vgl. Kap. 4.4.1.2).

Die vergleichsweise geringe Maximalausdehnung des Grinner Ferners während des Untersuchungszeitraumes läßt sich qualitativ gut in Einklang mit seiner primär ungünstigen - weil strahlungsexponierten - südöstlichen Orientierung bringen.

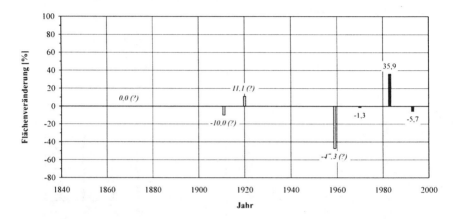

Abb. 15: Relative Flächenveränderungen des Patrolferners 1850-1994 (unsichere bzw. unrealistische Werte sind kursiv dargestellt)

Der tiefste Punkt des Grinner Ferners zum Zeitpunkt der holozänen Hochstandsphase lag auf 2700m NN. Damit ergibt sich eine vertikale Höhenstreckung des Grinner Ferners um 1850 von ΔH_{1850}=150m.

RICHTER (1888) ermittelte für das Jahr 1870 eine Ausdehnung des Grinner Ferners von 31,2ha. Akzeptiert man diesen Wert, so entspräche dies nicht nur einer Verdoppelung der Ausdehnung des Gletschers (ΔF_a=+16,2ha, ΔF_r=+108%) im Vergleich zum Zeitraum um 1850, sondern würde auch bedeuten, daß der Grinner Ferner einen extrem ausgeprägten holozänen Hochstand in deutlicher Abweichung zum Verhalten der Alpengletscher zu einem sehr späten Zeitpunkt erreicht hat. Zwar kann dies - wie auch beim Leiterferner - nicht mit letzter Konsequenz ausgeschlossen werden, es gibt jedoch eine Reihe von Hinweisen dafür, daß dieses Ergebnis von RICHTER (1888) nicht mit den tatsächlich abgelaufenen Flächenvariationen des Grinner Ferners übereinstimmt:

- RICHTER (1888) bestimmt für den Grinner Ferner um das Jahr 1870 eine vertikale Höhenstreckung von ΔH_{1870}=150m. Dieser Wert ergibt sich aus einer Höhenlage, die durch einen TP=2650m bzw. HP=2800m NN abgegrenzt wird. Da für diesen Zeitraum angenommen werden kann, daß der Grinner Ferner über die Patrolscharte mit dem Patrolferner verbunden war (vgl. Kap.

4.4.1.2), liegt der Wert des höchsten Punktes um etwa 50m zu tief. Dies könnte ebenso für die Angabe der Höhenlage des tiefsten Punktes angenommen werden, dieser läge - den gleichen Meßfehler vorausgesetzt - dann wiederum im Niveau der Endmoräne (≈2700m NN).

Geht man dagegen von Richtigkeit des Wertes aus, so müßten sich im Bereich dieser Höhenlage (2650m NN) deutliche glazialgeomorphologische Spuren dieses überaus stark vorgetragenen Vorstoßes finden lassen. Dies ist aber definitiv nicht der Fall. Zudem konnte der Grinner Ferner aufgrund der morphographischen Verhältnisse seine minimale Höhenlage nur auf seiner sehr steil geneigten Karschwelle erreichen. Eine Verlagerung seines tiefsten Punktes auf eine Höhe von 2650m NN hätte aber niemals eine Verdoppelung seiner Gletscherfläche im Vergleich zu 1850 erbracht (vgl. *Abb. 16*).

- SPIEHLER (1885/1886) gab für die Gesamtvergletscherung der Parseier Gruppe (Parseier Ferner, Grinner Ferner, Patrolferner) zum fraglichen Zeitpunkt eine Gesamtfläche von 63,0ha an, ohne diesen Wert näher zu differenzieren. Setzt man voraus,
  daß die Fläche des Patrolferners zu diesem gletschergünstigen Zeitpunkt etwa 28ha betragen haben könnte - diese Größe läge geringfügig unter der des neuzeitlichen Hochstandes und ist mit dem Ausmaß der Vergletscherung um 1920 vergleichbar - und zudem
  die Fläche des Parseierferners aus Gründen, die in Kapitel 4.4.3.2 näher erläutert werden, nach RICHTER (1888) mit 30ha um etwa 10ha zu hoch angegeben wurde,
  so errechnet sich für den Grinner Ferner aus diesen Angaben bzw. Abschätzungen eine Maximalgröße von 15ha, eine Fläche, deren Größenordnung wesentlich plausibler erscheint.

Es steht zu vermuten, daß RICHTER (1888) die Gletscherflächen von Grinner Ferner und Patrolferner als eine zusammengehörige Eisfläche aufgefaßt hat. Die tatsächliche Gesamtfläche des Grinner Ferners um 1870 war vermutlich nur unwesentlich geringer als zum Zeitpunkt des Hochstandes um 1850.

Auf Grundlage dieser Argumentation können die der Höhenerstreckung zugrunde liegenden Eckwerte RICHTERS (1888) ebenfalls korrigiert werden. Die Höhenlage des Grinner Ferners hat sich mit großer Wahrscheinlichkeit im Vergleich zu seinem holozänen Hochstand um 1850 nicht oder nur unwesentlich verändert (*Tab. 12*).

Die Auswertung der topographischen Karte "Parseierspitze" des Deutschen und Österreichischen Alpenvereines ergibt für die Höhenerstreckung des Grinner Ferners im Jahre 1911 einen Wert von $\Delta H_{1911}=130m$. Die am tiefsten gelegenen Bereiche des Gletschers sind im Vergleich zur holozänen Hochstandsphase um 1850 etwas zurückgeschmolzen, sie liegen nun in etwa 2710m Höhe (vgl. *Abb. 16*, *Tab. 12*). Eine Trennung zwischen Grinner Ferner und Patrolferner hat sich noch nicht vollzogen, dementsprechend kann die maximale Höhenlage des Gletschers unverändert mit 2850m NN angegeben werden (vgl. *Tab. 12*).

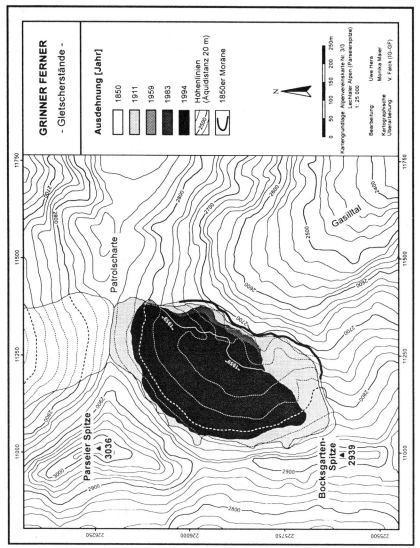

Abb. 16: Flächenveränderungen des Grinner Ferners - Ein Vergleich 1850-1994

Tab. 12: Morphographische Kennwerte des Grinner Ferners 1850-1994 (unrealistische Werte sind *kursiv* dargestellt)

Jahr	Höchster Punkt HP [m NN]	Tiefster Punkt TP [m NN]	Höhenerstreckung ΔH [m]
1850	2850	2700	150
1870	*2850*	*2700*	*150*
1911	2850	2710	140
1920			
1959	2830	2730	100
1970	2840	2740	100
1983	2840	2710	130
1994	2840	2720	120

Dem leichten Flächenverlust entsprechend beträgt die Fläche des Grinner Ferners zum Aufnahmezeitpunkt der Alpenvereinskarte nurmehr 13,5 ha. Dieser objektiv überprüfbare Wert steht einerseits mit der zuvor für das Jahr 1870 abgeschätzen Flächenausdehnung in einem sinnvollen Verhältnis (F_{1870}≤15,0 ha) und belegt darüberhinaus, daß auch der Grinner Ferner, ähnlich wie die zuvor untersuchten Leiter- und Patrolferner, bis zum Ende der gletschergünstigen Phase um 1920 nur unwesentlich an Fläche verloren hat.

Der absolute (relative) Flächenverlust des Grinnerferners zwischen 1850 und 1911 beträgt lediglich ΔF_a=-1,5ha (ΔF_r=-10,0%), gemessen an der rekonstruierten Fläche des Grinner Ferners um 1870 ergibt sich für den Zeitraum 1870-1911 ein leichter Flächenverlust von mindestens ΔF_a≥-1,5ha (ΔF_r≥-10,0%).

Für einen Vorstoß des Grinner Ferners während der gletschergünstigen Phase der 1920er Jahre gibt es keine glazialgeomorphologischen Belege. Legt man allerdings die Flächenausdehnung des Gletschers von 1911 zugrunde, sie lag nur knapp unter dem Maximalstand von 1850, so kann angenommen werden, daß der Grinner Ferner zu diesem Zeitpunkt nochmals seine holozäne Maximalausdehnung des Validierungszeitraumes erreichte. Die Endmoräne des Gletschers wäre dann, vergleichbar mit den Verhältnissen des Gletschervorfeldes des Leiterferners, das Ergebnis zumindest zweier, vermutlich aber mehrerer holozäner Vorstoßphasen.

Die Eissignatur des Grinner Ferners in der Österreichischen Karte 1:50 000 von 1959 umfaßt eine Fläche von 7,9ha (vgl. *Abb. 14, Tab. 11*).

Der Rückgang der Gletscherfläche des Grinner Ferners resultiert vornehmlich aus Schmelzprozessen im Bereich tieferer Lagen des Gletschers, darüberhinaus fanden Flächenreduktionen aber ebenso in den höher gelegenen nördlichen Arealen statt. Dies führte schließlich zur bereits beschriebenen Trennung von Grinner Ferner und Patrolferner (*Abb. 16*, vgl. Kap. 4.4.1.2).

Die Höhenerstreckung des Grinner Ferners betrug zum Aufnahmezeitpunkt der ausgewerteten Karte im Jahre 1959 ΔH_{1959}=100m. Bedingt durch die Flächenreduktionen des Gletschers liegen die höchstgelegenen vergletscherten Bereiche nun in den südlich exponierten Wänden von Parseier- und Bocksgarten-Spitze

(HP=2830m NN), der tiefste Punkt des Grinner Ferners kommt in 2730m Höhe zu liegen.

Die Fläche des Grinner Ferners zum Zeitpunkt der österreichischen Gesamtbefliegung (1969/70) wird im Österreichischen Gletscherkataster (GROSS 1969) mit 7,8ha beziffert (*Abb. 14, Tab. 11*). Die Differenz von ΔF_a=-0,1ha (ΔF_r=-1,3%) im Vergleich zur Gletscherausdehnung des Jahres 1959 liegt im Bereich der Meß- bzw. Darstellungsgenauigkeit in Luftbildern bzw. topographischen Karten der verwendeten Maßstäbe. Damit fügt sich die Flächenentwicklung des Grinner Ferners zwischen 1959 und 1970 in das Gros der österreichischen und Schweizer Gletscher, die sich während dieses Zeitraumes überwiegend durch leicht negative bis ausgeglichene Massenhaushalte bzw. Flächenentwicklungen auszeichneten (vgl. Kap. 1.3).

Aus dem Österreichischen Gletscherkataster kann eine höchste Lage des Grinner Ferners von 2840m NN entnommen werden, der tiefste Punkt des Gletschers liegt zum Aufnahmezeitpunkt (1970) in einer Höhe von 2740m NN. Damit ergibt sich für das Jahr 1970 erneut eine Höhenerstreckung des Grinner Ferners von ΔH_{1970}=100m (*Tab. 12*). Ob sich das mittlere Niveau des Gletschers im Vergleich zur Situation im Jahre 1959 tatsächlich um +10m veränderte, kann aus heutiger Sicht nicht mehr definitiv beurteilt werden. Auch hier kann die zuvor erwähnte eingeschränkte Meß- bzw. Darstellungsgenauigkeit für die Annahme eines unveränderten Zustandes herangezogen werden.

Das Ausmaß der Vergletscherung des Grinner Ferners im Jahre 1983, wie es sich nach Auswertung der Alpenvereinskarte "Lechtaler Alpen (Parseierspitze)" darstellt, hebt die sich entwickelnde Sonderstellung des Grinner Ferners merklich hervor. Fallen die Flächenverluste des Gletschers im Zeitraum 1911(1920)-1959 bereits vergleichsweise gering aus, so kann der Gletscher die klimatisch günstige Periode zwischen 1970 und 1983 in eine Flächenvergrößerung von ΔF_a=+2,8ha (ΔF_r=+35,9%) umsetzen (*Abb. 14* und *15, Tab. 11*). Keiner der anderen untersuchten Gletscher der Lechtaler Alpen gewinnt in dieser Phase sowohl absolut als auch relativ mehr an Gletscherfläche.

Dieser Flächengewinn äußerte sich durch einen über nahezu die gesamte Breite des Grinner Ferners erfolgenden Vorstoß, der teilweise fast bis an die Endmoräne des holozänen Hochstandes um 1850 reichte (*Abb. 16*). Die Höhenerstreckung des Grinner Ferners erreichte mit ΔH_{1983}=130m fast wieder die Dimension des Hochstandes um die Mitte des 19. Jahrhunderts, der höchste Punkt des Gletschers lag zum Zeitpunkt der letzten Revision der Alpenvereinskarte (1983) im Bereich seiner Karrückwände in einer Höhe von 2840m NN, seine tiefste Lage nahm der Grinner Ferner bei 2710m NN ein (*Tab. 12*).

Die Begehung des Grinner Ferners und dessen Vorfeldes in den Jahren 1993 und 1994 ergab nach Auswertung der Kartierung eine Flächenausdehnung von 10,0ha (*Abb. 14, Tab. 11*). Damit hat sich die vom Grinner Ferner eingenommene Fläche im Vergleich zum Jahre 1983 um ΔF_a=-0,6ha vermindert. Dies entspricht für die Dekade 1983-1993/94 einer relativen Flächenreduktion von ΔF_r=-5,7%.

Überraschend ist, daß die anhaltend gletscherungünstige Phase seit Mitte der 1980er Jahre kaum Auswirkungen auf das Ausmaß der Vergletscherung des Grinner Ferners hatte. Zwar läßt sich vermuten, daß die klimatisch ungünstigen Bedingungen dieses Zeitraumes primär durch Massenverluste des Gletschers ausgeglichen wurden, belegen läßt sich dies allenfalls anhand der im unmittelbaren Randbereich des Endmoräne eingesunkenen Oberfläche des Grinner Ferners.

Der höchste (tiefste) Punkt des Gletschers konnte mit 2840m NN (2720m NN im Bereich der eingesunkenen tiefgelegenen Areale) bestimmt werden, die sich daraus ergebende Höhenerstreckung des Grinner Ferners weicht mit $\Delta H_{1994}=120$ m nur geringfügig von den Lageverhältnissen seines holozänen Hochstandes um 1850 ab.

Der relative (absolute) Flächenverlust des Grinner Ferners während des Validierungszeitraumes beträgt ΔF_r=-33% (ΔF_a=-5,0ha). In *Abbildung 16* sind einzelne Phasen dieser Flächenentwicklung zusammenfassend dargestellt.

Der Grinner Ferner weist bezüglich seiner Flächenentwicklung einige Ähnlichkeiten mit den beiden anderen untersuchten Gletschern der Parseier Gruppe auf, seine herausragende Stellung kommt allerdings erst durch kontrastierende Ergebnisse zum Tragen. So beschränken sich die Flächenveränderungen des Grinner Ferners im Validierungszeitraum aufgrund seiner geringen vertikalen Erstreckung nicht ausschließlich auf die tiefstgelegenen Areale sondern umfassen ebenso periphere und höher gelegene Bereiche. Ein Verhalten, welches für den Leiterferner mit gleicher Begründung nachgewiesen wurde (vgl. Kap. 4.3.1.2) und das dem des Patrolferner ähnelt, obgleich dessen laterale Flächenreduktionen das Ergebnis abweichender Ursachen darstellen (vgl. Kap. 4.4.1.2). Ob die während der holozänen Hochstandsphasen gebilete Endmoräne - analog zur speziellen Orographie des Gletschervorfeldes am Leiterferner - ein reliefbedingtes Hindernis für potentiell weiterreichende Vorstöße während des Untersuchungszeitraumes war, läßt sich nicht mit Sicherheit sagen. Die geringe Dimension des Walles spricht eher dagegen.

Darüberhinaus wird auch beim Grinner Ferner evident, daß die Höhenerstreckung nur ein sehr rudimentäres Maß für die Auswirkungen der klimatischen Umwelt auf das Verhalten eines Gletschers darstellt. So weist der Grinner Ferner im Validierungszeitraum trotz kaum voneinander abweichender Werte der Höhenerstreckungen (vgl. *Tab. 12*) Flächenverluste im Bereich von 33% seiner ursprünglichen Maximalausdehnung auf.

Das Problem, das sich bei einer Interpretation möglicher Ursachen des Flächenverhaltens des Grinner Ferners ergibt, besteht darin, die nur geringen neuzeitlichen Flächenverluste zu erklären. Auch in diesem Fall läßt sich ohne genauere Messungen und längerfristigere Beobachtungen nur spekulieren. Es gibt aber einige Anhaltspunkte, die mit dem extremen Flächenverhalten des Gletschers in Einklang zu bringen sind:

– Die strahlungsexponierte Lage des Grinner Ferners darf trotz seiner zunächst ungünstigen südöstlichen Orientierung nicht überschätzt werden. Die den Gletscher im Westen bzw. Nordwesten umkränzenden Karrückwände der Parseier

bzw. Bocksgarten-Spitze bewirken auch im Hochsommer eine effektive nachmittägliche Abschattung zumindest der am höchsten gelegenen Bereiche des Gletschers.
- Bedingt durch eine relativ flache Lagerung des Gletschers im Bereich seiner tiefer gelegenen Areale tritt in einem verstärkten Maße Reflexion im kurzwelligen Bereich und eine verminderte Strahlungsabsorption auf.
- Wie in Kapitel 4.4.2.1 bereits einleitend erwähnt, apert der Grinner Ferner selbst in den wärmsten Sommern der klimatisch ungünstigen 1980er und 1990er Jahre niemals vollständig aus. Dies konnte auch durch die Geländebegehungen der Jahre 1993 und 1994 bestätigt werden. So war trotz glaziologisch ungünstiger klimatischer Bedingungen die gesamte Gletscherfläche Ende Juli 1993 bzw. 1994 noch immer mit einer ca. 30cm tiefen Altschneedecke bedeckt. Nach einer weiteren Auskunft des Hüttenwirtes der Augsburger Hütte lagern sich einerseits während der Akkumulationsphasen stets große Mengen windverfrachteten Schnees im Lee der Parseier Spitze auf dem Gletscher ab, die als winterlichen Rücklagen großen Einfluß auf die mittlere spezifische Nettomassenbilanz des Gletschers nehmen, zum anderen führt die verstärkte Ablagerung sommerlicher Schneefälle zu einer dauerhaften Herabsetzung der Albedo und damit zu einer Unterbrechung bzw. Verzögerung der Eisablation (KUHN 1990).

Aufgrund dieser Indizien sind die Ursachen für die - wenn auch geringe - Flächenreduktion des Grinner Ferners weniger in den Akkumulationsverhältnissen sondern vor allem in den Variationen der thermischen Umgebungsbedingungen während der Ablationsphasen zu suchen. Nach WILHELM (1975) ist für den initialen, der eigentlichen Eisablation vorausgehenden Abbau einer Schneedecke vor allem die fühlbare Wärme verantwortlich. Dies stünde in gutem Einklang mit den Flächenverlusten des Grinner Ferners während der sehr warmen 1940er und beginnenden 1950er Jahre, die glaziologisch ungünstigen 1980er und 1990er Jahre konnten sich dagegen (bisher ?) nicht in dem zu erwartenden Maße auswirken.

Insgesamt scheint die Existenz des Grinner Ferners für die nähere Zukunft gesichert, bei einem fortgesetzten Temperaturanstieg dürfte er zu den letzten Gletschern der Nördlichen Kalkalpen zählen, die gänzlich abschmelzen.

4.4.3 Parseierferner

4.4.3.1 Lagebeschreibung

Der Parseierferner liegt, eingerahmt von Parseier Spitze, Bocksgarten-Spitze, Dawinkopf sowie Nördlichem und Südlichem Schwarzen Kopf, in einem ca. 30° geneigten, steil abfallenden Kar (*Photo 9*) und nimmt dort eine Fläche von 3,1ha ein. Der Gletscher erstreckt sich über ein nur geringes Höhenintervall (2800 bis 2900m NN) und weist eine prinzipiell günstige nordöstliche Strahlungsexposition auf.

Photo 9: Eisreste des Parseierferners in der Parseiergruppe (Aufnahme: HERA 7/93)

Die neuzeitliche Maximalausdehnung des Parseierferners konnte nur aufgrund einiger in älterer Literatur vorhandener Indizien rekonstruiert werden, glazialgeomorphologische Spuren (End- und/oder Ufermoränen), die einen Hochstand abgenzbar gemacht hätten, ließen sich kaum nachweisen. So konnte lediglich eine Ufermoräne auf der orographisch rechten Seite des Parseierferners kartiert werden, die sich jedoch nur für eine kurze Strecke im Gelände verfolgen läßt (Abb. 19).

Die Oberfläche des Parseierferners war zum Zeitpunkt der Begehungen in den Jahren 1993 und 1994 stark eingesunken, ein Merkmal, das allen untersuchten Gletschern der Lechtaler Alpen während der Geländekampagnen zu eigen war. Im Unterschied zum benachbarten Grinner Ferner oder Leiterferner im Oberen Medriol aperte der Parseierferner trotz günstiger Strahlungsexposition teilweise aus. Dies führt zu einer deutlichen Verringerung der Albedo während der Ablationsphasen, damit zu einer ungünstigen Gesamtstrahlungsbilanz und in der Folge zu erhöhten Schmelzverlusten.

Aufgrund seiner steilen Lagerung lassen sich Bewegungsmerkmale, insbesondere kleinere, vertikal zur Bewegungsrichtung verlaufende Spalten erkennen, deren Tiefen lediglich wenige Dezimeter betragen (Photo 10).

Die qualitativen Merkmale bzw. Lageparameter des Parseierferners nach Maßgabe des Österreichischen Gletscherkatasters (GROSS 1969) sind in Tabelle 13 zusammengestellt.

Photo 10: Spaltenbildung und Altschneereste auf dem Parseierferner (Aufnahme: HERA 7/93)

Tab. 13: Qualitative Lageparameter des Parseierferners zum Zeitpunkt der österreichischen Gesamtbefliegung 1969/70 (nach GROSS 1969)

Lage	Exposition	Typ	Form	Zunge	Längsprofil
N 47° 10′ 06′′ E 10° 28′ 24′′	NE	Gletscherflecken	Unsicher	Unregelmäßig	Ausgeglichen

4.4.3.2 Flächenentwicklung des Parseierferners seit der holozänen Hochstandsphase um 1850

Eine zweimalige Geländebegehung des Parseierferners sowie dessen Gletschervorfeldes konnte keine glazialgeomorphologischen Hinweise auf die Dimension des holozänen Hochstandes um 1850 erbringen. Bereits die Auswertung der im Zusammenhang mit der österreichischen Gesamtbefliegung der Jahre 1969/70 enstandenen Luftbilder des Untersuchungsgebietes machte deutlich, daß der Parseierferner im Unterschied zu den restlichen, in die Untersuchungen einbezogenen Gletscher der Lechtaler Alpen bei seinem Hochstand um 1850 kaum morphologische Spuren im Gelände hinterlassen hat. Es konnte letztlich nur eine orographisch rechtsseitige Ufermoräne kartiert werden, deren Ansatzstelle für die Bestimmung der Höhenlage der Schneegrenze genutzt wurde. Diese verliert sich nach einigen Zehnermetern im Gelände und war deshalb für eine präzise Rekonstruktion der Maximalausdehnung des Gletschers während des Untersuchungszeitraumes nicht geeignet (*Abb. 19*).

RICHTER (1888) gibt die Größe des Parseierferners nur zwei Jahrzehnte nach der Hochstandsphase um die Mitte des 19. Jahrhunderts mit 30,0ha an. Daraus ließe sich folgern, daß der Parseierferner um 1850 ein erheblich größeres Ausmaß erreichte als etwa der Grinner Ferner und eventuell eine Größenordnung einnahm, die der des Patrolferners entsprach, möglicherweise diese sogar übertraf. Setzt man voraus, daß der von RICHTER (1888) mitgeteilte Flächenwert mit dem Ausmaß der damaligen Vergletscherung des Parseierferners übereinstimmt, kann der Gletscher zu den in der Vergangenheit größeren Eisansammlungen in den Lechtaler Alpen gezählt werden.

Die Angabe RICHTERS (1888) erscheint jedoch erneut nicht plausibel. Zwei Argumente sollen dies belegen:

- Der in der 1911 aktualisierten topographischen Karte des Deutschen und Österreichischen Alpenvereines verzeichnete Parseierferner weist ein breit ausladendes Nährgebiet und ein sich nach unten verjüngendes Zehrgebiet auf, das eine schmale, spitz zulaufende Gletscherzunge ausbildet (*Abb. 19*). Diesem Stand entspräche auf Grundlage der modifizierten Bergschrundmethode nach HIRTLREITER (1992, vgl. Kap. 3.4.2.2) eine Höhenlage der Schneegrenze von 2730m NN. Die Ansatzhöhe der neuzeitlichen Ufermoräne befindet sich in einer Höhe von 2700m. Das bedeutet, daß die vertikale und damit auch die Längenerstreckung des Parseierferners zum Zeitpunkt seines Hochstandes um die Mitte des vergangenen Jahrhunderts kaum größer gewesen sein kann als 1911, zumal die Ansatzhöhe der Ufermoräne als Bestimmungsschlüssel der Schneegrenze jeweils eine Mindesthöhe angibt.
- RICHTER (1888) selbst gibt die tiefste Lage des Parseierferners zum Zeitpunkt seiner Aufnahme mit ca. 2500m NN an. Die tiefste Lage des Gletscherstandes von 1911 beträgt aber bereits 2540m NN, diese Ausdehnung entspricht aber lediglich einer Gletscherfläche von $F_a=17,6$ha. Aus morphographischen Gründen, das Gletschervorfeld des Parseierferners verengt sich mit abnehmender Höhe ein wenig (vgl. *Abb. 19*), kann der Parseierferner, dessen Zunge um 1870 nur ca. 40 Höhenmeter weiter herabreichte, niemals mehr als 12ha größer gewesen sein.

Insofern steht zu vermuten, daß die Angaben RICHTERS (1888) um ca. 10ha zu hoch liegen, der Parseierferner - gemäß einer unter Berücksichtigung der orographischen Verhältnisse durchgeführten Rekonstruktion seiner potentiellen Ausbreitung - im Jahre 1870 eine Fläche von ca. 20ha aufwies (vgl. *Abb. 17, Tab. 14*). Dieser Wert korrespondiert darüberhinaus sehr gut mit der Kalkulation der Größe des Patrolferners bzw. Grinner Ferners aus den rudimentären Angaben von RICHTER (1888) und SPIEHLER (1885/1886) (vgl. Kap. 4.4.1.2 und 4.4.2.2).

Setzt man voraus, daß der Parseierferner im Zeitraum 1850-1911 eine ähnliche Flächenentwicklung wie die in unmittelbarer Nähe gelegenen Grinner Ferner und Patrolferner - aber auch wie der im Oberen Medriol gelegene Leiterferner - aufwies, kann man davon ausgehen, daß der Parseierferner zum Zeitpunkt seines holozänen Hochstandes um 1850 eine Fläche von etwas mehr als 20ha aufwies. In Bezug auf das Ausmaß der Vergletscherung nahm er damit eine Mittelstellung im

Vergleich zu den anderen untersuchten Gletschern im Bereich der Lechtaler Alpen ein.

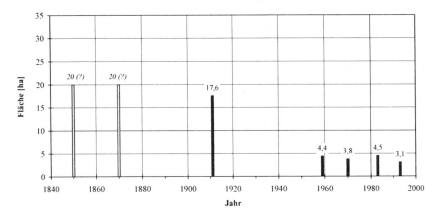

Abb. 17: Absolute Flächenveränderungen des Parseierferners 1850-1994 (unrealistische bzw. unsichere Werte sind *kursiv* dargestellt)

Tab. 14: Absolute und relative Flächenveränderungen des Parseierferners 1850-1994 (unrealistische bzw. unsichere Werte sind *kursiv* gedruckt)

Jahr	Fläche [ha]	Absolute Flächenveränderung [ha]	Relative Flächenveränderung [%]
1850	≥20		
1870	20	≤ 0,0	≤ 0,0
1911	17,6	- 2,4	- 12,0
1920			
1959	4,4	-13,2	- 75,0
1970	3,8	- 0,6	- 13,6
1983	4,5	+ 0,7	+ 18,4
1994	3,1	- 1,4	- 31,1

Die vertikale Erstreckung des Parseierferners zum Zeitpunkt seines 1850er-Hochstandes dürfte mit geringfügigen Abweichungen der des Standes von 1870 entsprochen haben (TP$_{1870}$=2500m NN, HP$_{1870}$=2920m NN, ΔH$_{1850/1911}$=420m, vgl. *Tab. 15*).

Die erste objektiv überprüfbare Flächeninformation über das Ausmaß der Vergletscherung des Parseierferners konnte der topographischen Karte des Deutschen und Österreichischen Alpenvereines aus dem Jahr 1911 entnommen werden. Sie zeigt den Gletscher in einem vergleichsweise guten Erhaltungszustand mit einem weit ausholenden Nährgebiet und einem sich nach unten hin stark verjüngenden

Zehrgebiet. Der Parseierferner glich zum damaligen Zeitpunkt einer Miniaturausgabe eines Talgletschers.

Tab. 15: Morphographische Kennwerte des Parseierferners 1850-1994 (unsichere Werte sind *kursiv* gedruckt)

Jahr	Höchster Punkt HP [m NN]	Tiefster Punkt TP [m NN]	Höhenerstreckung ΔH [m]
1850	*2920*	*2500*	*420*
1870	2920	2500	420
1911	2920	2530	390
1920			
1959	2920	2740	180
1970	2920	2760	160
1983	2920	2740	180
1994	2900	2800	100

Die Auswertung der Karteninformation ergab für den Parseierferner für das Jahr 1911 eine Fläche von 17,6ha (*Abb. 17, Tab. 14*). Setzt man voraus, daß die Annahmen über die Vergletscherung des Parseierferners um 1870 zutreffen, so hat der Gletscher innerhalb dieses 20jährigen Zeitraumes lediglich ΔF_a=-2,4ha verloren. Dies entspricht einer relativen Flächenreduktion von ΔF_r=-12,0% (vgl. *Abb. 18, Tab. 14*).

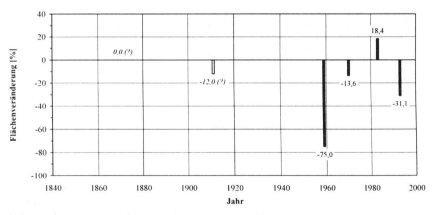

Abb. 18: Relative Flächenveränderungen des Parseierferners 1850-1994 (unrealistische bzw. unsichere Werte sind *kursiv* dargestellt)

Zwar gibt es für einen Vorstoß des Parseierferners um 1920 keinen geomorphologischen Beleg, seine Fläche war aber sicherlich mit den Ausmaßen um 1911 vergleichbar, gemessen am Vorstoßverhalten anderer Gletscher im Bereich der Lechtaler Alpen aller Wahrscheinlichkeit sogar noch etwas größer.

Der tiefste Punkt des Parseierferners zum Aufnahmezeitpunkt der Alpenvereinskarte lag bei 2530m NN, seine höchste Lage erreichte der Gletscher unterhalb der Karrückwand des Dawinkopfes bei 2920m NN. Daraus errechnet sich für das Jahr 1911 eine Höhenerstreckung von ΔH_{1911}=390m (vgl. Tab. 15). Dies entspricht einem Rückgang um 30m im Vergleich zu 1870.

Die Österreichische Karte 1:50 000 zeigt, daß der Parseierferner im Jahre 1959 halbmondförmig nurmehr unmittelbar an den obersten Regionen seiner Karrückwände liegt. Anders als etwa beim Patrolferner spielten beim Parseierferner im Zeitraum 1911-1959 laterale Schmelzprozesse kaum eine Rolle. Die Flächenverluste betreffen über die gesamte Breite des Gletschers vor allem die tiefergelegenen Areale, die große Vertikalerstreckung des Gletschers um 1911/20 bewirkte offenbar eine in tiefen Lagen beginnende und sich nach oben fortsetzende Reaktion auf die Temperaturerhöhung der 1940er Jahre.

Die Fläche des Parseierferners zum Zeitpunkt der Kartenaufnahme (1959) betrug 4,4ha. Der absolute Flächenverlust im Zeitraum 1911-1959 summiert sich somit auf ΔF_a=-13,2ha, dies entspricht einem relativen Flächenrückgang von ΔF_r=-75,0%.

Nach der extremen Flächenreduktion liegt der Gletscher nun zwischen 2920m (=HP) und 2740m NN (=TP), damit hat sich die Höhenerstreckung des Parseierferners von ΔH_{1911}=380m um 200m auf ΔH_{1959}=180m verringert.

Die Flächenverluste nahmen ebenso auf die Orientierung des Gletschers Einfluß. So wies das Nährgebiet (Zehrgebiet) des Parseierferners um 1911 noch eine NE (NW) - Exposition auf, nach dem Abschmelzen der tiefer gelegenen Bereiche ist der Parseierferner vornehmlich nach NE orientiert.

Zum Zeitpunkt der österreichischen Gesamtbefliegung im Jahre 1969/70 hatte der Parseierferner eine Größe von 3,8ha (GROSS 1969, *Abb. 17, Tab. 14*). Damit hat sich seine Fläche im Vergleich zu 1959 innerhalb von 11 Jahren um weitere 0,6ha reduziert, dies entspricht einem relativen Flächenverlust von ΔF_r= -13,6 % (vgl. *Abb. 18, Tab. 14*).

Nach den Aufzeichnungen des Österreichischen Gletscherkatasters (GROSS 1969) hat sich die vertikale Erstreckung des Parseierferners im Jahre 1970 im Vergleich zu 1959 verringert (TP=2760m NN, HP=2920m NN, ΔH_{1970}=160m).

Die gletschergünstige Phase der 1970er Jahre bewirkte bis in das Jahr 1983 eine leichte Vergrößerung des Parseierferners um ΔF_a=+0,7ha auf eine Fläche von F_{1983}=4,5ha (vgl. *Abb. 17, Tab. 14*). Dieser Zunahme entspricht ein relativer Flächengewinn von ΔF_r=+18,4% (vgl. *Abb. 18, Tab. 14*). Damit wies der Gletscher eine Fläche auf, die annähernd der des Jahres 1959 entsprach. Lediglich die Lage des Gletschers hat sich durch diese Flächenvariation des Parseierferners marginal verändert. Leichten Flächenverlusten in tiefer gelegenen lateralen Bereichen stehen geringe Flächengewinne in den westlichen Randzonen des Gletschers gegenüber (vgl. *Abb. 19*).

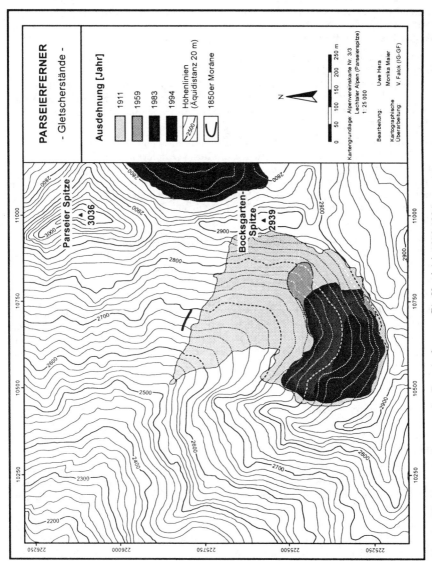

Abb. 19: Flächenveränderungen des Parseierferners - Ein Vergleich 1850-1994

Bedingt durch die leichte Lageveränderung des Parseierferners kam es zu geringfügigen Abwandlungen der Vertikalerstreckung. Während der höchste Punkt des Gletschers unverändert bei 2920m NN bestimmt werden konnte, lag der untere Rand des Parseierferners zum Aufnahmezeitpunkt der Alpenvereinskarte im Jahre 1983 auf 2740m NN. Die Höhenerstreckung des Gletschers hat sich somit im Vergleich zu 1970 um 20m auf $\Delta H_{1983}=180m$ vergrößert.

Die nach den Geländebegehungen des Parseierferners und seines Vorfeldes in den Jahren 1993 und 1994 erfolgte Auswertung der Kartierungen ergab eine Fläche des Gletschers von 3,1ha (vgl. *Abb. 17, Tab. 14*). Der Parseierferner hat während der gletscherungünstigen Phase der späten 1980er und 1990er Jahre knapp ein Drittel seiner ursprünglichen Größe verloren (ΔF_a=-1,4 ha, ΔF_r=-31,1%, *Tab. 14, Abb. 18*).

Aufgrund der neuerlich eingetretenen Verkleinerung des Parseierferners in den Jahren 1983-1994 kam es zu einer weiteren Veränderung des Lageparameters 'Höhenerstreckung'. Nachdem die Schmelzverluste der zurückliegenden 11jährigen Periode erstmals auch in weitem Umfange die höchstgelegenen Areale betroffen hatten, liegt das gegenwärtig noch existierende Fragment des Parseierferners zwischen 2800m NN und 2900m NN. Die Höhenerstreckung hat damit im Vergleich zu 1983 deutlich um 80 m auf $\Delta H_{1994}=100m$ abgenommen.

Die Reste des ehemals sehr viel größeren Parseierferners können heute mit Sicherheit nicht mehr als Gletscher im Sinne einer Definition, wie sie etwa WILHELM (1975) gibt, aufgefaßt werden. In diesem Zusammenhang wird auf eine weiterführende Diskussion der Problematik einer adäquaten Nomenklatur in Kapitel 4.6 hingewiesen.

Wie alle Gletscher der Lechtaler Alpen hat auch der Parseierferner in den zurückliegenden gut 140 Jahren deutlich an Größe verloren (*Abb. 19*). Da er aber während seiner Hochstandsphase gegen Mitte des vergangenen Jahrhunderts - im Gegensatz zu den anderen in die Untersuchungen miteinbezogenen Gletscher des Untersuchungsgebietes - keine für eine Rekonstruktion der ehemaligen Gletscherfläche maßgeblichen glazialgeomorphologischen Spuren hinterlassen hat, beruht die Abschätzung der Fläche des Parseiersferners um 1850 auf einer Indizienkette.

Seit Mitte des vergangenen Jahrhunderts hat der Parseierferner mindestens 16,9ha seiner ehemaligen Fläche eingebüßt. Dies entspricht einer relativen Flächenverminderung von $\geq\Delta F_r$=-84,5% (vgl. Kap. 4.6). Seine Höhenerstreckung hat von 1850 bis in die Gegenwart um 320m abgenommen.

Ein schlüssiger Erklärungsansatz für das Verhalten des Parseierferners unter Berücksichtigung lokaler, reliefbedingter Faktoren kann nur mit Einschränkungen gegeben werden. Es lassen sich lediglich einige Aspekte in ihrem unterschiedlichen Einfluß auf das Verhalten des Parseierferners diskutieren:

- *Exposition*
  Die Strahlungsexposition des Parseierferners kann während des gesamten Validierungszeitraumes als günstig bezeichnet werden, da die Verringerung der

Gletscherfläche seit Mitte des vergangenen Jahrhunderts keine entscheidende Auswirkung auf eine mögliche Modifikation der Exposition hatte. Der Parseierferner war während seines holozänen Hochstandes im 19. Jahrhundert nord- bis nordwestexponiert, heute weist die Restfläche des Parseierferners eine Nordostexposition auf. Die Orientierung des Gletschers kann also nicht für eine Erklärung der hohen Flächenverluste herangezogen werden.

- *Luv / Lee-Effekte*
 Einflüsse der lokalen Orographie auf das Strömungsverhalten des Windfeldes können sich, wie das Beispiel am Grinner Ferner zeigt, unter bestimmten Umständen auf den Eintrag von Niederschlag und damit auf den Haushalt eines Gletschers maßgeblich auswirken. Ein solcher Einfluß kann für den Parseierferner nicht ausgeschlossen werden, es gibt jedoch keinerlei Hinweise oder gar Messungen, die derartige Prozesse im Zusammenhang mit Luv- oder Lee-Effekten andeuten oder bestätigen könnten.

- *Höhenerstreckung / Mittlere Höhenlage*
 Ein weiterer allgemeiner Aspekt, der im diskutierten Zusammenhang bezüglich der stark differierenden Flächenvariationen von Grinner Ferner, Patrolferner und Parseierferner noch nicht angesprochen wurde, ist die Höhenerstreckung eines Gletschers in Verbindung mit dessen mittleren Höhenlage.
 Die deutlichen Flächenverluste, die alle im Rahmen dieser Arbeit untersuchten Gletscher der Lechtaler Alpen zu verzeichnen hatten, resultieren im wesentlichen aus den thermisch extrem ungünstigen Bedingungen der 1940er und beginnenden 1950er Jahre. Die hohen Lufttemperaturen dieses Zeitraumes führten bei den Gletschern der Parseier Gruppe zu einem unterschiedlichen Abschmelzverhalten. Während der flach gelagerte und hoch gelegene Grinner Ferner nur in geringem Maße an Fläche verlor, verzeichneten die beiden sehr viel tiefer und damit in temperiertere Höhenstufen reichenden Patrol- und Parseierferner wesentlich größere Flächenverluste. Dieser Aspekt kann auch in Einklang mit den relativ geringen Flächenverlusten des Leiterferners im Oberen Medriol gebracht werden, der sich wie der Grinner Ferner durch eine vergleichsweise geringe Höhenerstreckung auszeichnet.

Somit kann davon ausgegangen werden, daß sich der Parseierferner in seiner Lage und Entwicklung vor allem den thermischen Bedingungen seiner Umgebung unterordnen mußte. Er hat sich - entsprechend des tendenziell anhaltenden Anstiegs der Lufttemperatur in diesem Jahrhundert (vgl. Kap. 8.3.2) - in seine potentiell höchsten Regionen zurückgezogen. Eine weitergehende Erwärmung könnte aufgrund der orographischen Gegebenheiten nicht mehr ausgeglichen werden, der Parseierferner würde innerhalb kürzester Zeit völlig abschmelzen.

4.5 Feuersteinspitzgruppe

4.5.1 Fallenbacher Ferner

4.5.1.1 Lagebeschreibung

Der Fallenbacher Ferner ist der westlichste der im Rahmen dieser Arbeit untersuchten Gletscher in den Lechtaler Alpen und mit einer Größe von 6,1ha den Ausmaßen des Leiterferners im Oberen Medriol vergleichbar. Er liegt unter den Wänden der Feuer-Spitze in einer Höhe zwischen 2620 und 2760m NN in nordöstlicher Exposition und war zum Zeitpunkt seines neuzeitlichen Hochstandes um 1850 mit 31ha Fläche sicher einer der größten Gletscher der Lechtaler Alpen (*Photo 11*). Diese Ausdehnung ließ sich anhand der glazialgeomorphologischen Befunde gut rekonstruieren. Eine formfrische und - gemessen an den kurzen Transportweiten der Gletscher der Lechtaler Alpen - auffallend große End- bzw. Ufermoräne markiert die Grenzen der maximalen neuzeitlichen Erstreckung des Gletschers. Der Fallenbacher Ferner war mindestens bis in die 1920er Jahre mit einem westlich des Fallenbacher Jochs gelegenen kleineren Gletscher verbunden (vgl. *Abb. 22*). Diese Verbindung löste sich im Zeitraum 1920-1959, zudem ließen sich 1959 keine Reste dieses benachbarten Gletschers mehr nachweisen, er war zu diesem Zeitpunkt bereits vollständig abgeschmolzen.

Photo 11: Fallenbacher Ferner in der Feuersteinspitzgruppe (Aufnahme: HERA 9/94)

Ähnlich wie der Leiter- und Patrolferner bewirkte eine gletschergünstige Phase bis in die 1920er Jahre einen nochmaligen Vorstoß, der stellenweise fast das Ausmaß der Vergletscherung um 1850 erreichte und ebenfalls durch eine Endmoräne im Gelände dokumentiert ist (*Abb. 22*).

Der Fallenbacher Ferner ist insbesondere nach Südwesten durch die Wände der Feuer-Spitze und, in abgeschwächter Wirkung, nach Westen durch das den Gletscher um einige Zehnermeter überragende Fallenbacher Joch abgeschattet, dennoch war die Oberfläche des Gletschers zum Zeitpunkt der Geländebegehungen in den Jahren 1993 und 1994 stark eingesunken, die durch starke Massenverluste der letzten Jahrzehnte bedingten Schmelzwässer des Gletschers haben die Endmoräne durchbrochen.

Die Form des Gletschers ist unregelmäßig, der zerlappte Umrisses erschwert eine genaue Abgrenzung des Fallenbacher Ferners. Eine den Zentralalpengletschern vergleichbare Gletscherzunge ist nicht ausgebildet, die Gestalt des Gletschers wird durch dessen flacher Lagerung auf einer nur schwach geneigten Felsrampe vorgegeben. Als Folge der geringen Neigung der Eisoberfläche sind keinerlei Anzeichen für eine Bewegung des Gletschers erkennbar.

Tab. 16: Qualitative Lageparameter des Fallenbacher Ferners zum Zeitpunkt der österreichischen Gesamtbefliegung 1969/70 (nach GROSS 1969)

Lage	Exposition	Typ	Form	Zunge	Längsprofil
N 47° 12′ 06″ N 10° 22′ 18″	NE	Gletscherflecken	Kar	Unregelmäßig	Ausgeglichen

Die Lageparameter bzw. qualitativen Klassifikationskriterien nach dem Österreichischen Gletscherkataster (GROSS 1969) sind in *Tabelle 16* wiedergegeben:

Aufgrund der Lagerungsverhältnisse sowie der orographischen Rahmenbedingungen muß an der Formklassifikation des Fallenbacher Ferners nach *Tabelle 16* Kritik geübt werden, denn es fehlen wesentliche Kriterien eines Karlgletschers (lehnstuhlartige Eintiefung, deutlich ausgeprägte Karumrahmung).

4.5.1.2 Flächenentwicklung des Fallenbacher Ferners seit der holozänen Hochstandsphase um 1850

Der Fallenbacher Ferner zählte noch während des letzten Jahrhunderts zu den größten Gletschern der Lechtaler Alpen. Er reichte in dieser Zeit an eine deutlich ausgeprägte, bis zu 15m hohe Ufer- bzw. Endmoräne, welche die neuzeitliche Maximalausdehnung des Fallenbacher Ferners klar abzugrenzen vermag (*Photo 12*). Analog zu den Verhältnissen am Leiterferner kann auch beim Fallenbacher Ferner davon ausgegangen werden, daß eine derart mächtige Ufer- bzw. Endmoräne nicht initial während des holozänen Hochstandes des Gletschers um 1850 gebildet wurde, sondern vielmehr ein summarisches Ergebnis mehrerer in ähnlichen Dimensionen ablaufender Vorstöße während des gesamten Holozäns darstellt.

Eine Rekonstruktion der durch diese Moränen vorgegebenen Maximalausdehnung ergab eine Fläche von 31ha (*Abb. 20, Tab. 17*). Damit entsprach die Ausdehnung des Gletschers der des Patrolferners in der Parseier Gruppe.

Photo 12: Neuzeitliche Endmoräne des Fallenbacher Ferners (Aufnahme: HERA 9/94)

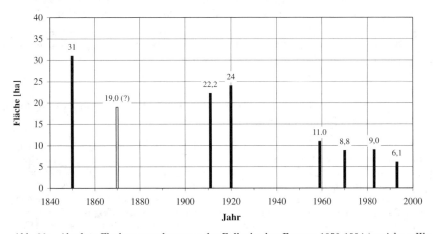

Abb. 20: Absolute Flächenveränderungen des Fallenbacher Ferners 1850-1994 (unsichere Werte sind *kursiv* dargestellt)

Tab. 17: Absolute und relative Flächenveränderungen des Fallenbacher Ferners 1850-1994 (unsichere Werte sind *kursiv* dargestellt)

Jahr	Fläche [ha]	Absolute Flächenveränderung [ha]	Relative Flächenveränderung [%]
1850	31		
1870	*19,9*	*-12,0*	*-38,7*
1911	22,2	+ 3,2	*+16,6*
1920	24	+ 1,8	+ 8,1
1959	11,0	-13,0	-54,2
1970	8,8	- 2,2	-20,0
1983	9,0	+ 0,2	+ 2,3
1994	6,1	- 2,9	-32,2

Der tiefste Punkt des Fallenbacher Ferners lag zu diesem Zeitpunkt auf ca. 2500m NN, der Gletscher erstreckte sich sowohl in den Bereich der Karrückwände der Feuer-Spitze als auch in die unmittelbare Umgebung des Fallenbacher Jochs bis in eine Höhe von etwa 2780m NN. Die größte Höhenerstreckung des Fallenbacher Ferners betrug demnach ca. ΔH_{1850}= 280m.

Damit weist der Gletscher eine verhältnismäßig geringe Vertikal- und Längenausdehnung auf. Seine während dieser Phase große Fläche resultierte, gemessen an seiner Länge, eher aus einer besonders großen Breite (vgl. *Abb. 22*).

Auf Höhe des Fallenbacher Jochs verband sich der Fallenbacher Ferner zu diesem Zeitpunkt mit einem etwas kleineren, in Richtung des Sulzleltales westexponierten Gletscher, der namentlich auf keiner älteren Karte verzeichnet ist. Die Grenzlinie zwischen den beiden Gletschern, die für die Bestimmung der Größe des Fallenbacher Ferners gezogen wurde, verläuft entlang der höchsten Punkte des Fallenbacher Jochs.

RICHTER (1888) gibt die Größe des Fallenbacher Ferners mit 19,0ha an (*Abb. 20, Tab. 17*). Legt man diesen Wert zugrunde, so bedeutete dies für den Gletscher einen Rückgang seiner Fläche um ΔF_a=-12,0 ha seit dessen Hochstand um 1850 (ΔF_r=-38,7%, *Abb. 20 und 21, Tab. 17*).

Zum Zeitpunkt der Aufnahme der topographischen Karte des Deutschen und Österreichischen Alpenvereines im Jahre 1911 betrug die Größe des Fallenbacher Ferners 22,2ha (*Abb. 20, Tab. 17*). Damit hatte sich die Fläche des Gletschers seit dessen Hochstand gegen Mitte des vergangenen Jahrhunderts um ΔF_a=-8,8ha verringert. Dies entspricht einem relativen Flächenverlust von ΔF_r=-28,4%.

Wegen der generellen Unsicherheiten, mit der die Angaben RICHTERS (1888) möglicherweise behaftet sind, kann an dieser Stelle kein direkter Vergleich über das Ausmaß der Vergletscherung um 1870 bzw. 1911 gezogen werden.

Der Fallenbacher Ferner zeigt im Vergleich zu seinem Hochstand um 1850 vor allem im Bereich seiner tieferliegenden Areale eine ausgeprägte Zerfallsstruktur mit Eispartien, die die Verbindung zum Gletscher fast verloren haben (*Abb. 22*).

Insgesamt deutet nichts auf einen beginnenden Vorstoß des Gletschers in Zusammenhang mit den gletschergünstigen 1920er Jahren hin. Die Verbindung des Fallenbacher Ferners mit dem benachbarten westexponierten Gletscher besteht noch immer. Während sich damit die Höhenlage der Obergrenze des Fallenbacher Ferners nicht verändert hat (HP=2780m NN), bewirkten die Flächenverluste des Zeitraumes 1850-1911 eine nach oben gerichtete Verschiebung der Untergrenze des Gletschers (TP=2550m NN). Daraus ergibt sich eine Höhenerstreckung des Fallenbacher Ferners von ΔH_{1911}=230m (Tab. 18).

Zieht man darüberhinaus in Betracht, daß sich durch die Flächenreduktion vor allem tiefer gelegener Bereiche das Längen/Breiten-Verhältnis des Gletschers zugunsten seiner Breite verändert hat, kann mit Sicherheit davon ausgegangen werden, daß der Fallenbacher Ferner zum Zeitpunkt der Kartenaufnahme im Jahre 1911 keinen differenzierten Massenhaushalt und damit auch kein typisches Nähr- bzw. Zehrgebiet besaß.

Die gletschergünstige Phase der 1920er Jahre führte zu einem kleinen Vorstoß des Fallenbacher Ferners, der am Innensaum der mächtigen holozänen End- bzw. Ufermoräne eine kleinere Endmoräne hinterließ. Die Rekonstruktion der Umrisse des Gletschers anhand der glazialgeomorphologischen Relikte im Gelände ergab eine Fläche von 24ha (Abb. 20, Tab. 17). Somit errechnet sich im Vergleich zur Situation des Jahres 1911 eine leichte Vergrößerung des Fallenbacher Ferners um ΔF_a=+1,8ha (ΔF_r=+8,1% , vgl. Abb. 21, Tab. 17).

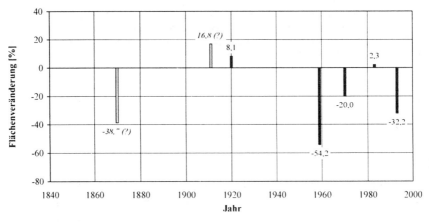

Abb. 21: Relative Flächenveränderungen des Fallenbacher Ferners 1850-1994 (unsichere Werte sind *kursiv* dargestellt)

Aufgrund des Vorstoßes des Fallenbacher Ferners und der damit einhergehenden Flächenvergrößerung kann davon ausgegangen werden, daß die Verbindung des Fallenbacher Ferners über das Fallenbacher Joch mit seinem benachbarten Pendant noch immer bestand. Die Höhenerstreckung hat sich nur geringfügig verändert. Der höchste Punkt des Fallenbacher Ferners lag unverändert im Bereich des Fallenbacher Jochs bei 2780m NN, der leichte Vorstoß bewirkte eine leichte Verschiebung des tiefsten Punktes in einer Größenordnung von ca. 10m auf 2540m NN. Es ergibt sich also für den gletschergünstigen Zeitraum der 1920er Jahre eine größte Höhenerstreckung von ΔH_{1920}=240m (*Tab. 18*).

Tab. 18: Morphographische Kennwerte des Fallenbacher Ferners 1850 -1994

Jahr	Höchster Punkt HP [m NN]	Tiefster Punkt TP [m NN]	Höhenerstreckung ΔH [m]
1850	2780	2500	280
1870			
1911	2780	2550	230
1920	2780	2540	240
1959	2750	2600	150
1970	2760	2620	140
1983	2730	2630	100
1994	2730	2650	80

Zwei wesentliche Aussagen lassen sich aus der Österreichischen Karte 1:50 000 aus dem Jahr 1959 in Bezug auf die Flächenveränderung des Fallenbacher Ferners im Zeitraum 1920-1959 ableiten:

- Zum einen hat der Gletscher während der glaziologisch ungünstigen 1940er und beginnenden 1950er Jahre mehr als die Hälfte seiner ursprünglichen Fläche verloren (F_{1959}=11,0ha, ΔF_a=-13,0ha, ΔF_r=-54,2%, *Abb. 20* und *21*, *Tab. 17*).
- Zum anderen reichte der Fallenbacher Ferner nicht mehr bis an das Fallenbacher Joch heran, desweiteren, und dies ist das eigentlich überraschende, ist der benachbarte, westexponierte Gletscher im Jahre 1959 völlig abgeschmolzen, die Österreichische Karte 1:50 000 enthält keine diesbezügliche Eissignatur.

Die starken Flächenverluste des Fallenbacher Ferners im Zeitraum 1920-1959 wirkten sich ebenfalls auf dessen Höhenerstreckung aus. Zwar lagen die höchsten Bereiche des Gletschers nunmehr im Bereich der Karrückwand der Feuer-Spitze bei 2750m NN, die Flächenreduktion des zurückliegenden Zeitraumes hat jedoch neben den südöstlichen Randbereichen erneut vor allem die tiefer gelegenen Areale des Fallenbacher Ferners betroffen, der tiefste Punkt des Gletschers liegt im Jahre 1959 in einer Höhe von 2600m NN, die Höhenerstreckung beträgt demnach nurmehr ΔH_{1959}=150m (vgl. *Tab. 18*).

Zum Zeitpunkt der österreichischen Gesamtbefliegung in den Jahren 1969/70 betrug die Fläche des Fallenbacher Ferners 8,8ha (vgl. *Abb. 20*, *Tab. 17*). Damit hatte sich die Fläche des Gletschers im Vergleich zu 1959 um ΔF_a=-2,2ha verkleinert. Dies entspricht einem relativen Flächenrückgang ΔF_r=-20,0% (vgl. *Abb. 21*, *Tab. 17*).

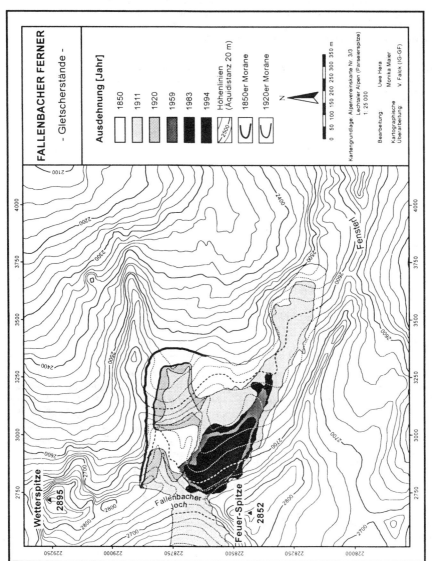

Abb. 22: Flächenveränderungen des Fallenbacher Ferners - Ein Vergleich 1850-1994

Von allen untersuchten Gletschern der Lechtaler Alpen verlor der Fallenbacher Ferner im Zeitraum 1959/70 relativ am stärksten an Fläche (vgl. Kap. 4.6). Die Verluste hielten sich jedoch in Grenzen.

Der Österreichische Gletscherkataster (GROSS 1969) gibt die mittlere Höhe des Fallenbacher Ferners mit 2680m NN an. Aus den Eckwerten TP=2620m NN bzw. HP=2760m NN ergibt sich eine maximale Höhenerstreckung von ΔH_{1970}=140m. Dieser Wert entspricht einem Rückgang von 10m im Vergleich zur Situation des Jahres 1959.

Die Größe des Fallenbacher Ferners zum Zeitpunkt der Aufnahme der topographischen Karte "Parseier-Spitze" des Deutschen Alpenvereines im Jahre 1983 betrug 9,0ha (vgl. *Abb. 20, Tab. 17*). Dieser Wert entspricht einem absoluten (relativen) Flächengewinn von ΔF_a=+0,2ha (ΔF_r=+2,3%).

Die gletschergünstige Phase der 1970er Jahre führte beim Fallenbacher Ferner zu einer nur geringfügigen Vergrößerung der Gletscherfläche. Der Betrag dieser Veränderung bewegt sich im Bereich der Meß- bzw. Darstellungsgenauigkeit in topographischen Karten bzw. Luftbildern, das Verhalten des Fallenbacher Ferners im Zeitraum 1970-1983 kann deshalb als indifferent beschrieben werden.

Der Flächenverlust des Gletschers im Vergleich zu 1959 resultiert vornehmlich aus Schmelzprozessen in den tiefer gelegenen nordöstlichen Bereichen, allerdings gingen auch in geringem Umfang höher gelegene Flächen im Bereich der Karrückwand der Feuer-Spitze verloren (vgl. *Abb. 22*).

Aus der topographischen Karte konnte der tiefste Punkt des Gletschers mit 2630m NN bestimmt werden, der höchste Punkt lag im Bereich der Karrückwand der Feuer-Spitze bei etwa 2730m NN (ΔH_{1983}=100m). Das bis in eine Höhe von 2750m NN reichende Fallenbacher Joch wurde vom Gletscher nicht erreicht. Darüberhinaus ist in der Alpenvereinskarte keine Eisfläche im Bereich des ehemals benachbarten westexponierten Gletschers verzeichnet, dieser hatte sich während der gletschergünstigen Phase nicht regenerieren können.

Die gegenwärtig vergletscherte Fläche des Fallenbacher Ferners beträgt nach Auswertung eigener in den Jahren 1993 und 1994 erhobener Kartierungen 6,1ha (vgl. *Abb. 20, Tab. 17*). Die absolute Flächenreduktion innerhalb des gletscherungünstigen Zeitraumes zwischen 1983 und 1994 beträgt ΔF_a=-2,9ha, dies entspricht einem relativen Flächenverlust von ΔF_r=-32,2% (vgl. *Abb. 21, Tab. 17*).

In diesem Wert drückt sich eine deutliche Reaktion des Fallenbacher Ferners auf die überdurchschnittlich warmen Jahre der zurückliegenden Dekade aus. Seine absoluten bzw. relativen Flächenverluste übertreffen mit Ausnahme des Patrolferners die Reduktionen aller anderen untersuchter Gletscher der Lechtaler Alpen (vgl. Kap. 4.6).

Die Flächenverluste des Fallenbacher Ferners betreffen im wesentlichen die tiefer gelegenen Areale des Gletschers. Im Bereich der Karrückwand der Feuer-Spitze kam es nur in den südöstlichen Gebieten bis in eine Höhe von ca. 2700m NN zu Schmelzverlusten. Die gesamte Oberfläche des Gletschers ist stark eingesunken,

Photo 13: Ufer- bzw. Endmoräne des Fallenbacher Ferners (Aufnahme HERA 9/94)

möglicherweise steht das Austauen größerer Felsinseln unmittelbar bevor, ein beschleunigter Verfall des Fallenbacher Ferners wäre die unmittelbare Folge.

Die Höhenerstreckung hat sich im Vergleich zu den Jahren 1970 und 1983 geringfügig verändert. Insbesondere die tiefgelegenen Bereiche des Gletschers waren von den Schmelzprozessen des Zeitraumes 1983-1994 betroffen. Der tiefste Punkt des Fallenbacher Ferners liegt nun bei 2650m NN. Unverändert blieb der Wert des höchsten Punktes des Gletschers, somit beträgt die vertikale Erstreckung des Fallenbacher Ferners ΔH_{1994}=80m.

In *Abbildung 22* sind nochmals die in den zur Verfügung stehenden topographischen Karten enthaltenen Flächensignaturen sowie die Ergebnisse eigener Kartierungen zusammengefaßt. Sie belegen insgesamt eine deutliche Verkleinerung der Fläche des Fallenbacher Ferners in den zurückliegenden ca. 140 Jahren.

Der Fallenbacher Ferner verliert in diesem Zeitraum ΔF_a=-24,9 ha seiner ursprünglichen Fläche. Damit beträgt der relative Flächenverlust ΔF_r=-80,3% (*Abb. 24, Tab. 93*).

Das Verschwinden des mindestens bis in die 1920er Jahre dieses Jahrhunderts (und mit Sicherheit auch noch einige Zeit danach) mit dem Fallenbacher Ferner verbundenen Gletscher westlich des Fallenbacher Jochs kann jeweils als ein eindeutiges Indiz für eine lokale Lagegunst bzw. -ungunst interpretiert werden. In diesem Zusammenhang soll auf einige Aspekte der Lagebedingungen des Fallenbacher Ferners verwiesen werden:

Photo 14: Stark eingefallene Gletscherzunge des Fallenbacher Ferners, von Schmelzwässern durchbrochene Endmoräne (Aufnahme: HERA 9/94)

- *Gletscherform*
  Die sehr breit angelegte Form des Fallenbacher Ferners, die mit einer relativ geringen vertikalen Erstreckung einhergeht, führte während des Untersuchungszeitraumes zu einer erhöhten Empfindlichkeit gegenüber Phasen mit überdurchschnittlich hohen Lufttemperaturen
- *Lawinenschnee*
  Zusätzlich zu den abgesetzten festen Niederschlägen erhält der Fallenbacher Ferner über die gesamte Breite seiner Gletscherfläche aus den Karrückwänden der Feuer-Spitze in einem nicht genauer quantifizierbaren Maße Schnee durch abgehende Lawinen, der sich positiv auf den mittleren spezifischen Nettomassenhaushalt sowie auf die Albedo der Gletscheroberfläche auswirkte. Dieser Aspekt, der möglicherweise auch das Verhalten einiger anderer von Karrück- oder Karseitwänden umgebenen Gletscher der Lechtaler Alpen beeinflußte (z.B. Leiterferner, Patrolferner, Grinner Ferner), kann aber in seiner Quantität ohne genauere Messungen nicht abgeschätzt werden.
- *Exposition*
  Ein wesentlicher qualitativer Unterschied zwischen dem Fallenbacher Ferner und dem sich ehemals westlich des Fallenbacher Jochs erstreckenden westexponierten Gletscher bestand in deren gegensätzlicher Strahlungsexposition.
  Die daraus resultierenden unterschiedlichen Energiebilanzen der Gletscheroberflächen könnten möglicherweise die ausschlaggebende Ursache für das differierende Verhalten der beiden Gletscher im Zeitraum 1920-1959 gewesen sein, belegen läßt sich dies aus heutiger Sicht und ohne das Vorliegen genauerer

Messungen jedoch nicht. Für eine exaktere Fassung des klimatischen Einflusses auf das abweichende Verhalten der beiden Gletscher wären desweiteren ebenso Kenntnisse über andere spezifische Parameter, insbesondere über die hygrischen Verhältnisse um die Feuer-Spitze, notwendig.

Berücksichtigt man die Entwicklung und den gegenwärtigen Erhaltungszustand des Fallenbacher Ferners, so läßt sich auch ohne detailliertere Messungen feststellen, daß der Gletscher in seiner Existenz hochgradig gefährdet ist. Für ein endgültiges Abschmelzen des Gletschers ist darüberhinaus keine weitere Erwärmung der Atmosphäre notwendig, einige wenige Jahre mit ähnlichen klimatischen Verhältnissen wie in den vergangenen Jahren würden dafür ausreichen.

4.6   Zusammenfassender Vergleich

Die Gletscher der Lechtaler Alpen haben seit ihrem Hochstand um die Mitte des 19. Jahrhunderts zwar deutlich aber in unterschiedlichem Maße an Fläche verloren. Dies konnte am Beispiel von fünf ausgewählten Gletschern dieser Gebirgsgruppe nachgewiesen werden. Im folgenden wird ein zusammenfassender Überblick über Unterschiede und Gemeinsamkeiten bzw. Ähnlichkeiten der Flächenveränderungen dieser Gletscher im Untersuchungszeitraum gegeben.

In *Abbildung 23* (*Tab. 19*) sind die absoluten Flächenvariationen, in *Abbildung 24* (*Tab. 22*) die relativen Flächenverluste dargestellt. Die relativen Flächenänderungen orientieren sich stets an der Größe des jeweiligen Gletschers um 1850 und nicht - im Unterschied zu den Kapiteln 4.3-4.5 - an dem Betrag einer unmittelbar vorausgegangenen Ausdehnung, weil sich sonst wegen der geringfügigen Datenlücken bei einzelnen Gletschern ein verzerrtes Bild ergeben hätte.

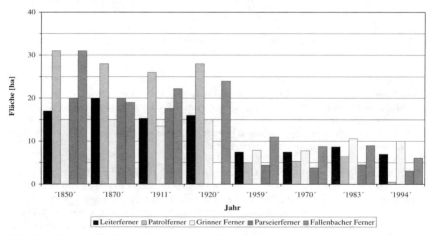

Abb. 23:   Absolute Flächenveränderungen der Gletscher in den Lechtaler Alpen 1850-1994 im Überblick

Tab. 19: Absolute Flächenveränderungen [ha] ausgewählter Gletscher der Lechtaler Alpen im Überblick

	Leiterferner	Patrolferner	Grinner Ferner	Parseierferner	Fallenbacher Ferner
1850	17	31	15	20	31
1870	20,0	28	15	20	19,0
1911	15,3	26,0	13,5	17,6	22,2
1920	16	28	15		24
1959	7,5	5,0	7,9	4,4	11,0
1970	7,5	5,3	7,8	3,8	8,8
1983	8,7	6,5	10,6	4,5	9,0
1994	7,0	0,5	10,0	3,1	6,1

Verglichen mit der Ausdehnung der großen Alpengletscher im vergangenen Jahrhundert war die Größe aller fünf in die Untersuchungen aufgenommenen Gletscher der Lechtaler Alpen relativ gering. Dennoch läßt sich im Untersuchungsgebiet und gemessen an der Flächenausdehnung gegen Mitte des 19. Jahrhunderts eine deutliche Differenzierung feststellen.

Mit jeweils 31ha Fläche standen der Fallenbacher Ferner in der Feuersteinspitzgruppe und der Patrolferner in der Parseier Gruppe in einem deutlichem Gegensatz zu den sehr viel kleiner dimensionierten Grinner Ferner und Leiterferner (15 bzw. 17ha). Der Parseierferner nimmt gegen 1850 mit einer Größe von mindestens 20ha eine Zwischenstellung ein.

Mit Ausnahme des Parseierferners bildeten alle Gletscher des Untersuchungsgebietes während der Vorstoßphase um 1850 eine Endmoräne. Teilweise, wie im Fall des Leiterferners bzw. Fallenbacher Ferners, ist diese Moräne vermutlich das Ergebnis mehrerer holozäner Vorstoßphasen.

Die Werte der Ausdehnung der untersuchten Gletscher der Lechtaler Alpen gegen 1870 basieren auf den Angaben RICHTERS (1888). Wie mehrfach dargelegt, weichen die Angaben zum Teil erheblich von einem realistischen Maß ab.

Legt man die rekonstruierten bzw. korrigierten Daten zugrunde, so kann festgestellt werden, daß sich zum Aufnahmezeitpunkt der durch RICHTER (1888) ausgewerteten Karten um 1870 das Ausmaß der Vergletscherung in den Lechtaler Alpen wahrscheinlich kaum von den Verhältnissen um 1850 unterschieden hat.

Der von RICHTER (1888) genannte Wert für den Leiterferner (20,0ha) wird - aus Gründen des Einbezugs der Karrückwände in das Nährgebiet des Gletschers - zu hoch ausgefallen sein. Nicht geklärt werden kann die Plausibilität des Wertes für den Fallenbacher Ferner.

Insgesamt ist mit großer Wahrscheinlichkeit im Zeitraum 1850-1870 die Gesamtfläche der Vergletscherung in den Lechtaler Alpen geringfügig zurückgegangen, auf eine weitergehende Interpretation der Ergebnisse für diesen Zeitraum wird jedoch aus Gründen der unsicheren Datenlage verzichtet.

Nach Auswertung der topographischen Karte des Deutschen und Österreichischen Alpenvereines aus dem Jahre 1911 kann erstmals eine genauere Differenzierung der Flächenveränderungen der Gletscher des Untersuchungsgebietes vorgenommen werden.

Zwar hat sich die auf der Fläche der Gletscher basierende Rangfolge mit Ausnahme des Fallenbacher Ferners (dieser ist nun deutlich kleiner als der Patrolferner) nicht verändert, die relativen Flächenverluste fallen aber unterschiedlich aus. So weisen die beiden größeren der untersuchten Gletscher (Fallenbacher Ferner bzw. Patrolferner) seit Mitte des vergangenen Jahrhunderts deutlich größere relative Flächenverluste (ΔF_r=-28,4% bzw. -16,1%) als der Parseierferner (ΔF_r=-12,0%), der Grinner Ferner (ΔF_r=-10,0%) sowie der Leiterferner (ΔF_r=-10,0%) auf.

Insgesamt haben sich dadurch die noch Mitte des vergangenen Jahrhunderts bestehenden deutlichen Größenunterschiede der Lechtaler Gletscher etwas verringert.

Nicht alle der untersuchten Gletscher der Lechtaler Alpen haben während der gletschergünstigen 1920er Jahre Moränen hinterlassen, die für eine Rekonstruktion ihrer Ausdehnung hätten Verwendung finden können. So konnten auf Grundlage der glazialgeomorphologischen Kartierungen primär für den Leiter-, Patrol- und Fallenbacher Ferner im Vergleich zu 1911 kleinere Vorstöße nachgewiesen werden.

Die Flächengewinne seit 1911 liegen unabhängig von der Größe der Gletscher relativ einheitlich zwischen ΔF_a=+0,7ha (Leiterferner) und ΔF_a=+2,0 ha (Patrolferner, *Abb. 23*). Die relativen Flächenverluste seit Mitte des vergangenen Jahrhunderts haben sich damit wiederum etwas verringert. Während der Leiterferner um 1920 ein ähnliches Ausmaß wie gegen 1850 erreichte (ΔF_r=-5,9%), lagen die Werte für den Fallenbacher Ferner bzw. Patrolferner deutlich ungünstiger (ΔF_r=-22,6% bzw. -9,7%).

Für den Grinner Ferner und den Parseierferner ist ein positives Trendverhalten im Zeitraum 1911-1920 wahrscheinlich, es läßt sich jedoch nicht definitiv belegen. Aus einer Betrachtung der Entwicklung des Grinner Ferners im Validierungszeitraum erscheint es jedoch möglich, daß auch dieser Gletscher während der glaziologisch günstigen 1920er Jahre nochmals das Ausmaß seiner Vergletscherung um 1850 erreicht haben könnte.

Für das Jahr 1959 liegen erstmals seit 1911 wieder für alle fünf untersuchten Gletscher der Lechtaler Alpen Flächenangaben vor.

Es wird ersichtlich, daß sich die gletscherungünstigen 1940er und beginnenden 1950er Jahre deutlich, aber in unterschiedlichem Maße auf die Gletscherflächen ausgewirkt haben. Die Spannweite der absoluten Flächenverluste reicht von minimal ΔF_a=-7,1ha (Grinner Ferner bei Annahme einer Größe des Gletschers um 1920, die der um 1850 entsprach) bis maximal ΔF_a=-23,0 ha (Patrolferner, *Abb. 23*).

Auch für den Zeitraum 1920-1959 erscheint es auffällig, daß wiederum die größeren Gletscher deutlicher an Fläche verloren haben (Fallenbacher Ferner ΔF_a=-13,0ha, Parseierferner ΔF_a≈-15ha (eine dem Verhalten des Grinner Ferners entsprechende

Annahme vorausgesetzt)), die Flächenverluste der kleineren Leiterferner (ΔFa=-8,5ha) und Grinner Ferner sich jedoch vergleichsweise in Grenzen halten.

Ist bis in das Jahr 1920 die Situation zwischen den jeweils unmittelbar benachbarten Patrolferner/Grinner Ferner und Fallenbacher Ferner/westexponierter Gletscher noch vergleichbar, so ergibt sich nach der Wärmephase zwischen 1920 und 1959 eine veränderte Situation. So hatte der Grinner Ferner im Vergleich zum abgeschmolzenen Gletscher der Feuersteinspitzgruppe nur vergleichsweise geringe Flächenverlust zu verzeichnen. Und während der Patrolferner noch während seines 1920er Vorstoßes deutlich größere Dimensionen als der Fallenbacher Ferner erreichte, hat sich auch hier das Verhältnis umgekehrt. Einer Größe von 11,0ha des Fallenbacher Ferners steht eine Restfläche des Patrolferners von nurmehr 5,5ha gegenüber.

Die Flächengrößen der Gletscher des Untersuchungsgebietes haben sich durch das unterschiedliche Abschmelzverhalten etwas angeglichen, die Abschmelzbeträge waren jedoch so groß, daß der zum Zeitpunkt der Aufnahme der Österreichischen Karte 1:50 000 größte Gletscher nun kleiner ist (Fallenbacher Ferner, F_{1959}=11,0ha) als der flächenkleinste Gletscher des Untersuchungsgebietes zum Zeitpunkt des Hochstandes Mitte des vergangenen Jahrhunderts (Grinner Ferner F_{1850}=15,0ha).

Die relativen Flächenverluste bewegen sich insgesamt in einem Bereich von ΔF_r=-47,3% (Grinner Ferner) bis ΔF_r=-83,9% (Patrolferner). Damit haben mit Ausnahme des Grinner Ferners alle untersuchten Gletscher im Vergleich zum Hochstand um 1850 mehr als die Hälfte ihrer Fläche verloren (*Abb. 24*).

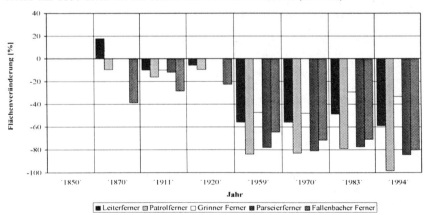

Abb. 24: Relative Flächenveränderungen der Gletscher in den Lechtaler Alpen 1850-1994 im Überblick

Der Zeitraum 1959-1970 bringt keine nennenswerten Veränderungen. Das Verhalten der untersuchten Gletscher kann generell als indifferent beschrieben werden. Größere Flächenverluste traten lediglich beim Fallenbacher Ferner auf, der in

Tab. 20: Relative Flächenveränderungen [%] ausgewählter Gletscher der Lechtaler Alpen im Vergleich zur Ausdehnung um 1850 - Zusammenfassender Überblick

	Leiterferner	Patrolferner	Grinner Ferner	Parseierferner	Fallenbacher Ferner
1870	17,7	-9,7	0,0	0,0	-38,7
1911	-10,0	-16,1	-10,0	-12,0	-28,4
1920	-5,9	-9,7	0,0		-22,6
1959	-55,9	-83,9	-47,3	-78,0	-64,5
1970	-55,9	-82,9	-48,0	-81,0	-71,6
1983	-48,8	-79,0	-29,3	-77,5	-71,0
1994	-58,9	-98,4	-33,3	-84,5	-80,3

diesem Zeitraum ΔF_a=-2,2ha Fläche verlor (vgl. Abb. 23). Damit beträgt dessen relativer Flächenverlust seit der Gletscherhochstandsphase um die Mitte des 19. Jahrhunderts ΔF_r=-71,6% (Abb. 24).

Die geringfügigen Veränderungen der restlichen Gletscher liegen innerhalb des Meß- bzw. Darstellungsbereiches von Luftbildern oder topographischen Karten.

Die gletschergünstige Phase der 1970er Jahre führte bei allen untersuchten Gletschern der Lechtaler Alpen mit Ausnahme des Fallenbacher Ferners (ΔF_a=+0,2ha, indifferent im Vergleich zur erzielbaren Meßgenauigkeit) zu einer generellen Flächenvergrößerung.

Am deutlichsten zeigt sich dieses Trendverhalten beim Grinner Ferner. Die Fläche dieses Gletscher nahm im Zeitraum 1970-1983 um ΔF_a=+2,8ha zu, mit einer Größe von nunmehr 10,6ha ist der Grinner Ferner zum Zeitpunkt der Erstellung der topographischen Karte des Deutschen Alpenvereines um 1983 zum größten Gletscher der Lechtaler Alpen avanciert.

Die im Oberen Medriol bzw. in der Parseier Gruppe gelegenen Leiter- und Patrolferner gewannen jeweils ΔF_r=+1,2ha an Fläche, mit einer Größe von 8,7ha im Jahre 1983 nimmt der Leiterferner in etwa die gleiche Größenordnung wie der Fallenbacher Ferner ein.

Die einzelnen Vorstöße waren insgesamt nur schwach ausgeprägt, so daß sich in den rezenten Gletschervorfeldern keine geomorphologischen Spuren nachweisen lassen.

Die im Rahmen der Geländebegehungen der Jahre 1993 und 1994 entstandene aktuelle Bestandsaufnahme der Lechtaler Gletscher zeigte, daß eine gegen Mitte der 1980er Jahre einsetzende wärmere Phase eine tendenziell einheitliche, im Detail aber differierende Flächenentwicklung bedingte.

Während beispielsweise der Grinner Ferner im Zeitraum 1983-1994 lediglich ΔF_a=-0,6ha verlor, reduzierte sich die Fläche des in unmittelbarer Nähe liegenden Patrolferners um einen weit höheren Betrag (ΔF_a=-6,0ha, Abb. 23).

Flächenverluste in einer etwas geringeren Größenordnung traten beim Leiter- bzw. Parseierferner auf (ΔF_a=-1,7ha bzw. -1,4ha).

Der Fallenbacher Ferner, einstmals einer der größten Gletscher der Lechtaler Alpen, verlor in dieser gletscherungünstigen Phase nochmals deutlich an Fläche (ΔF_a=-2,9ha).

Damit summieren sich die relativen Flächenverlustwerte der Gletscher im Zeitraum 1850-1994 auf Werte zwischen ΔF_r=-33,3% (Grinner Ferner) und ΔF_r=-98,4% (Patrolferner). Alle anderen untersuchten Gletscher verloren während des Untersuchungszeitraumes insgesamt deutlich mehr als die Hälfte ihrer ursprünglichen Fläche.

Die an der Flächengröße orientierte Rangfolge der Gletscher in der Gegenwart hängt eng mit dem Betrag des relativen Flächenverlustes zusammen. Grundsätzlich gilt: Die Rangfolge der relativen Flächenverluste entspricht auch der Rangfolge der rezenten absoluten Größe der Lechtaler Gletscher. Dies ist angesichts der stark differierenden Flächen um die Mitte des 19. Jahrhunderts nicht selbstverständlich.

Zusammenfassend lassen sich einige Aspekte des Flächenschwundes der Lechtaler Alpen wie folgt diskutieren:

Aus *Abbildungen 23* und *24* wird insbesondere die Zweiphasigkeit der Flächenentwicklung der Gletscher in den Lechtaler Alpen deutlich. Während die erste, von 1850 bis 1920 andauernde Phase durch geringfügige Schwankungen in einem Bereich etwas unterhalb der Ausdehnung der Hochstandsphase um 1850 gekennzeichnet ist, laufen die Flächenvariationen der Lechtaler Gletscher im Zeitraum 1959-1994 auf einem deutlich tieferen Niveau ab.

- In diesem Zusammenhang wird darauf hingewiesen, daß die Vorstoßperiode um 1850 nicht unbedingt als letzte holozäne Hochstandsphase bezeichnet werden kann. Gerade die kleinen, reaktiven Gletscher der Lechtaler Alpen nahmen um 1920 teilweise nochmals das Ausmaß der 1850er-Hochstandsphase an (bspw. Leiterferner, Patrolferner, wahrscheinlich auch Grinner Ferner). Möglicherweise - dies läßt sich jedoch nicht belegen - galt dies auch für den gletschergünstigen Zeitraum gegen Ende des 19. Jahrhunderts.
Diese bei den meisten der im Rahmen dieser Arbeit untersuchten Gletschern der Lechtaler Alpen beobachtete Entwicklung legt die Ansicht nahe, daß das Ende des *Little Ice Age* in dieser Gebirgsgruppe nicht unmittelbar mit der Hochstandsphase um 1850 zusammenfällt, sondern bis in die 1920er Jahre ausgedehnt werden kann. Dies stünde in Einklang mit den Ergebnissen von STÖTTER (1994), der eine generelle Ausweitung des *Little Ice Age* bis 1920 für sinnvoll hält.
- Die extrem unterschiedlichen absoluten wie relativen Flächenverluste der unmittelbar benachbarten Gletscher der Parseiergruppe (Patrolferner: ΔF_r=-98,4%, ΔF_a=-30,5ha; Grinner Ferner: ΔF_r=-33,3%, ΔF_a=-5,0ha, Parseierferner: ΔF_r ≥-84,5%, ΔF_a ≥-6,9ha) weisen auf die glazialgeomorphologische Wirksamkeit kleinräumiger und variabler klimatischer und orographischer Parameter hin.

- Die Flächenverluste des aus Gründen eingeschränkter Information nicht in die detaillierteren Untersuchungen miteinbezogenen Parzüelferners in der Valluga-Gruppe sowie des in der Feuersteinspitzgruppe liegenden Vorderseeferners betragen ΔF_r=-86,7% sowie ΔF_r=-72,7%. Diese Werte ergeben sich aus der Differenz zwischen der durch Moränen markierten maximalen Ausdehnung beider Gletscher gegen Mitte des 19. Jahrhunderts und den im Rahmen der Geländebegehungen ermittelten Flächenwerte (*Tab. 21*):

Tab. 21: Absolute Flächenveränderung des Parzüelferners bzw. Vorderseeferners im Zeitraum 1850-1994

Gletscher	Fläche (1850)	Fläche (1994)
Parzüelferner	30	4,0
Vorderseeferner	22	6,0

Damit ergibt sich auf Grundlage der Ergebnisse von sieben Gletschern der Lechtaler Alpen ein mittlerer Flächenverlust von ΔF_r=-73,5%. Es ist anzumerken, daß sich dieses Ergebnis lediglich an den heute noch existierenden Gletschern orientiert. Bezöge man die im Validierungszeitraum völlig abgeschmolzenen Gletscher der Lechtaler Alpen in die Berechnungsgrundlage mit ein, so ergäbe sich ein deutlich höherer Wert.

- Der Fortbestand der Gletscher der Lechtaler Alpen ist in Frage gestellt. Als Ausnahmen können lediglich der während des Untersuchungszeitraumes vergleichsweise stabile Grinner Ferner und, mit Einschränkungen, der Leiterferner bezeichnet werden.

Während der Patrolferner im Grunde bereits völlig abgeschmolzen ist, werden auch der Parseierferner sowie der Fallenbacher Ferner - konstante klimatische Bedingungen vorausgesetzt - in wenigen Jahren verschwunden sein.

- Folgt man der allgemein anerkannten Definition, wonach Gletscher neben anderen Eigenschaften eine Bewegung von ihrem Nähr- zum Zehrgebiet aufweisen, so stellt sich im Kontext der vorliegende Arbeit die Frage, ob die Bezeichnung "Gletscher" für die untersuchten Eiskörper der Lechtaler Alpen während des Untersuchungszeitraumes gerechtfertigt ist.

Zwar weisen alle Gletscher der Lechtaler Alpen körniges Gletschereis auf, darüberhinaus sind auch teilweise Bewegungsstrukturen erkennbar, die Frage nach der Existenz eines differenzierbaren Nähr- bzw. Zehrgebietes muß aber zumindest für die Gegenwart im Falle sämtlicher untersuchter Gletscher kategorisch verneint werden. Insofern muß der Begriff "Gletscher" abgelehnt werden.

MAISCH (1992) klassifiziert in seiner Arbeit über die Vergletscherung Graubündens die sehr kleinen Eiskörper seines Untersuchungsgebietes, die eine vertikale Höhenerstreckung von weniger als 400 m aufweisen und deren Nähr- und Zehrgebiet oftmals nicht deutlich ausgeprägt ist, als sog. "Gletscherflekken". Eisflächen, deren Größe um 1850 unter 0,2km² (<20,0ha) lag, die nur eine geringe vertikale und horizontale Ausdehnung aufweisen und deren Nähr-

und Zehrgebiet ebenfalls kaum getrennt werden kann oder im glaziologischen Sinne gar nicht vorhanden ist, bezeichnet MAISCH (1992) als "Firnflecken". Die Bezeichnung "Gletscherflecken" erscheint für die Verhältnisse im Bereich der Lechtaler Alpen und darüberhinaus auch für die Gletscher der Nördlichen Kalkalpen als geeignet, sie wird sie im weiteren Verlauf dieser Arbeit bevorzugt verwendet. Kritisch ist der Ausdruck "Firnflecken" zu sehen, da Firn und Gletschereis unterschiedliche materielle Eigenschaften aufweisen, "Gletscher"-Eis jedoch an allen untersuchten Gletscherflecken nachgewiesen werden konnte.

5. VARIATIONSBREITE DER GLETSCHERSCHWAN-KUNGEN IN DEN NÖRDLICHEN KALKALPEN

Die kleinen Gletscherflecken der Nördlichen Kalkalpen standen in jüngerer Vergangenheit im Mittelpunkt eines verstärkten wissenschaftlichen Interesses (HIRTL-REITER 1992; JUNGSBERGER 1993; SCHUG und KUHN 1993; KUHN 1993). Die Ergebnisse dieser glazialgeomorphologischen und glaziologischen Untersuchungen werden in diesem Kapitel in einem Vergleich eingearbeitet, der zugleich einer Zusammenfassung der Flächenvariationen der Gletscher dieses Teilraumes der Ostalpen dient.

Einschränkend zu den nachfolgenden Interpretationen ist zu bemerken:

- Die absoluten bzw. relativen Flächenveränderungen der Gletscher der Nördlichen Kalkalpen beziehen sich auf unterschiedlich lange Validierungszeiträume. Nach PATZELT und AELLEN (1990) erreichten gegen 1850 fast alle Ostalpengletscher eine maximale neuzeitliche Ausdehnung. Während für die Gletscherflecken der Lechtaler bzw. Allgäuer Alpen ein deutlicher Vorstoß für diesen Zeitraum als sicher angenommen wird, konnte für einige Gletscher der Berchtesgadener Alpen und des Wettersteingebirges ein neuzeitlicher maximaler Hochstand um 1820 nachgewiesen werden (HIRTLREITER 1992; JUNGSBERGER 1993). Zwar ist eine solch frühe Vorstoßphase auch für einige andere Gletscher der Ostalpen belegt (Gurgler Ferner, Gepatschferner, viele Gletscher im Vinschgau), sie findet jedoch im Bereich der Westalpen eine dominante Verbreitung (WETTER 1987; ZUMBÜHL 1980).
- Die relativ geringe Anzahl von Gletscherflecken in den einzelnen Gebirgsgruppen der Nördlichen Kalkalpen erschwert einen generalisierenden Vergleich. Die Interpretationen der Ergebnisse sind unter dem Vorbehalt einer eingeschränkten Aussagekraft zu sehen.
- Die rezenten Flächenwerte einiger Gletscherflecken (Blaueisgletscher, Watzmanngletscher, Nördlicher, Südlicher sowie Östlicher Schneeferner) wurden durch eigene Geländebegehungen aktualisiert, sie weichen von den Angaben der entsprechenden Autoren grundsätzlich etwas ab.

5.1 Wettersteingebirge

5.1.1 Zugspitzplatt

Die absoluten bzw. relativen Flächenvariationen der Gletscher des Zugspitzplattes (Nördlicher, Südlicher und Östlicher Schneeferner) sind in *Abbildung 25* bzw. *Tabelle 22* zusammenfassend dargestellt.

Zum Zeitpunkt des holozänen Hochstandes im Wettersteingebirge erstreckte sich die Vergletscherung auf dem Zugspitzplatt zusammenhängend vom Wetterwandeck bis zum Jubiläumsgrat. Diese maximale neuzeitliche Ausdehnung erreichte der sogenannte Plattacher Ferner nach HIRTLREITER (1992) um 1820. Die Gesamtfläche der Vergletscherung betrug zu diesem Zeitpunkt 260ha. Die Differenzierung des Plattacher Ferners in die drei Teileinzugsgebiete der sich später voneinander trennenden Zugspitzgletscher durch HIRTLREITER (1992) erfolgte auf Grundlage der morphographischen Verhältnisse auf dem Zugspitzplatt.

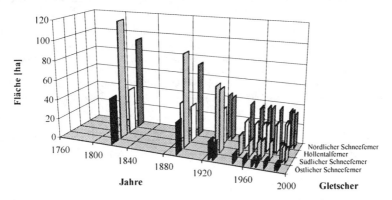

Abb. 25: Absolute Flächenänderungen der Gletscher des Wettersteingebirges 1850-1994 (ergänzt nach HIRTLREITER 1992)

Tab. 22: Absolute Flächenänderungen der Gletscher des Wettersteingebirges 1850-1994 (ergänzt nach HIRTLREITER 1992, ÖSF=Östlicher Schneeferner, SSF=Südlicher Schneeferner, NSF=Nördlicher Schneeferner, HF=Höllentalferner), Werte gerundet

Jahr	ÖSF Fläche [ha]	SSF Fläche [ha]	NSF Fläche [ha]	HFFläche [ha] Fläche [ha]
1820	47	119	94	47
1880				38
1892	32	93	74	36
1925	18	65	45	36
1929	16	62	43	
1949	9	20	39	27
1959	7	15	36	26
1967	6	16	37	26
1971	7	17	37	26
1979	7	17	37	27
1981				29
1989	5	15	36	30
1991	4	14	35	29
1994	2	12	33	

Zum Zeitpunkt der gletschergünstigen Phase um 1850 erreichte hier die Vergletscherung einen mit den Ausmaßen der 1820er Maximalausdehnung vergleichbaren weiteren neuzeitlichen Hochstand. Gegen Ende des 19. Jahrhunderts zeigte der Plattacher Ferner im Bereich seines unteren Gletscherrandes Auflösungserscheinungen. Die allgemein gletschergünstige Periode um 1890 konnte folglich nicht in eine Flächenvergrößerung des Ferners umgesetzt werden. Zu diesem Zeitpunkt bestand zwischen den späteren Nördlichen und Südlichen Schneeferner über eine schmale "Eisbrücke" noch eine kleine Verbindung, die sich um die Jahrhundertwende (19./20. Jahrhundert) endgültig löste.

Ähnlich wie für den Zustand gegen Ende des 19. Jahrhunderts ließen sich auch keine Hinweise für einen Vorstoß der Zugspitzgletscher um 1920 finden. Zwischen den 1920er und beginnenden 1950er Jahren kam es im gesamten Bereich des Zugspitzplattes zu deutlichen Flächenverlusten, von denen der Südliche Schneeferner am stärksten betroffen war. Die Rückschmelzphase bedingte eine räumliche Trennung des Nördlichen Schneeferners von dem unter den Zugspitzwänden gelegenen Östlichen Schneeferner.

Eine mit dem Haushaltsjahr 1964/65 einsetzende gletschergünstige Phase mit positiven Massenhaushalten (GÜNTHER 1982) führte zu einer deutlichen Aufhöhung der Gletscheroberflächen, Flächenvergrößerungen hatte dies jedoch nicht zur Folge.

Die anschließende Periode ist bis in die Gegenwart von einem generellen Abschmelzen der Gletscherflecken gekennzeichnet, die mit einem großflächigen Einsinken der Eisoberflächen einhergeht. Die Flächenverluste fallen wiederum beim Südlichen und auch Östlichen Schneeferner stärker aus.

Bedingt durch das Austauen einer Felsrippe in den 1980er Jahren hat sich der Südliche Schneeferner in zwei Hälften geteilt und befindet sich gegenwärtig in einem Zustand beschleunigten Abschmelzens. Der Östliche Schneeferner, der gegen Ende der 1950er Jahre noch eine Fläche von 7,3ha aufwies, ist bis auf kleinere Eisreste völlig abgeschmolzen.

5.1.2 Höllentalkar

Im Gegensatz zu den Gletschern des Zugspitzplattes reagierte der unter den Wänden von Jubiläums- und Riffelgrat gelegene Höllentalferner wesentlich sensibler auf gletschergünstige Klimaphasen. Vielfach gegliederte Moränenwälle zeugen von Vorstößen um 1850, 1920, möglicherweise um 1940 sowie in der Periode 1965-1980. Analog zum Verhalten der Schneeferner erreichte auch der Höllentalferner seinen neuzeitlichen Maximalstand zu Beginn des 19. Jahrhunderts um 1820 (HIRTLREITER 1992).

Seit dem Ende der überdurchschnittlich warmen 1940er und beginnenden 1950er Jahre bewegten sich die Flächenvariationen des Gletschers in einem indifferenten Bereich, so daß die relativen Flächenverluste des Höllentalferners seit dessen neuzeitlichem Hochstand um 1820 relativ gering bleiben (ΔF_r=-38,3%, vgl. *Abb. 25*, *Tab. 22*). Ursächlich für diese geringen Verluste sind die Auswirkungen der extremen orographischen Verhältnisse: Günstige Strahlungsexposition (E), hohe, nahezu allseitige Kammumrahmung und ein daraus erfolgender periodischer Eintrag von Lawinenschnee summieren sich zu günstigen Ernährungsbedingungen.

5.2 Berchtesgadener Alpen

5.2.1 Blaueis

Auch der nördlich des Hochkalters unter den Wänden von Kleinkalter und Blaueisspitze gelegene Blaueisgletscher erreichte seinen neuzeitlichen Maximalstand gegen 1820. JUNGSBERGER (1993) rekonstruierte aus dem zu diesem Zeitpunkt gebildeten Moränenwall eine Ausdehnung von 25ha (Abb. 26, Tab. 23). Diese Dimension wurde bei Vorstößen der gletschergünstigen Phase gegen Mitte des vergangenen Jahrhunderts nicht mehr erreicht.

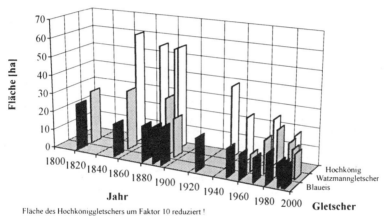

Abb. 26: Absolute Flächenänderungen der Gletscher der Berchtesgadener Alpen 1820/50-1993/95 (ergänzt nach JUNGSBERGER 1993)

Nach einer kurzen Rückschmelzphase kam es zwischen 1875 und 1879 zu einem erneuten kurzfristigen Vorstoß, der zur Bildung einer kleineren Endmoräne (≈1m Höhe) führte. Weitere gletschergünstige Phasen (Ende des 19. Jahrhunderts, 1920er Jahre) bedingten leichte Flächengewinne.

Die durch die Wärmeperiode der 1940er Jahre ausgelöste Rückschmelzphase führte beim Blaueisgletscher nur zu geringen Flächeneinbußen, insgesamt war der Gletscher im Vergleich zu seinem neuzeitlichen Hochstand jedoch weit zurückgeschmolzen, seine Fläche betrug um 1959 nurmehr 13,1ha. Zudem wurde in ca. 2200m NN eine Felsinsel freigelegt, an der seither ein durch Wärmeleitung bedingter verstärkter Ablationsprozeß beobachtet werden kann.

Tab. 23: Absolute Flächenänderungen der Gletscher der Berchtesgadener Alpen 1820/50-1993/95 (ergänzt nach JUNGSBERGER 1993), Werte gerundet

Jahr	Blaueisgletscher Fläche [ha]	Watzmanngletscher Fläche [ha]	Hochköniggletscher Fläche [ha]
1820	25	29	
1850			600
1854	18	32	
1872			554
1879	19		
1885			546
1888	20	31	555
1895	20	21	
1924	18		
1934			386
1947			231
1949	15		
1959	13	9	
1969			244
1970	13	18	
1980	16	24	
1986			174
1989	12	18	
1992	12	15	
1994	11	13	

Mit 15,9ha erreichte das Blaueis im Jahre 1980 am Ende der klimagünstigen 1970er Jahre nochmals ein relatives Maximum. Die Flächengewinne dieses Zeitraumes wurden jedoch durch die großen Flächenverluste im Verlauf der sehr warmen 1980er und 1990er Jahre mehr als kompensiert.

Ein quer zur Fließrichtung des Blaueisgletschers austauender Felsriegel führte zu einer fast vollständigen Trennung des Gletscherflecks in einen oberen aktiven (?) Eiskörper und einen darunter gelegenen Toteisblock. Die Gesamtfläche des Blaueisgletschers beträgt nach eigener Erfassung im Jahre 1994 ca. 11ha.

5.2.2 Watzmanngletscher

Der in einer flachen Mulde im südlichen Teil des Watzmannkares gelegene Watzmanngletscher nahm zum Zeitpunkt seines neuzeitlichen Maximalstandes um 1820 eine Fläche von 29,0ha ein (*Abb. 26, Tab. 23*). Diese Ausdehnung wurde nochmals gegen 1850 und 1888 erreicht (JUNGSBERGER 1993).

Hinweise auf weitere, zumindest kleinere Vorstöße während gletschergünstiger Phasen gibt es weder aus der Zeit des ausgehenden 19. Jahrhunderts noch aus den 1920er Jahren. Der relative Flächenverlust des Watzmanngletschers betrug 1896 im Vergleich zu seinem neuzeitlichen Hochstand $\Delta F_r = -55{,}2\%$.

Die verhältnismäßig starken Flächenverluste des Watzmanngletschers während der 1940er und beginnenden 1950er Jahre führten zu einer Auflösung des Gletschers in kleinere Firnflecke. Dies hatte zur Folge, daß der Watzmanngletscher bei der ersten geodätischen Aufnahme der bayerischen Gletscher 1949/50 durch FINSTERWALDER (1951b) nicht berücksichtigt wurde.

1959 betrug die Gesamtfläche des Watzmanngletschers lediglich 8,9ha. Der gletschergünstige Zeitraum zwischen 1965 und 1980 führte jedoch zur größten Aufhöhung einer Gletscheroberfläche im Bereich der bayerischen Alpen ($\Delta H+8m$) und, daraus resultierend, zu einer merklichen Flächenvergrößerung ($F_{1980}=23,9ha$).

Die Massenverluste der 1980er und 1990er Jahre bedingten wiederum starke Flächenverluste, so daß der Watzmanngletscher gegenwärtig eine Fläche von ca. 13,0ha (Einmessung nach Begehung) einnimmt, die Flächengewinne der 1970er Jahre also noch nicht zur Gänze aufgebraucht sind. Als Ursachen für die große Variabilität des Watzmanngletschers nennt JUNGSBERGER (1993) folgende Faktoren:

– Geringe Neigung (ca. 18°) und Dicke in Verbindung mit einer jährlichen, stark variablen Schneezufuhr durch Lawinen aus der Ostwand des Watzmann-Hochecks bedingen große Schwankungen der Gletscherfläche.
– Stark negative mittlere spezifische Nettomassenbilanzen führen beim Watzmanngletscher aufgrund des unterlagernden Reliefs zu einer periodischen Abtrennung von Firnflecken und zum Austauen von Felsinseln.

5.2.3 Hochkönigggletscher (Übergossene Alm)

Der im Süden des Hochkönigstockes auf einer hochgelegenen, jungtertiären und wenig geneigten Landoberfläche befindliche Hochkönigggletscher (Übergossene Alm) war und ist mit Abstand der größte Gletscher der Nördlichen Kalkalpen (GOLDBERGER 1955; JUNGSBERGER 1993). Mit einer Größe von ca. 600ha während seines neuzeitlichen Maximalstandes um 1850 übertraf er das Ausmaß des nächstgrößeren Gletschers, des Plattacher Ferners auf dem Zugspitzplatt (vgl. Kap. 5.1.1) um mehr als das Doppelte (*Abb. 26, Tab. 23*). Aufgrund dieser Sonderstellung wird der Hochkönigggletscher von den statistischen Analysen über mögliche kausale Zusammenhänge zwischen den Flächenverlusten und Lageparametern der Gletscher der Nördlichen Kalkalpen (Kap. 7.1-7.7) ausgenommen, er soll aber zumindest in eine zusammenfassende Betrachtung der Flächenvariationen der Gletscher der Nördlichen Kalkalpen einbezogen werden.

Die Entwicklung des Hochkönigggletschers seit dessen Hochstand gegen Mitte des 19. Jahrhunderts ist nach JUNGSBERGER (1993) durch ein kontinuierliches Rückschmelzen gekennzeichnet. Gletschergünstige Phasen (1890, 1920, 1965-1980) bewirkten nur zum Teil eine kurzfristige Flächenvergrößerung. So gibt es für einen Vorstoß um 1920 keine Belege, im Zeitraum 1965-1980, in dem die Mehrheit der Ostalpengletscher vorstieß oder zumindest stationär blieb, verlor der Hochkönigggletscher weiter deutlich an Masse und Fläche. Aus seiner Ausdehnung im

Jahre 1986 (F_{1986}=174ha, GOLDBERGER 1986) errechnet sich ein relativer Flächenverlust von ΔF_r=-71,0%.

Die durch große Massenverluste ausgelöste Flächenreduktion, der Hochköniggletscher verlor allein im Zeitraum 1872-1969 stellenweise 55m Eismächtigkeit (JUNGSBERGER 1993), führte, ähnlich wie beim Blaueisgletscher bzw. Südlichen Schneeferner, zu einer Trennung der ehemals zusammenhängenden Eismasse in einen Ostgletscher, in den eigentlichen Plateaugletscher und in den westlich gelegenen Sailergletscher.

JUNGSBERGER (1993) gibt in seiner Arbeit keinen Wert für eine Ausdehnung des Gletschers in den 1990er Jahren an, es erscheint aber sicher, daß die Fläche des Hochköniggletschers nach den überwiegend sehr warmen Sommern der zurückliegenden Dekade nochmals deutlich abgenommen hat.

Nach JUNGSBERGER (1993) sind die Ursachen dieses zum Teil von der Entwicklung anderer Gletscher der Ostalpen bzw. Nördlichen Kalkalpen abweichenden Verhaltens im Validierungszeitraum in den spezifischen glazialgeomorphologischen und klimatologisch-glaziologischen Rahmenbedingungen zu sehen:

– Der Hochköniggletscher entspricht aufgrund seiner Lagebedingungen dem Typus eines Plateaugletschers. Er weist daher nur geringe Eismächtigkeiten (Ostgletscher max. 26m, Plateaugletscher max. ca. 50m) bzw. -bewegungen (Sailergletscher 2,2m/a, Plateaugletscher 3,7m/a) auf (GOLDBERGER 1986).
– Wegen der ausgedehnten, flach geneigten Oberfläche und den geringen Felsüberragungen ist der Hochköniggletscher in extremen Maße von einem direkten Niederschlagseintrag abhängig. Lawinen- oder windverfrachteter Driftschnee tragen aufgrund der morphographischen Umgebungsbedingungen nur in untergeordnetem Maße zur Ernährung des Hochköniggletschers bei.
– Aufgrund seiner geringen Höhenerstreckung kommt es bei Temperaturänderungen zu bedeutenden Verlagerungen der Gleichgewichtslinie, so daß sich die Flächen des Nähr- bzw. Zehrgebietes in Abhängigkeit des Verlaufes der Temperaturänderung (±) anteilig sehr stark vergrößern können.

5.3 Allgäuer Alpen

Der einzige, rezent noch existierende Gletscherflecken der Allgäuer Alpen ist der in einer flachen Mulde südlich der Mädelegabel bzw. östlich der Hochfrottspitze gelegene Schwarzmilzferner. Nach SCHUG und KUHN (1993) erreichte dieser Gletscher zum Zeitpunkt seines neuzeitlichen Maximalstandes um 1850 eine Größe von 27,0ha (*Abb. 27, Tab. 24*).

Aufgrund der Rekonstruktion der Flächenveränderungen des Schwarzmilzferners im Untersuchungszeitraum durch vor allem historische Quellen lassen sich einzelne kleinere Vorstöße während der gletschergünstigen Phasen belegen. So kam es zumindest gegen 1920 zu einem kleineren Vorstoß, der eine deutlich ausgebildete Moräne hinterließ.

Nachdem die Fläche des Gletschers im Jahre 1969 (Luftbildauswertung der österreichischen Gesamtbefliegung) nurmehr 4,5ha betrug, galt der Gletscher bereits als nahezu abgeschmolzen. Die klimagünstigen 1970er Jahre führten jedoch nochmals zu einem deutlichen Vorstoß und zu einer Verdoppelung der Fläche des Schwarzmilzferners im Vergleich zu 1959 auf 9,0ha. Die Größe des Gletschers nach der anhaltend warmen und gletscherungünstigen Phase der 1980er und 1990er Jahre betrug 1991 noch ca. 7,0ha.

Tab. 24: Absolute Flächenänderungen des Schwarzmilzferners in den Allgäuer Alpen 1850-1991 (nach SCHUG und KUHN 1993), Werte gerundet

Jahr	Schwarzmilzferner Fläche [ha]
1855	27
1870	24
1887	16
1903	13
1920	14
1965	7
1969	5
1985	9
1991	7

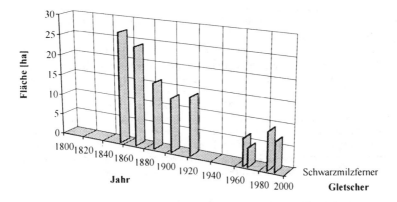

Abb. 27: Absolute Flächenänderungen des Schwarzmilzferners in den Allgäuer Alpen 1850-1991 (nach SCHUG und KUHN 1993)

Nach SCHUG und KUHN (1993) erstreckte sich der Schwarzmilzferner im Jahre 1985 von rund 2400 bis 2550m Seehöhe und lag trotz seiner südöstlichen Exposition weit unterhalb der Gleichgewichtslinien zentralalpiner Gletscher. Die Existenz dieses Gletscherfleckens und die Variationsbreite der Flächenänderungen erklärt sich nach SCHUG und KUHN (1993) - analog zu maßgeblichen Faktoren am Höllentalferner, Watzmanngletscher oder Grinner Ferner - durch die außergewöhnlichen Akkumulationsverhältnisse:

- Eine Verflachung des Schwarzmilzferners im Lee seiner Umrahmung (150m Höhenunterschied auf 500m Horizontaldistanz) begünstigt die Ablagerung von Driftschnee.
- Die Ablagerung großer Mengen Lawinenschnees aus den Hängen der Hochfrottspitze im Westen bzw. Mädelegabel im Norden bedingt einen zusätzlichen Eintrag winterlicher Rücklagen

5.4 Karwendelgebirge

Die im Hintergrund des Hochglückkars bzw. des östlichen Eiskarls in einer Höhe von 2180 bis 2340m NN gelegenen Hochglückkarferner bzw. Eiskarlferner weisen 1993 eine Fläche von 3,0 und 4,0ha auf (KUHN 1993). Trotz ihrer geringen Größe zeigen diese kleinen Ferner nach KUHN (1993) typische Merkmale von aktiven Gletschern, so etwa:

- Spalten,
- Randklüfte,
- Scherlinien und
- rezente Moränen.

Die Zuordnung der unterhalb des rezenten Endes des Hochglückkarferners liegenden Moränenwälle zu den alpenweiten Hochständen bzw. Vorstoßphasen um 1850, 1920 oder 1970 erscheint nach KUHN (1993) ungenügend abgesichert und daher problematisch.

Eine alte Zeichnung nach BARTH (1874) zeigt das Ende des Eiskarlferners mit großer Wahrscheinlichkeit nur 50m unterhalb des heutigen tiefstgelegenen Punktes, damit hätte sich die Fläche dieses kleinen Gletschers während eines über 100jährigen Zeitraumes nicht wesentlich verändert. Dies ist nach KUHN (1993) ein Hinweis darauf, daß lawinenernährte Gletscher - wie beispielsweise Hochglückkarferner oder Eiskarlferner - weniger empfindliche Klimazeugen als Plateau- oder Talgletscher sind und im wesentlichen auf die winterlichen Niederschlags- und Windverhältnisse reagieren. Dennoch konnte KUHN (1993) auf Grundlage einer Auswertung der verfügbaren Luftbilder eine Wachstumsphase des Hochglückkarferners in den 1970er Jahren qualitativ belegen.

5.5 Zusammenfassender Vergleich

In *Abbildung 28* bzw. *29* sind die Ergebnisse vorausgegangener Arbeiten sowie eigener Untersuchungen über absolute bzw. relative Flächenveränderungen der Gletscher der Nördlichen Kalkalpen während des Validierungszeitraumes zusammengefaßt. Die Werte des Hochkönigggletschers in *Abbildung 28* wurden um den Faktor 10 reduziert.

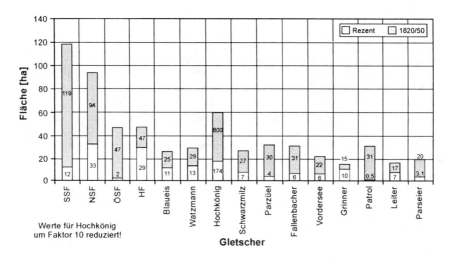

Abb. 28: Absolute Flächenänderungen der Gletscher der Nördlichen Kalkalpen 1820/50-1994 (unsichere Werte sind *kursiv* gedruckt, SSF=Südlicher Schneeferner, NSF=Nördlicher Schneeferner, ÖSF=Östlicher Schneeferner, HF=Höllentalferner)

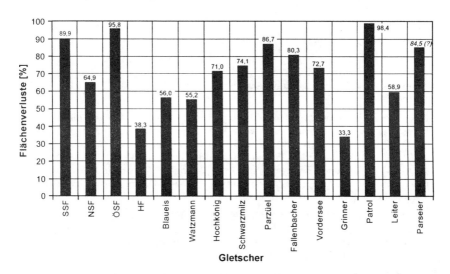

Abb. 29: Relative Flächenänderungen der Gletscher der Nördlichen Kalkalpen 1820/50-1994 (unsichere Werte sind *kursiv* gedruckt, SSF=Südlicher Schneeferner, NSF=Nördlicher Schneeferner, ÖSF=Östlicher Schneeferner, HF=Höllentalferner)

Das Größenspektrum der Gletscher der Nördlichen Kalkalpen zum Zeitpunkt des neuzeitlichen Hochstandes zeichnet ein stark heterogenes Bild (*Abb. 28*). Während die Flächen der Gletscher der Lechtaler Alpen um 1850 eine vergleichsweise geringe Größenvariabilität aufweisen, sind die Unterschiede des Ausmaßes der Vergletscherung insbesondere im Wettersteingebirge und in den Berchtesgadener Alpen extrem groß. So stand den nur 25 bzw. 29ha großen Blaueis- und Watzmanngletscher der ca. 600ha große Hochköniggletscher gegenüber.

Ähnlich war die Situation im Wettersteingebirge. Der 47ha große Höllentalferner war zum Zeitpunkt seines neuzeitlichen Maximalstandes um 1820 deutlich kleiner als der zu diesem Zeitpunkt noch zusammenhängende Plattacher Ferner mit insgesamt 260ha.

Die Entwicklung der einstmals überragenden Ausdehnung von Hochköniggletscher und Plattacher Ferner ist primär nicht unter dem Gesichtspunkt einer besonderen Klimagunst zu sehen, sie ist vielmehr Ausdruck spezieller, im Nordalpenraum nur vereinzelt anzutreffender morphographischer Verhältnisse. Denn ebenso wie der Hochköniggletscher lag der Plattacher Ferner auf einer hochgelegenen, nur wenig geneigten tertiären Altfläche (UHLIG 1954), die eine grössere Ausbreitung erst ermöglichte.

Da der Schwarzmilzferner der einzige rezent existierende Gletscherflecken der Allgäuer Alpen ist, kann aus seiner neuzeitlichen Maximalausdehnung keine repräsentative Aussage über das Ausmaß und die Größenordnung der Vergletscherung um 1850 in dieser Gebirgsgruppe abgeleitet werden. Die Größe des Schwarzmilzferners zum Zeitpunkt seines holozänen Hochstandes um 1850 ist allerdings mit der Ausdehnung der benachbarten Lechtaler Ferner vergleichbar.

Insgesamt verringerte sich die Gesamtfläche der in der Gegenwart noch existierenden und untersuchten Gletschern von 1154ha auf 317ha, dies entspricht einem absoluten bzw. relativen Gesamtflächenverlust von ΔF_a=-837ha bzw. ΔF_r=-72,5% (vgl. *Abb. 30*).

Die relativen Flächenverluste sowohl der einzelnen Gletscherflecken als auch der entsprechenden Gebirgsgruppen weichen in geringem Umfang von diesem Mittelwert ab (*Abb. 30*). Die größten Flächenverluste errechnen sich für die Lechtaler Alpen (ΔF_r=-73,5%) und das Wettersteingebirge (ΔF_r=-75,2%). Hier kommt zum Tragen, daß in beiden Gebirgsgruppen Gletscher in die Auswertungen miteinbezogen wurden, die im Untersuchungszeitraum fast zur Gänze abgeschmolzen sind (Östlicher Schneeferner, Patrolferner).

Im Gegensatz dazu fällt unter Einbeziehung kleinerer, rezent noch existierender Firnflecken (Ewiger Schnee, Schneelöcher) das Ergebnis der Berchtesgadener Alpen - bedingt durch mäßige relative Flächenverluste von Blaueis- und Watzmanngletscher - etwas günstiger aus (ΔF_r=-69,7%).

Zusammenfassend kann festgestellt werden, daß die Flächenverluste der Gletscherflecken im gesamten Bereich der Nördlichen Kalkalpen trotz einiger Ausnahmen (Höllentalferner, Grinner Ferner) erheblich sind. Da sich die relativen Flächenverlustwerte ausschließlich auf noch existierende Gletscher der Nördlichen Kalkalpen beziehen, die bereits abgeschmolzenen Gletscher also nicht berücksichtigt sind, müssen diese Werte als Mindestgrößen betrachtet werden.

5.6 Flächenveränderungen der Gletscher der Nördlichen Kalkalpen im Vergleich zu den Zentralalpen

Die Flächenveränderung einzelner Gebirgsgruppen der Nördlichen Kalkalpen, der Nördlichen Kalkalpen insgesamt sowie einiger weiterer Gebirgsgruppen bzw. Regionen des zentralen Alpenraumes sind in *Abbildung 30* zusammengefaßt.

Überaus deutlich kommen die im Vergleich zu den Nördlichen Kalkalpen geringeren relativen Gletscherflächenverluste der Kärntner Gletscher, der Gletscher der Silvrettagruppe, des Bündnerlandes, Gesamtösterreichs sowie des Vinschgaus im Validierungszeitraum zum Ausdruck.

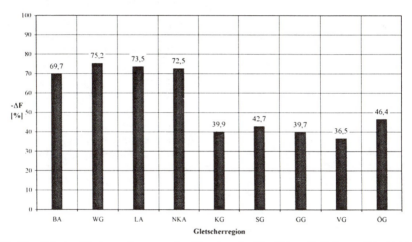

Abb. 30: Relative Flächenänderungen der Gletscher der Nördlichen Kalkalpen 1850-1994 im Vergleich zu anderen Gebirgsgruppen oder Ländern (BA=Berchtesgadener Alpen, WG=Wettersteingebirge, LA=Lechtaler Alpen, NKA=Nördliche Kalkalpen (gesamt), KG=Kärntner Gletscher, SG=Silvrettagruppe, GG=Graubündener Gletscher, VG=Vinschgauer Gletscher, ÖG= Gletscher Gesamtösterreichs).

So beträgt der relative Rückgang der Flächen der untersuchten Kärntner Gletscher (n=86) im Zeitraum 1850-1969 ΔF_r=-39,9 % (*Abb. 30*). Dieser Wert entspricht einem absoluten Flächenverlust von ΔF_r=-31km² (LIEB 1993).

Nach LIEB (1993) ist der Stand von 1969 für die heutige Vergletscherung (heute=1993) noch repräsentativ. Zwar können die Veränderungen im Einzelfall bedeutend sein, am großräumigen Gesamtbild der Vergletscherung Kärntens hat sich hingegen nur wenig verändert.

Die Silvretta-Gruppe, nach dem Bernina-Gebiet an Gletscherzahl und mittlerer Gletschergröße eine der am stärksten vergletscherten Gebirgsgruppen der östlichen Schweizer Alpen (MAISCH 1991), verlor seit Mitte des 19. Jahrhunderts ΔF_r=-42,7% der ehemaligen Gletscherfläche (Abb. 30). Der Anteil des eisbedeckten Areals hat sich dadurch von 9,2% auf 5,3% verringert (MAISCH 1991). Der absolute Flächenverlust der untersuchten Gletscher (n=94) beträgt 30,5km² (F_{1850}=71,4km², F_{1973}=40,9km²).

Sowohl die Anzahl der untersuchten Gletscher wie auch deren absolute bzw. relative Flächenverlustwerte sind mit den Werten der Kärntner Gletscher vergleichbar.

Die auf die Gletschereinzugsgebiete der Silvretta-Gruppe bezogene Schwankungsbreite der relativen Flächenverluste reicht von ΔF_r=-36,0% (Vorarlberg) bis ΔF_r=-63,4% (Samnaun).

Nach MAISCH (1992) hat sich die Vergletscherung im Großraum Bündnerland im Zeitraum 1850-1973 von 465km² auf 280,6km² zurückgebildet. Dies entspricht einem absoluten (relativen) Flächenverlust von ΔF_a=-184,4km² (ΔF_r=-39,7%, Abb. 30).

Auch hier können die Veränderungen der Gletscherflächen seit dem Bezugsjahr 1973 bis in die Gegenwart als geringfügig beurteilt werden, die Gletscherdimensionen somit als gute Näherung der rezenten Verhältnisse angesehen werden (MAISCH 1992).

MAISCH (1992) weist zusätzlich darauf hin, daß die relativen Schwundanteile in Kantonen mit kleineren Gletschern deutlich erhöht sind (z.B. Tessin, ΔF_r=-64,7%).

GROSS (1987) beziffert den Flächenverlust aller im Österreichischen Gletscherkataster verzeichneten Gletscher mit ΔF_r=-46,4% (n=925). Der überwiegende Teil der österreichischen Gletscher, die zum Zeitpunkt des neuzeitlichen Hochstandes im 19. Jahrhundert eine Fläche von weniger als 1km² aufwiesen, hat bis in die Gegenwart deutlich mehr als die Hälfte der ursprünglichen Fläche verloren. Die großen österreichischen Alpengletscher (F_{1850}>10km²) büßten dagegen in der Regel weniger als 20% ihrer Fläche ein.

Da die im Rahmen der vorliegenden Arbeit untersuchten Gletscherflecken der Lechtaler Alpen im Österreichischen Gletscherkataster enthalten sind, stellen sie eine Teilmenge der Berechnungsgrundlage des relativen Flächenverlustes der österreichischen Gletscher dar. So muß der Genauigkeit halber angemerkt werden, daß der Wert der Vergleichsgrundlage "Österreich" ohne Berücksichtigung der Lechtaler Gletscher geringer ausfallen würde, die Veränderung aber so minimal wäre, daß sie keine weitergehende Berücksichtigung erfährt.

Der Flächenverlust ausgewählter Gletscher im Vinschgau beträgt nach STÖTTER (1994) ΔF_r=-36,5%. Dieser Wert ergibt sich aus einer flächengewichteten Mittelung der Teileinzugsgebiete der Untersuchungen:

- Inneres Langtauferer Tal   -26,1 %
- Oberes Suldental   -42,0 %
- Martelltal   -55,9 %

Nach STÖTTER (1994) muß das Innere Langtauferer Tal wegen der speziellen Situation des Langtauferer Ferners als Sonderfall angesehen werden. Dieser Gletscher verfügt über ein plateauartiges, gemeinsames Akkumulationsgebiet mit dem durchwegs über 3000m NN hoch gelegenen Gepatsch-Teilstrom, dessen Mächtigkeit sich seit dem neuzeitlichen Hochstand im 19. Jahrhundert nur um etwa 10m verringert hat. Als Folge beträgt die relative Flächenveränderung des Langtauferer Ferners, der zusammen mit dem Gurgler Ferner mehr als 50% der rezenten Gletscherfläche des Untersuchungsgebiet einnimmt, lediglich ΔF_r=-18%.

Insgesamt wird aus diesem Vergleich deutlich, daß zwischen der ursprünglichen Gletschergröße zum Zeitpunkt des neuzeitlichen Hochstandes im 19. Jahrhundert und den heutigen Flächenverlusten eine enge Abhängigkeit besteht.

6. SCHNEEGRENZEN

6.1 Veränderungen der Schneegrenzhöhen der Gletscher in den Nördlichen Kalkalpen seit dem 19. Jahrhundert

Die Veränderungen der Schneegrenzhöhen (SG) der Gletscher der Nördlichen Kalkalpen seit 1820/50 sind in *Abbildung 31* sowie *Tabelle 25* zusammengestellt. Sehr klar kommt dabei zum Ausdruck, daß sowohl die rezente Höhenlage der Schneegrenze als auch - in etwas abgeschwächter Form - die Schneegrenzhöhe zum Zeitpunkt des neuzeitlichen Maximalstandes einer großen Streuung unterliegt. Diese Variabilität ist nicht ausschließlich auf die Grundgesamtheit der in die Untersuchungen mitaufgenommenen Gletscher beschränkt sondern läßt sich auch innerhalb der einzelnen Gebirgsgruppen nachweisen.

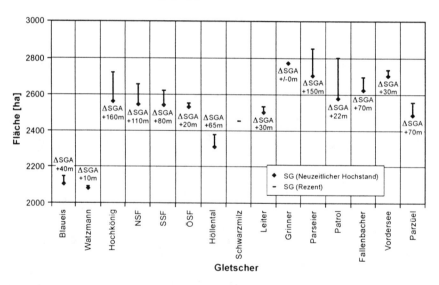

Abb. 31: Änderung der Höhenlage der Schneegrenzen der Gletscher in den Nördlichen Kalkalpen im Zeitraum 1820/50-1993/95 (SSF=Südlicher Schneeferner, NSF=Nördlicher Schneeferner, ÖSF=Östlicher Schneeferner)

Für den Schwarzmilzferner fehlen Angaben über die vertikale Erstreckung während dessen holozänen Hochstandes um 1850 (SCHUG und KUHN 1993). Deshalb konnte für diesen Gletscherfleck nur eine rezente Schneegrenzhöhe bestimmt werden (TP$_{1993}$=2400m NN, HP$_{1993}$=2550m NN, SG$_{1993}$=2475m NN).

Tab. 25: Änderung der Höhenlage der Schneegrenzen der Gletscher in den Nördlichen Kalkalpen im Zeitraum 1820/50-1993/95 (SGA=Schneegrenzanstieg)

Gletscherregion	Gletscher	SG 1820/50 [m NN]	SG rezent [m NN]	SGA [m]
Berchtesgadener Alpen	Blaueisgletscher	2105	2145	40
	Watzmanngletscher	2080	2090	10
	Hochköniggletscher	2560	2720	160
Wettersteingebirge	Nördlicher Schneeferner	2545	2655	110
	Südlicher Schneeferner	2540	2620	80
	Östlicher Schneederner	2530	2550	20
	Höllentalferner	2310	2375	65
Allgäuer Alpen	Schwarzmilzferner	2450		
Lechtaler Alpen	Leiterferner	2500	2530	30
	Grinner Ferner	2770	2770	0
	Parseierferner	2700	2850	150
	Patrolferner	2580	2800	220
	Fallenbacher Ferner	2620	2690	70
	Vorderseeferner	2700	2730	30
	Parzüelferner	2480	2550	70

Die große Variabilität der errechneten und durch die Bestimmung der Ansatzstellen von Ufermoränen ermittelten Schneegrenzhöhen ist weniger Ausdruck unterschiedlicher klimatischer Variationen während des Validierungszeitraumes, da selbst bei unmittelbar benachbarten oder nicht weit voneinander entfernt liegenden Gletschern deutlich differierende Schneegrenzhöhen bestimmt wurden (z. B. Grinner/Patrol-/Parseierferner: SG_{1994}=2750/2800/2850m NN).

Sehr viel stärker machen sich dagegen lokale Faktoren wie

– Winddrift/-exposition,
– Hypsographische Verteilung der Eisoberfläche und
– Karform

bemerkbar. Auf diese Faktoren wurde bereits bei der Erörterung möglicher Ursachen der Flächenveränderung der Lechtaler Gletscher eingegangen (vgl. Kap. 4.3 - 4.5).

Hinzu kommt, daß sich bei steil gelagerten, kleinen Kargletschern veränderte Klimabedingungen insbesondere durch ein Einsinken der Eisoberfläche und weniger durch unmittelbare Flächenverluste ausdrücken (MAISCH 1989). Dabei kommt es zwar zu einer Annäherung der Gleichgewichtslinie an die Karumrahmung, sie schneidet die neue Gletscheroberfläche dennoch auf fast gleicher Höhe. Die daraus resultierenden geringfügigen Schneegrenzanstiege (SGA) können die Ergebnisse des Blaueisgletschers, Leiter-, Grinner und Vorderseeferners gut erklären.

Die minimalen Werte des Schneegrenzanstiegs von Watzmanngletscher und Östlichem Schneeferner resultieren aus der sehr flachen Lagerung beider Gletscherflekken, die zwar im Untersuchungszeitraum große Flächenverluste erlitten, sich in ihrer vertikalen Erstreckung, die als Grundlage für die Bestimmung der Schneegrenzhöhen herangezogen wurde (JUNGSBERGER 1993; HIRTLREITER 1992), jedoch kaum veränderten.

Hier stößt die Bestimmungsmethode (modifizierte Bergschrundmethode, vgl. Kap. 3.4.2.2) an ihre Grenzen und weist zudem auf ein weiteres Problem in Zusammenhang mit der Höhenlage der Schneegrenze hin: Nach HIRTLREITER (1992) errechnen sich die Werte des Schneegrenzanstieges der Gletscher der Nördlichen Kalkalpen nicht aus der Differenz zweier vergleichbarer Hochstände sondern aus der Differenz der Schneegrenze eines Hochstandes und einem Schneegrenzwert, der sich rechnerisch aus der Erstreckung eines instationären Gletschers mit unausgeglichenem, negativem Massenhaushalt ergibt. Die errechneten Schneegrenzanstiege der Gletscher der Nördlichen Kalkalpen sind daher ausnahmslos als Mindestwerte aufzufassen. So lag die (theoretische) Gleichgewichtslinie der Gletscherflecken auf dem Zugspitzplatt in den sehr warmen Jahren 1990-1994 nahe 3000m NN (mündl. Mitt. REINWARTH 1994) und damit deutlich oberhalb der Eisflächen.

Bezieht man die Schneegrenzveränderungen der von JUNGSBERGER (1993) untersuchten rezenten kleineren Firnflecken mit ein (vgl. Kap. 5.5), so ergibt sich für die Berchtesgadener Alpen - unter Berücksichtigung der durch eigene Begehungen aktualisierten Werte - ein mittlerer Schneegrenzanstieg von ca. $\Delta SGA=70m$ (*Abb. 32*). Im Vergleich dazu beträgt der entsprechende Wert im Wettersteingebirge unter Berücksichtigung kleinerer eiserfüllter Kare (Österreichisches Schneekar, Mathaisenkar, Großer Hundstall W) $\Delta SGA=80m$. Diese Angabe ist mit dem rechnerischen Schneegrenzanstieg in den Lechtaler Alpen ($\Delta SGA=81m$, *Abb. 32*) nahezu identisch. Insgesamt beträgt der mittlere Schneegrenzanstieg im Bereich der Nördlichen Kalkalpen $\Delta SGA=77m$.

Zur Überprüfung der Plausibilität dieser Angaben eignet sich ein Ansatz nach KUHN (1990). Er bestimmt die Höhenverlagerung der Gleichgewichtslinie als Folge von Temperaturänderungen durch eine einfache, sämtliche Bilanzparameter integrierende Abschätzung zu (*F4*):

(F4)
$$\frac{\Delta h_{GWL}}{\Delta T} = 170 \frac{m}{K}$$

Für die Station Zugspitze konnte im Rahmen der vorliegenden Arbeit eine Temperaturerhöhung von $\Delta T=+0,6K$ im Zeitraum 1900-1994 bestimmt werden (vgl. *Abb. 52*). Diese Temperaturänderung liegt etwas über den Ergebnissen anderer Autoren, die eine mittlere Temperaturerhöhung zwischen $\Delta T=+0,4K$ und $\Delta T=+0,6K$ seit Mitte des 19. Jahrhunderts angeben (JONES und WIGLEY 1990; SIEGENTHALER 1990; HAEBERLI 1990). Da für den Zeitraum vor dem 20. Jahrhundert auf der Zugspitze keine Klimadaten erhoben wurden, lassen sich für diese Phase keine weiteren Aussagen ableiten. Eine Temperaturerhöhung um $\Delta T=+0,6K$ entspricht nach KUHN (1990) einem Schneegrenzanstieg von 100m.

Nach BÖHM (1992) kann die Lufttemperatur im Alpenraum als konservative Größe betrachtet werden, die für einfache Interpretationen auf größere horizontale

Distanzen übertragen werden kann. Unter der Annahme einer vergleichbaren Temperaturänderung im Bereich der Lechtaler Alpen im Validierungszeitraum und unter Berücksichtigung der Tatsache, daß sich hier die Schneegrenzhöhen der Gletscher zum Zeitpunkt der Maximalausdehnung gegen Mitte des 19. Jahrhunderts und der Jahrhundertwende kaum verändert haben dürften, besteht zwischen der Mindesthöhe des Schneegrenzanstiegs von ΔSGA=81m in den Lechtaler Alpen und dem rechnerischen Ergebnis (ΔSGA=100m) nach KUHN (1990) ein guter Zusammenhang. Diese Aussage läßt sich mit leichten Einschränkungen auch auf das Wettersteingebirge (ΔSGA=80m) übertragen, obwohl die Schneegrenzhöhen zur Jahrhundertwende bereits deutlich höher als zum Zeitpunkt des neuzeitlichen Hochstandes lagen. Insbesondere der Nördliche Schneeferner (ΔSGA=110m) läßt sich dem numerischen Ansatz gut unterordnen.

6.2 Vergleich mit Ergebnissen aus den Zentralalpen

Die Schneegrenzanstiege einzelner Gebirgsgruppen der Nördlichen Kalkalpen, der Nördlichen Kalkalpen insgesamt sowie einiger weiterer Untersuchungsgebiete der Zentralalpen sind in *Abbildung 32* dargestellt.

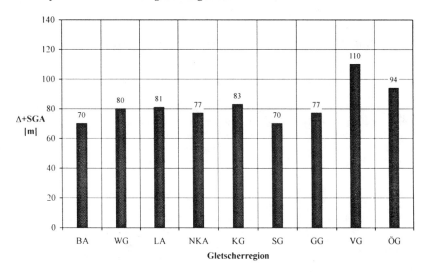

Abb. 32: Schneegrenzveränderungen der Gletscher in den Nördlichen Kalkalpen 1820/50-1993/95 im Vergleich zu den Zentralalpen (BA=Berchtesgadener Alpen, WG=Wettersteingebirge, LA=Lechtaler Alpen, NKA=Nördliche Kalkalpen (gesamt), KG=Kärntner Gletscher, SG=Silvrettagruppe, GG=Graubündener Gletscher, VG=Vinschgauer Gletscher, ÖG=Gletscher Gesamtösterreichs)

Die für die Nördlichen Kalkalpen bestimmten bzw. berechneten Schneegrenzanstiege lassen keine signifikanten Unterschiede zu den Ergebnissen aus den Zentralalpen erkennen. Lediglich der durch GROSS (1987) ermittelte Schneegrenzanstieg der österreichischen Gletscher (ΔSGA=94m) sowie der Gletscher des Vinschgaus (ΔSGA=110m, STÖTTER 1994) hebt sich von den Ergebnissen der anderen Untersuchungen deutlich ab.

Die Schwankungen der drei Teileinzugsgebiete des Vinschgaus (vgl. Kap. 5.6) sind beträchtlich, sie weisen nicht die scheinbare Homogenität der Gebirgsgruppen der Nördlichen Kalkalpen auf:

- Inneres Langtauferer Tal   SGA = 120m
- Oberes Suldental   SGA = 70m
- Martelltal   SGA = 190m

Der Betrag des Schneegrenzanstieges im Vinschgau ist eng an die Höhenlage des Teileinzugsgebietes gebunden: Je höher ein Akkumulationsgebiet liegt und je größer dessen Fläche ist, desto geringer fällt der Schneegrenzanstieg seit dem 19. Jahrhundert aus (STÖTTER 1994). Die Höhenlage der Schneegrenzen im Vinschgau liegt bis auf wenige Ausnahmen (Suldenferner, Marltferner, End der Welt-Ferner) deutlich über 2900m ü.d.M. und spiegelt damit einen peripher-zentral gerichteten Gradienten des Schneegrenzanstiegs im Alpenraum wider.

Der von LIEB (1993) angegebene Wert des Schneegrenzanstieges in den Kärntner Alpen (SGA=83m) ist mit den Ergebnissen aus den Nördlichen Kalkalpen vergleichbar. Die Abweichungen des Kärntner Wertes vom österreichischen Mittel erklärt LIEB (1993) durch eine zahlenmäßige Überrepräsentanz kleinerer Karlgletscher in einigen Teiluntersuchungsgebieten (Karnische Alpen, Goldberg-, Schober- und Reißeck-Gruppe). In diesen Gebirgsgruppen kommt es nach LIEB (1993) zu außerordentlich geringen Schneegrenzanstiegen. Eine spezielle Auswertung von insgesamt 32 Kärntner Gletschern, die nicht in kritischen topographischen Positionen (steil umrahmte Kare, Wandnischen, Wandfußsituationen) liegen, ergab einen in guter Übereinstimmung mit den Ergebnissen von GROSS (1987) stehenden Schneegrenzanstieg von 92,6m.

Nach MAISCH (1991) beträgt der Wert des Schneegrenzanstieges in der Silvrettagruppe ΔSGA=70m. Dieser Betrag liegt deutlich unter der Angabe von VORNDRAN (1969), der hier die Veränderung der Höhenlage der Schneegrenze von 1850 bis gegen Ende der gletscherfeindlichen 1940er und beginnenden 1950er Jahre (1952/59) mit ΔSGA=100 m bestimmte. Die Variationen des Schneegrenzanstieges innerhalb der Teiluntersuchungsgebiete der Silvrettagruppe lassen sich nach MAISCH (1991) gut mit einem räumlichen, klimageographisch interpretierbaren Verteilungsmuster in Verbindung bringen. Es ergibt sich im Bereich der Silvrettagruppe ein generell von Nordwesten nach Südosten verlaufender Trend mit zunehmenden Schneegrenzanstiegen, die Kulmination tritt in Richtung des relativ niederschlagsarmen Unterengadin auf (ΔSGA=100m).

Der mittlere Schneegrenzanstieg der Graubündener Gletscher beträgt ΔSGA=77m (MAISCH 1992). Dieser Wert erhöht sich bei Nichtberücksichtigung der kleineren

Gletscher auf ΔSGA=84m. Die große Variation der Einzelwerte (±0 bis +320m) kann nach MAISCH (1992) einerseits durch expositionsbedingte Unterschiede, vor allem aber durch die großräumige Lage im Alpenquerschnitt erklärt werden. Demnach steigen die Schneegrenzen etwa senkrecht zur Hauptstreichrichtung der Alpen von den niederschlagsreichen Alpenrandgebieten gegen die inneralpinen Trockenzonen an. Insgesamt resultiert nach MAISCH (1992) die Variationsbreite der Schneegrenzanstiege der Gletscher Graubündens weniger aus lokal unterschiedlich ausgeprägten Klimaänderungen, sie ist vielmehr durch eine unterschiedliche Längsprofilcharakteristik (Verflachungen, Versteilungen) und durch die hypsographischen Verhältnisse der Gletscher bedingt.

Insgesamt läßt sich feststellen, daß die Höhenverschiebung der Schneegrenzen der Gletscher in den Nördlichen Kalkalpen um einen mit den Werten aus den Zentralalpen vergleichbaren Betrag - insbesondere aufgrund der geringeren Vertikalerstreckung der Gletscherflecken - letztlich zu deutlich höheren Flächenverlusten führte (vgl. *Abb. 30*).

Ob sich, analog zu den Ergebnissen der Silvrettagruppe bzw. Graubündens (MAISCH 1991, 1992) im Bereich der Nördlichen Kalkalpen ein Trend des Schneegrenzanstieges ableiten läßt, kann wegen der ungenügenden Datenlage nicht abschließend beantworten werden. Bezieht man in die Mittelung der Schneegrenzanstiege der einzelnen Gebirgsgruppen lediglich die ehemals größeren Gletscher mit ein, so ergeben sich folgende, nach Gebirgsgruppen differenzierte Werte des rechnerischen Schneegrenzanstieges:

- Berchtesgadener Alpen   ΔSGA = 67m
- Wettersteingebirge   ΔSGA = 69m
- Lechtaler Alpen   ΔSGA = 81m (unverändert)

Es erscheint äußerst fraglich, ob sich auf Grundlage der Ergebnisse sehr weniger rezenter Gletscherflecken im Bereich der Nördlichen Kalkalpen eine von E nach W ansteigende Trendfläche des Schneegrenzanstieges belegen läßt. Die Klärung dieser Frage bedarf einer weiterführenden Untersuchung, die vor allem flächendeckende klimatische Verhältnisse und Veränderungen im Validierungszeitraum einbezieht.

7. FLÄCHENVERÄNDERUNGEN UND MORPHOGRAPHIE

Nachdem in den vorhergehenden Kapiteln im wesentlichen die Rekonstruktion der Flächen- und Schneegrenzveränderungen ausgewählter Gletscherflecken der Lechtaler Alpen im Vergleich mit bisher untersuchten Gletschern der Nördlichen Kalkalpen im Vordergrund stand, wird im folgenden Abschnitt die Frage erörtert, ob es möglich ist, dieser tendenziell einheitlichen Entwicklung konkrete lagespezifische Ursachen zuzuordnen. Prinzipiell stellt sich hierbei das Problem, Gesetzmäßigkeiten der Lageparameter und Ähnlichkeiten im Verhalten der untersuchten Gletscher der Nördlichen Kalkalpen zu identifizieren, die auf ein einheitliches Konstruktions- bzw. Existenzprinzip schließen lassen. Um hierfür eine klärende Aussage zu ermöglichen, ist zunächst die Formulierung nachfolgender Fragestellungen notwendig:

- Gibt es einen - für die Zentralalpen nachgewiesenen - Zusammenhang zwischen der maximalen neuzeitlichen Flächenausdehnung der Gletscherflecken um 1820/50 und dem bis in die Gegenwart anhaltenden **absoluten** Flächenschwund auch im Bereich der Nördlichen Kalkalpen?
- Gibt es einen Zusammenhang zwischen der maximalen neuzeitlichen Flächenausdehnung der Gletscherflecken um 1820/50 und dem bis in die Gegenwart andauernden **relativen** Flächenschwund?
- Gibt es einen Zusammenhang zwischen der Exposition der Gletscherflecken des Untersuchungsgebietes und deren relativen Flächenverlusten seit der neuzeitlichen Hochstandsphase um 1820/50?
- Gibt es einen Zusammenhang zwischen der Höhenerstreckung der Gletscherflecken der Nördlichen Kalkalpen um 1820/50 und deren relativen Flächenverlusten?
- Gibt es einen Zusammenhang zwischen der mittleren Höhenlage =(HP-TP)/2 der untersuchten Gletscherflecken während ihrer maximalen neuzeitlichen Ausdehnung und deren Exposition?
- Gibt es einen Zusammenhang zwischen der mittleren Höhenlage =(HP-TP)/2 der untersuchten Gletscherflecken während ihrer maximalen neuzeitlichen Ausdehnung und deren Lage innerhalb der Nördlichen Kalkalpen?

Und schließlich:

- Zeigen die Ergebnisse Übereinstimmungen bzw. Differenzen zu analogen Untersuchungen aus dem zentralalpinen Raum bzw. aus anderen Gebirgsgruppen?

Die den Fragestellungen zugrundeliegenden Analysen beziehen sich auf die nachfolgend in *Tabelle 26* nach Gebirgsgruppen der Nördlichen Kalkalpen differenzierten Gletscherflecken.

Bei der Interpretation der nachstehend diskutierten Ergebnisse sind folgende Punkte von Bedeutung:

Tab. 26: Gletscherflecken der Nördlichen Kalkalpen, differenziert nach Gebirgsgruppen

Berchtesgadener Alpen	Wettersteingebirge	Allgäuer Alpen	Lechtaler Alpen
Watzmanngletscher Blaueisgletscher	Nördlicher Schneeferner Südlicher Schneeferner Östlicher Schneeferner Höllentalferner	Schwarzmilzferner	Parzüelferner Vorderseeferner Fallenbacher Ferner Grinner Ferner Patrolferner Leiterferner

- Die Anzahl der in die Analysen einbezogenen Gletscher ist - gemessen an den angewendeten Methoden - verhältnismäßig gering, so daß die Aussagekraft der Ergebnisse teilweise eingeschränkt ist.
- Für einige der nachfolgenden Analysen stellt der Flächenschwund eine Eingangsgröße dar. Die Flächenveränderungen von Gletschern können aber - ähnlich wie Längenänderungen - nicht ausnahmslos und direkt mit klimatischen Variationen verknüpft werden (MÜLLER 1988, vgl. Kap. 8.1.2).
- Der Hochkönigggletscher (Übergossene Alm) wurde nicht mit in die Untersuchungen einbezogen. Seine Flächenausdehnung während der neuzeitlichen Hochstandsphase um 1850 erfüllt das Kriterium eines statistischen Ausreißers im Sinne von BAHRENBERG und GIESE (1990). Derartige Variablenwerte sind gegenüber anderen in eine statistische Analyse einfließenden Stichprobenelementen durch extrem abweichende Werte gekennzeichnet und können auf Korrelations- bzw. Regressionsanalysen eine stark verzerrende Wirkung ausüben.

7.1 Maximale neuzeitliche Flächenausdehnung und absoluter Flächenschwund

Die Bedeutung der Gletscherfläche für den absoluten Flächenschwund seit der letzten holozänen Hochstandsphase der Alpen um 1820/50 gilt in der Glaziologie als gesichert und kann nach MAISCH (1992) als eine glaziologische Grundregel aufgefaßt werden. In mehreren Arbeiten ist der direkte Zusammenhang zwischen stärkeren Flächenverlusten bei zunehmender Gletscherfläche nachgewiesen (PASCHINGER 1959; VORNDRAN 1969; SUTER 1981; GROSS 1983; MAISCH 1987a, 1992).

Insofern überrascht es nicht, daß auch die Gletscherflecken der Nördlichen Kalkalpen ein entsprechendes Verhalten zeigen (*Abb. 33*).

Als Ergebnis dieses Ansatzes läßt sich festhalten, daß die absoluten Schwundbeträge mit zunehmender Ausgangsfläche der Gletscher signifikant (Signif F=99%) und sehr hoch korreliert (r=+0,95) ansteigen, das heißt, mit zunehmender Ausgangsgröße der Gletscher nehmen auch deren absolute Flächenverluste zu.

Während etwa der Zusammenhang zwischen dem Gletscherareal und dem absoluten Flächenschwund in der Arbeit von MAISCH (1992) durch ein reziprok zur Gletscherfläche verlaufendes Regressionsmodell beschrieben werden kann, welches über 80% der Streuung durch die ursprüngliche Gletschergröße erklärt (*Abb. 34*), ergibt sich für die Nördlichen Kalkalpen die beste Annäherung an die Verteilung der Werte durch eine einfache, lineare Regression. Im Unterschied etwa zur Arbeit von MAISCH (1992) fehlen - mit Ausnahme des nicht in die Untersuchungen miteinbezogenen Hochkönniggletschers - im Bereich der Nördlichen Kalkalpen größere Gletscher mit einer Ausgangsfläche von >2km^2 Flächenausdehnung, dies kann den unterschiedlichen Modellansatz erklären. Eine angenäherte Kongruenz zwischen den beiden Arbeiten besteht jedoch in der Verteilung der Größenklassen. Beide Untersuchungen weisen demnach ein kleinflächiges Grundspektrum mit einem dünn verteilten Zusatz an einstmals größeren Gletschern auf.

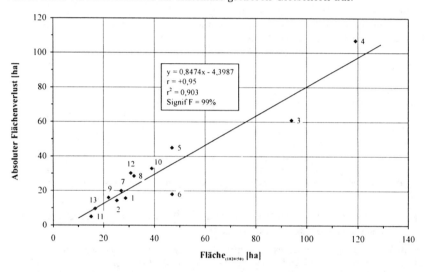

Abb. 33: Zusammenhang zwischen der maximalen neuzeitlichen Flächenausdehnung der Gletscherflecken in den Nördlichen Kalkalpen und deren absoluten Flächenschwund (Indizierung siehe *Tab. 27*)

Tab. 27: Zugewiesene Indizes der in die Analysen der Kapitel 7.1-7.7 einbezogenen Gletscher der Nördlichen Kalkalpen

Gletscher	Index	Gletscher	Index
Watzmanngletscher	1	Parzüelferner	8
Blaueisgletscher	2	Vorderseeferner	9
Nördlicher Schneeferner	3	Fallenbacher Ferner	10
Südlicher Schneeferner	4	Grinner Ferner	11
Östlicher Schneeferner	5	Patrolferner	12
Höllentalferner	6	Leiterferner	13
Schwarzmilzferner	7		

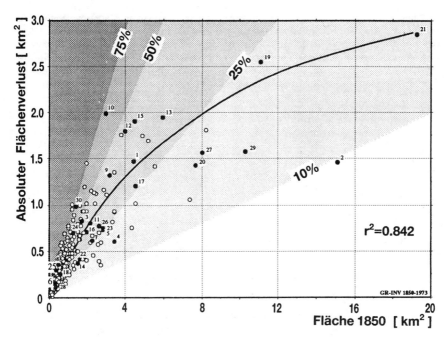

Abb. 34: Zusammenhang zwischen Gletschergröße (Fläche 1850) und dem absoluten Flächenschwund der Graubündener Gletscher im Zeitraum 1850-1973 (MAISCH 1992, S. 104)

Eine weitergehende Differenzierung nach Gebirgsgruppen bzw. Gletscherregionen, wie sie von MAISCH (1992) durchgeführt wurde, erscheint für die vorliegende Arbeit wegen der geringen Anzahl an Gletschern im Bereich der Nördlichen Kalkalpen nicht sinnvoll. Die Bestimmung einer Ausgleichsfunktion für nur vier Gebirgsgruppen ergäbe kaum ein sinnvoll zu interpretierendes Ergebnis.

7.2 Maximale neuzeitliche Flächenausdehnung und relativer Flächenschwund

Ein wesentlich anderes Bild zeichnen hingegen die Ergebnisse der Untersuchung über den Zusammenhang zwischen neuzeitlicher, maximaler Flächenausdehnung und relativem Flächenschwund (Abb. 35).

Auf der Basis dieser Analyse entsteht zunächst der Eindruck, daß die Werte für die relativen Flächenverluste mit zunehmender Ausgangsgröße der Gletscherfläche etwas zunehmen. Es ist jedoch anzumerken, daß das berechnete Modell lediglich etwas mehr als 14% der Streuung der Variablenpaare erklären kann, die ermittelte Ausgleichsfunktion ist zudem statistisch nicht signifikant. Folglich ist es nicht möglich, Rückschlüsse auf das Trendverhalten der relativen Flächenveränderung zu ziehen. Die Vermutung liegt jedoch nahe, daß die rezent existierenden Gletscher der Nördlichen Kalkalpen während ihrer neuzeitlichen Hochstandsphasen zwar stark unterschiedliche Flächenbeträge aufwiesen, die Gletscher jedoch insgesamt viel zu klein waren, um Erwärmungstrends durch dynamische Umlagerungen ihrer Eismassen vom Nähr- in das Zehrgebiet zumindest temporär auszugleichen.

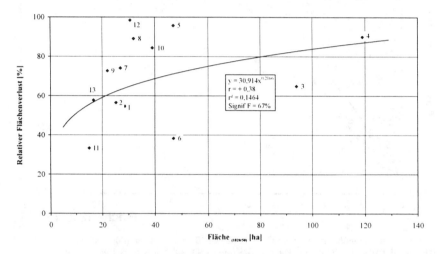

Abb. 35: Zusammenhang zwischen der maximalen neuzeitlichen Flächenausdehnung der Gletscher der Nördlichen Kalkalpen und dem relativen Flächenschwund

Auch der größte, nicht in diese Untersuchungen aufgenommene Gletscher der Nördlichen Kalkalpen (Hochkönigggletscher) mit einer neuzeitlichen Maximalausdehnung von ca. 6km² weicht mit einem relativen Flächenverlust von 71% deutlich von den Ergebnissen aus den Zentralalpen ab. Ursache hierfür ist seine auch für den Alpenraum seltene Typologie eines dem Relief übergeordneten Plateaugletschers, der aufgrund seiner nur geringen vertikalen Erstreckung sowie einem geringen mittleren Gefälle auf Temperaturänderungen mit sehr großen Flächenveränderungen reagierte.

Eine Aufteilung der Stichprobe in zwei voneinander unabhängige Gruppen, wie sie in *Abbildung 36* dargestellt und berechnet wurde, erbringt zunächst bessere statistische Zusammenhänge, wiederum lassen sich die Ergebnisse aber glaziologisch nicht interpretieren. Zwar weisen die im Gebiet der Wettersteingruppe befindlichen, sehr nahe beieinander befindlichen Nördlicher (3) und Südlicher (4) Schneeferner bzw. Höllentalferner (6) einen guten Zusammenhang zwischen der neuzeitlichen Maximalausdehnung und dem relativen Flächenschwund auf (r=+0,99), der ebenfalls in dieser Gebirgsgruppe gelegene Östliche Schneeferner (5) zeigt hiervon jedoch ein deutlich abweichendes Verhalten, eine eindeutige, gebirgsgruppeninterne Differenzierung ist demgemäß nicht zu erkennen.

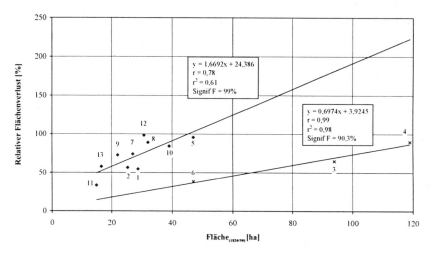

Abb. 36: Zusammenhang zwischen der maximalen neuzeitlichen Flächenausdehnung der Gletscher der Nördlichen Kalkalpen (gesplittet) und dem relativen Flächenschwund

Insgesamt ist also keine Übereinstimmung mit Ergebnissen aus anderen Arbeiten vorhanden. Untersuchungen, die ein breiteres Flächenspektrum sowie eine höhere Zahl von ausgewählten Gletschern zur Grundlage hatten, weisen deutlich auf einen direkten exponentiellen Zusammenhang zwischen zunehmender Gletscherfläche und abnehmenden relativen Flächenverlustwerten hin. Während dieser Zusammenhang in einer Bearbeitung der Kärntner Gletscher (n=86) durch LIEB (1993) etwas schwächer ausgeprägt ist (*Abb. 37*), der Korrelationskoeffzient bzw. das Bestimmtheitsmaß erreichen hier die Werte r=-0,578 bzw. r^2=33,4%, konnte MAISCH (1992) durch eine Klassifizierung (im Sinne einer Regionalisierung) seiner untersuchten Graubündener Gletscher (n=598) über 63% der relativen Flächenverluste durch die ursprüngliche Gletscherfläche während der neuzeitlichen Hochstandsphase um 1850 erklären (*Abb. 38*).

Eine derartige Regionalisierung läßt sich jedoch für den Untersuchungsbereich der vorliegenden Arbeit aus bereits dargelegten Gründen für die Nördlichen Kalkalpen nicht durchführen.

Zur Arbeit von LIEB (1993) ist abschließend zu diesem Vergleich kritisch zu bemerken, daß die in seine Untersuchungen einbezogene Pasterze aufgrund der Flächenausdehnung um 1850 analog zum Hochkönigletscher vermutlich als statistischer Ausreißer zu betrachten ist, welcher die ermittelten numerischen Kenngrößen stark modifiziert haben dürfte.

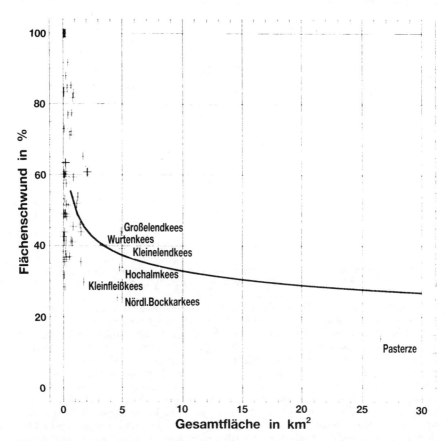

Abb. 37: Regressionsdiagramm zwischen dem prozentualen Flächenschwund 1850-1969 und der Gletschergröße der Gletscher in Kärnten (LIEB 1993, S. 236)

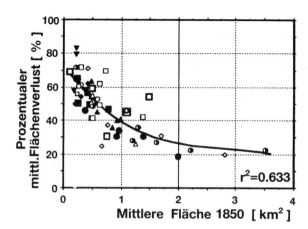

Abb. 38: Zusammenhang zwischen der mittleren regionalen Gletschergröße und dem relativen Flächenschwund der Gletscher Graubündens im Zeitraum 1850-1973 (MAISCH 1992, S. 105)

7.3 Strahlungsexposition und relativer Flächenschwund

Die Frage nach einem Zusammenhang zwischen der Exposition eines Gletschers und dessen Eismassen- oder Flächenvariationen ergibt sich aus der Kenntnis des Einflusses der Orientierung auf die kurzwellige solare Strahlungsbilanz, die das Ablationsverhalten eines Gletschers unmittelbar beeinflußt (KUHN 1990). Direkte Untersuchungen hierüber liegen von PASCHINGER (1959); ESCHER-VETTER (1978, 1980a,b); GROSS (1987); LIEB (1993); MAISCH (1992) und ARCK (1994) vor.

Die in diesen Arbeiten ermittelten Resultate zeichnen ein stark heterogenes Bild. Die Erwartung, daß gerade die im Südsektor gelegenen Gletscher am stärksten und die nordexponierten am wenigsten an Fläche verloren haben, spiegelt sich in den Ergebnissen nur bedingt wider. So ermittelte GROSS (1987) für die Schwundperiode 1850-1969 der österreichischen Alpengletscher für die einzelnen Expositionsklassen folgende relative Flächenverluste (Tab. 28):

Tab. 28: Relative Flächenverluste der österreichischen Alpengletscher 1850-1969 nach Expositionsbereichen (nach GROSS 1987)

Exposition	Bereich	Flächenverlust (relativ)
Nord-Sektor	NNW - ENE	39,0%
Ost-Sektor	ENE - ESE	40,4%
Süd-Sektor	ESE - WSW	46,4%
West-Sektor	WSW - NNW	42,2%

Sehr deutlich kommt hier der Gegensatz zwischen Nord- und Südexposition zum Ausdruck. Die im Nordsektor gelegenen österreichischen Alpengletscher verloren im gleichen Zeitraum 7,4% weniger an Fläche als die südexponierten.

LIEB (1993) unterscheidet in seiner Bearbeitung der Kärntner Gletscher nur drei Expositionsklassen und kommt dabei zu den in *Tabelle 29* aufgeführten Werten. Während in dieser Untersuchung die höchsten Flächenverluste ebenfalls für südexponierte Gletscher bestimmt wurden, fällt hier insbesondere die deutliche Differenz zwischen den höheren Verlustraten der abgeschatteten Nordlagen und den geringeren Flächenverlusten der stärker strahlungsexponierten West- und Ostpositionen auf.

Tab. 29: Relative Flächenverluste der Kärntner Gletscher 1850 - 1969 nach Expositionsbereichen (nach LIEB 1993)

Exposition	Bereich	Flächenverlust (relativ)
Nord-Sektor	NW - N - NE	50,5%
West-Ost-Sektor	W - E	45,6%
Süd-Sektor	SE - S - SW	63,5%

Tab. 30: Zusammenstellung der durchschnittlichen prozentualen Flächenverlustwerte in den verschiedenen Größenklassen und Expositionen (nach MAISCH 1992, S. 109) - Minimal- und Maximalwerte sind in jeder Klasse hervorgehoben

Prozentuale Flächenverlustwerte und Einfluss der Exposition									
Grössenklasse	n	N	NE	E	SE	S	SW	W	NW
1: < $0.1km^2$	49	13	13	1	1	3	2	2	14
		61.9%	80.2%	77.0%	**88.6%**	60.6%	75.7%	70.0%	72.4%
2: 0.1- < $0.2km^2$	116	34	33	8	5	3	5	7	21
		61.0%	64.9%	**69.3%**	60.1%	63.3%	68.0%	68.6%	**59.0%**
3: 0.2- < $0.5km^2$	214	44	57	16	15	13	5	12	52
		60.2%	60.1%	52.0%	*51.0%*	66.0%	63.3%	**66.8%**	61.8%
4: 0.5- < $1.0km^2$	113	28	27	6	10	6	5	6	25
		46.4%	50.1%	37.4%	**60.4%**	47.3%	50.0%	36.4%	46.6%
5: 1.0- < $2.0km^2$	60	12	15	4	7	6	4	5	7
		47.9%	47.8%	**61.0%**	42.2%	42.6%	*35.2%*	40.1%	43.3%
6: 2.0- < $4.0km^2$	29	10	6	4	1	1		1	6
		34.8%	34.5%	27.7%	**67.3%**	26.6%		*27.1%*	28.6%
7+8: 4.0- >$10.0km^2$	17	8	1	2	1	1	2	1	1
		26.5%	**33.5%**	20.7%	32.7%	*14.5%*	16,6%	26.5%	18,8%
TOTAL	n = 598	149	152	41	40	33	23	34	126
	∅ =	53.4%	**58.7%**	*50.9%*	53.8%	54.9%	53.9%	55.7%	56.7%

Die Resultate von MAISCH (1992) verdeutlichen die Schwierigkeiten, einen eindeutigen Zusammenhang zwischen Exposition und Flächenverlust nachzuweisen (*Tab. 30*). In seiner Untersuchung ist es gerade die nordöstliche Exposition, die die höchsten Gletscherflächenschwundbeträge aufweist. Darüberhinaus ist nach MAISCH (1992) davon auszugehen, daß die Differenzen der relativen Flächenverluste der einzelnen Expositionsklassen zu gering sind, um nach statistischen Kriterien eindeutige Unterschiede zu erkennen und signifikante Trennungen vornehmen zu können.

Insgesamt verdichten sich aufgrund dieser Resultate die Hinweise, daß die Exposition auf das Verhalten eines Gletschers zwar Einfluß nehmen kann, die Exposition selbst aber nur einer von vielen Faktoren ist, die in unterschiedlichem Maß auf die Haushaltsgrößen eines Gletschers modifizierend wirken kann, die aber auch durch andere Faktoren neutralisiert werden kann.

Betrachtet man die Verhältnisse in den Nördlichen Kalkalpen (Abb. 39), so wird offenkundig, daß die rezent existierenden Gletscherflecken dieser Alpenregion im wesentlichen eine strahlungsabgewandte Exposition einnehmen. Gletscher in strahlungsexponierten Lagen sind demnach bis in die Gegenwart vollständig abgeschmolzen. Insofern läßt sich also für die durchweg sehr kleinen und auf klimatische Veränderungen sehr rasch reagierenden Gletscherflecken der Nördlichen Kalkalpen durchaus ein **qualitativer** Zusammenhang zwischen der Exposition und deren Existenz bis in die Gegenwart ableiten.

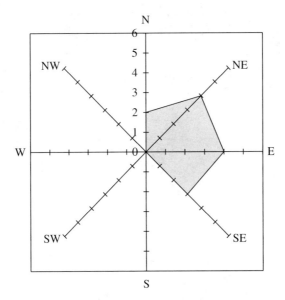

Abb. 39: Mittlere Exposition der in die Untersuchung einbezogenen rezenten Gletscher der Nördlichen Kalkalpen

Differenziert man in einem weiteren Schritt die Beträge des relativen Flächenschwundes nach den beiden Expositionsklassen N und E, so fällt auf, daß im

Bereich der Nördlichen Kalkalpen gerade die strahlungsgeschützten Nord- und Nordost-Expositionen die höchsten relativen Gletscherflächenverluste aufweisen (Tab. 31).

Tab. 31: Relative Flächenverluste der Gletscher der Nördlichen Kalkalpen 1820/50-1992/94 nach Expositionsbereichen

Exposition	Bereich	Gletscher	Flächenverlust [%]	Mittlerer Flächenverlust [% gerundet]
Nord	N	Blaueisgletscher	57	**78**
		Patrolferner	98	
	NE	Watzmanngletscher	55	
		Südlicher Schneeferner	90	**76**
		Fallenbacher Ferner	84	
		Vorderseeferner	73	
Ost	E	Nördlicher Schneeferner	65	
		Höllentalferner	38	**63**
		Parzüelferner	89	
		Leiterferner	58	
	SE	Östlicher Schneeferner	96	
		Schwarzmilzferner	74	**68**
		Grinner Ferner	33	

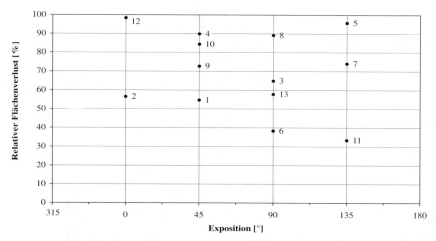

Abb. 40: Relative Flächenverluste der Gletscherflecken in den Nördlichen Kalkalpen in einzelnen Expositionsklassen

Eine weitergehende quantitative Verifizierung dieses Ergebnisses ist aber - bedingt durch die sehr große Streuung der Flächenverlustwerte und der durchwegs sehr geringen Zahl der Gletscherflecken innerhalb der einzelnen Expositionsklassen - letztendlich nicht möglich. Deutlich wird dies besonders durch die Darstellung der Werteverteilung in *Abbildung 40*. Die Schwankungsbreite der Flächenverluste ist in allen vier Expositionsklassen sehr hoch, ein aussagekräftiger Trend läßt sich nicht ableiten.

7.4 Höhenerstreckung und relativer Flächenschwund

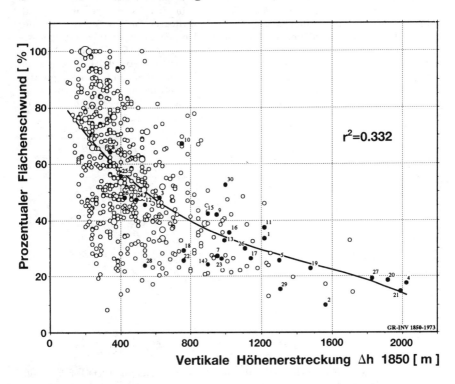

Abb. 41: Zusammenhang zwischen der vertikalen Höhenerstreckung und dem relativen Flächenschwund der Graubündener Gletscher im Zeitraum 1850-1973 (MAISCH 1992, S. 106)

Die Höhenerstreckung von Gletschern (=die metrische, vertikale Differenz zwischen dem höchsten (HP) und tiefsten Punkt (TP) eines Gletschers zu einem gegebenen Zeitpunkt, vgl. Kap. 7) kann als ein geometrisches Kriterium aufgefaßt werden, welches in der Lage ist, die Reaktion eines Gletschers auf Klimavariationen zu beeinflussen. Klimaschwankungen oder -änderungen führen stets zu einer Verlagerung der Gleichgewichtslinie. Primär sind davon jene Gletscher betroffen, deren Akkumulationsgebiet sich über ein nur geringes Höhenintervall erstreckt und die als Folge einer Erwärmung eine überproportional starke Reduktion ihrer Nährgebietsfläche zu verzeichnen haben (MAISCH 1992).

Am Beispiel der Gletscher Graubündens konnte MAISCH (1992) diese theoretische Vorüberlegung mit Einschränkungen bestätigen, allein 33% der Residualstreuung ließen sich durch den Parameter Δh_{1850} erklären (*Abb. 41*).

Ein gänzlich anderes Bild ergibt sich bei den Ergebnissen des Zusammenhanges 'Höhenerstreckung - Relativer Flächenschwund' im Bereich der Nördlichen Kalkalpen. Die Berechnung einer einfachen, linearen Regression zur Bestimmung des Trendverhaltens scheitert hier an der mangelnden Aussagekraft ($r^2=0,0025$) sowie an der ungenügenden Signifikanz (Signif F=23%) des Modelles. Die beste Annäherung an die Werteverteilung beschreibt eine polynomische Ausgleichsgerade zweiten Grades (*Abb. 42*), die jedoch lediglich ein Bestimmtheitsmaß von knapp 15% aufweist und deren Verlauf - niedrigste Abschmelzbeträge bei den Gletschern mit den geringsten bzw. höchsten Vertikalerstreckungen - glaziologisch nicht zu erklären ist.

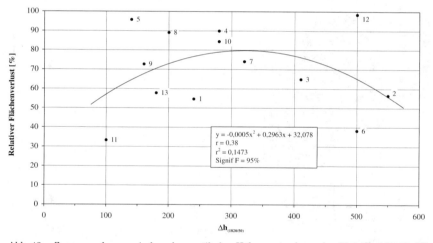

Abb. 42: Zusammenhang zwischen der vertikalen Höhenerstreckung der Gletscher der Nördlichen Kalkalpen während der neuzeitlichen Hochstandsphase um 1820/50 und deren rezenten relativen Flächenverlusten

Auch hier deutet sich wie in den Analysen zuvor der singuläre Charakter der Gletscherflecken der Nördlichen Kalkalpen an. Es kann für die geringe Zahl der hier verbliebenen Ferner und auf der Basis der vorhandenen Datenlage weder ein qualitativer noch ein quantitativer Zusammenhang zwischen der vertikalen Erstreckung um 1820/50 und den relativen Flächenverlusten hergestellt werden.

7.5 Mittlere, rezente Höhenlage und Exposition

Die Frage nach einem Zusammenhang zwischen der mittleren, rezenten Höhenlage eines Gletschers - in dieser Analyse als mittlere Höhe zwischen dem tiefsten und dem höchsten Punkt bestimmt - und dessen Exposition zielt auf einen weiteren Erklärungsansatz der Existenzbedingungen der Gletscherflecken in den Nördlichen Kalkalpen ab. Mit anderen Worten: Steigt die mittlere Höhenlage mit ungünstiger werdender Strahlungsexposition an?

Eine schlüssige Antwort auf diese Fragestellung kann auch für diesen Ansatz angesichts der Voraussetzungen - nur jeweils sehr wenige Gletscher pro Expositionklasse - kaum gegeben werden. In *Abbildung 43* ist der Zusammenhang zwischen der Höhenlage und der Exposition ohne Berücksichtigung der Lage der Gletscherflecken innerhalb der einzelnen Gebirgsgruppen der Nördlichen Kalkalpen wiedergegeben. Bereits hier wird sichtbar, daß die Streuung der Höhenwerte in den einzelnen Expositionsklassen groß ist. So befinden sich beispielsweise die beiden nordexponierten Gletscher (Blaueis bzw. Patrolferner) in extrem unterschiedlichen Höhenniveaus (2105m NN bzw. 2575m NN).

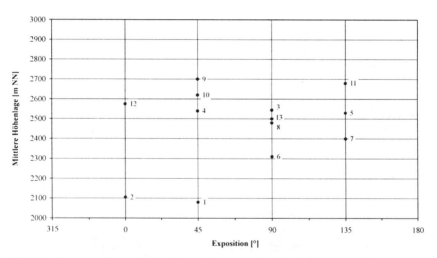

Abb. 43: Zusammenhang zwischen der mittleren, rezenten Höhenlage der Gletscherflecken der Nördlichen Kalkalpen und deren Exposition

Ein noch stärker heterogen geprägtes Bild ergibt sich innerhalb der Expositionsklasse NE (45°). Hier liegt die Höhendifferenz bei $\Delta h=620m$ (Watzmanngletscher 2080m NN, Vorderseeferner 2700m NN). *Tabelle 32* zeigt in einer zusammenfassenden Übersicht die mittleren Höhenlagen der Expositionsklassen N bis SE.

Tab. 32: Tabellarische Übersicht der Exposition und der mittleren, rezenten Höhenlage der Gletscher der Nördlichen Kalkalpen

Exposition	Bereich	Gletscher	Mittlere Höhenlage [m NN]	Mittlere Höhenlage Exposition [m NN]
Nord	N	Blaueisgletscher	2105	**2340**
		Patrolferner	2575	
	NE	Watzmanngletscher	2080	
		Südlicher Schneeferner	2540	**2485**
		Fallenbacher Ferner	2620	
		Vorderseeferner	2700	
Ost	E	Nördlicher Schneeferner	2545	
		Höllentalferner	2310	**2460**
		Parzüelferner	2480	
		Leiterferner	2500	
	SE	Östlicher Schneeferner	2530	
		Schwarzmilzferner	2400	**2540**
		Grinner Ferner	2680	

Analog zu Kapitel 7.3 muß auch hier bemerkt werden, daß die in der Tabelle enthaltenen Ergebnisse lediglich qualitativ interpretiert werden können. Schlüssig erscheint das Maximum der mittleren Höhenlage im SE-Sektor, welcher den größten theoretischen Strahlungsgenuß der untersuchten Expositionsklassen erfährt. Ein sekundäres Maximum liegt trotz des sich sehr tief erstreckenden Watzmanngletschers im NE-Sektor, ein Ergebnis, das sich durch die vorhandene Datenlage nicht weiter interpretieren läßt. Stimmig erscheint dagegen wiederum das Minimum der mittleren, rezenten Höhenlage im Bereich der Nordexposition.

Zusammenfassend muß auch für diesen Untersuchungsansatz festgestellt werden, daß der Einfluß der Exposition die mittlere Höhenlage der Gletscher der Nördlichen Kalkalpen nicht in der zu erwartenden Deutlichkeit steuert, desweiteren die Streuung der Werte der Höhenlage innerhalb der einzelnen Expositionsklassen wiederum zu groß ist, als daß eine gesicherte Interpretation möglich wäre.

7.6 Mittlere, rezente Höhenlage und Position innerhalb der Nördlichen Kalkalpen

Ein deutliches Resultat ergibt sich, wenn man die mittlere Höhenlage der Gletscherflecken innerhalb der einzelnen Gebirgsgruppen der Nördlichen Kalkalpen betrachtet (*Abb. 44*). Hier fällt zum einen der tendenzielle Anstieg der Höhenniveaus von E nach W auf, zum anderen erscheint die Differenz zwischen der mittleren Höhenlage der Gletscher der Lechtaler Alpen und dem nördlich vorgelagerten Schwarzmilzferner in den Allgäuer Alpen bemerkenswert, weil sich hier möglicherweise ein peripher-zentraler Anstieg der mittleren Höhenlage andeutet.

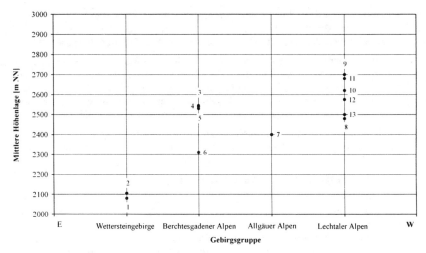

Abb. 44: Zusammenhang zwischen der mittleren, rezenten Höhenlage der Gletscherflecken der Nördlichen Kalkalpen und deren Lage innerhalb der einzelnen Gebirgsgruppen

Die Streuung der Höhenwerte innerhalb der einzelnen Gebirgsgruppen bleibt relativ gering, eine Ausnahme bildet lediglich der Höllentalferner im Wettersteingebirge, der allerdings dem Typus eines Lawinenkesselgletschers entspricht und nach MILLER (1968) erhebliche Mengen seiner Akkumulationsfracht aus den umgebenden Karrückwänden erhält (Adventivnährgebiet).

Die Vermutung liegt nahe, daß die Höhenlage der Gletscherflecken innerhalb der einzelnen Gebirgsgruppen primär von der Niederschlagsmenge gesteuert wird. BAUMGARTNER et al. (1983) geben für die Hochlagen der untersuchten Gebirgsgruppen der Nördlichen Kalkalpen folgende Niederschlagssummen an (*Tab. 33*):

Tab. 33: Abgerundete Werte der Niederschlagshöhe [mm/a] in den Gebirgsgruppen der Nördlichen Kalkalpen (nach BAUMGARTNER et al. 1983)

Gebirgsgruppe	Niederschlagssumm [mm/a]
Berchtesgadener Alpen	2200 - 2600
Bayerische - Nordtiroler Alpen (Wettersteingebirge)	2000 - 2400
Allgäuer Alpen	2400 - 2600
Lechtaler Alpen	1800 - 2200

Die Regionen der höchsten Niederschlagssummen in den Nördlichen Kalkalpen liegen im Bereich der Allgäuer und Berchtesgadener Alpen, also dort, wo die mittleren Höhenlagen der Gletscherflecken ein Minimum erreichen. In den Hochlagen der Lechtaler Alpen werden dagegen nur mehr ca. 2000mm/a erreicht, die Werte im Bereich des Wettersteingebirges liegen bei etwa 2000-2400mm/a.

Diese Angaben korrespondieren ganz offensichtlich mit dem generellen zonalen Anstieg der mittleren Höhenlage der Gletscher von E nach W, der mit einer tendenziellen Abnahme der Niederschlagssummen einhergeht, sie erklären aber auch das nochmalige Absinken der Höhenlage vom Wettersteingebirge zu den Allgäuer Alpen und die Differenz zwischen Allgäuer und Lechtaler Alpen.

Eine genauere Quantifizierung dieses Sachverhaltes konnte aufgrund der Datenlage nicht vollzogen werden und bleibt einer weiterführenden Arbeit vorenthalten.

7.7 Zusammenfassende Bewertung

Die Ergebnisse der in den Kapiteln 7.1-7.6 aufgeworfenen Fragestellungen können insgesamt nur wenig zu einer generalisierenden Erklärung der Flächenverluste und der eigentlichen Existenz der Gletscherflecken der Nördlichen Kalkalpen beitragen. Zu gering ist die Anzahl der verbliebenen Gletscher, zu groß ist oftmals die Streuung der Variablen, als daß gesicherte Aussagen möglich würden.

Zusammenfassend lassen sich folgende Feststellungen treffen:

- Ein Zusammenhang zwischen der neuzeitlichen Maximalausdehnung der Gletscherflecken der Nördlichen Kalkalpen und deren absolute Flächenverluste bis in die Gegenwart konnte signifikant und hoch korreliert nachgewiesen werden.
- Ein Zusammenhang zwischen der neuzeitlichen Maximalausdehnung und den relativen Flächenverlustwerten besteht hingegen nicht. Ursache hierfür dürfte das Fehlen größerer Gletscher (>2km^2) innerhalb der Nördlichen Kalkalpen sowie generell die geringe Anzahl der verbliebenen Gletscherflecken sein.
- Ein **quantitativer** Zusammenhang zwischen der Exposition und dem relativem Flächenschwund konnte für die Gletscherflecken der Nördlichen Kalkalpen nicht belegt werden. Die höchsten Abschmelzraten treten in den strahlungsgeschützten Nord- und Nordost-Lagen auf. Es bleibt lediglich festzustellen, daß die Exposition insofern eine **qualitative** Auswirkung auf die Existenz der Gletscher hatte, als ehemals vorhandene Gletscher in strahlungsexponierten Lagen völlig abgeschmolzen sind.
- Ein Zusammenhang zwischen der mittleren Höhenerstreckung um 1820/50 und den relativen Flächenverlusten konnte für die Gletscherflecken der Nördlichen Kalkalpen nicht nachgewiesen werden. Die Streuung der Werte ist zu groß, die Aussagekraft bzw. Signifikanz des Modells dementsprechend zu gering.
- Ein Zusammenhang zwischen mittlerer, rezenter Höhenlage und Exposition konnte ebenfalls nicht erbracht werden.
- Ein Zusammenhang zwischen der mittleren, rezenten Höhenlage und der regionalen Zugehörigkeit der Gletscherflecken zu einer Gebirgsgruppe der Nördlichen Kalkalpen ist offensichtlich. Das Ergebnis läßt sich zumindest qualitativ gut mit den glazialmorphographischen Befunden verknüpfen.

Insgesamt ist der Schluß zu ziehen, daß das Verhalten der Gletscherflecken der Nördlichen Kalkalpen seit der Hochstandsphase um 1820/50 bzw. die Voraussetzungen für eine bis in die Gegenwart reichende Existenz anhand der Datenlage nicht befriedigend geklärt werden kann.

Nach MAISCH (1992) liegt die Vermutung nahe, daß neben den in die Fragestellungen aufgenommenen Variablen noch weitere, vor allem lokale Faktoren wirksam werden.

Als glaziologisch abgesichert gelten dabei:

- Lokales Mesoklima (v.a. Temperatur und Niederschlag)
- Eisdickenverhältnisse
- Relief des Gletscherbettes
- Mittleres Gefälle
- Luv/Lee - Effekte
- Lokale Modifikationen der solaren Strahlungseinnahme durch die spezifische Felseinrahmung

Somit müssen die verbliebenen Gletscher der Nördlichen Kalkalpen als ausgesprochene Raumsingularitäten betrachtet werden, deren individuelle Existenzbedingungen komplex sind und im Rahmen dieser Arbeit nicht hinreichend genau geklärt werden können.

Insbesondere konnte hier nicht auf das lokale Mesoklima - dem wesentlichen glazialen Regelfaktor - eingegangen werden. In den folgenden Kapiteln 8.1-8.3.7 werden deshalb die Wertigkeit des klimatischen Komplexes und seiner Variationen auf den Massenhaushalt eines Gletscherfleckens der Nördlichen Kalkalpen genauer untersucht.

8. GLETSCHERVERÄNDERUNGEN UND KLIMA

8.1 Grundlagen

Die mathematisch-physikalische Betrachtung und Modellierung des Zusammenhangs zwischen dem Klima und der daraus resultierenden Reaktion eines Gletschers ist bereits seit vielen Jahren ein zentraler Forschungsschwerpunkt der Glaziologie. Grundlegende Arbeiten darüber stammen insbesondere von AHLMANN (1935, 1948); HOINKES (1962, 1964, 1966, 1968); MEIER (1965); HOINKES und STEINACKER (1975a); KUHN (1981) und PATERSON (1981).

Nach MÜLLER (1988) lassen sich grundsätzlich drei Verfahrensweisen einer quantitativen Beschreibung und Bestimmung des Komplexes ´Klima - Gletscher´ unterscheiden (*Abb. 45*):

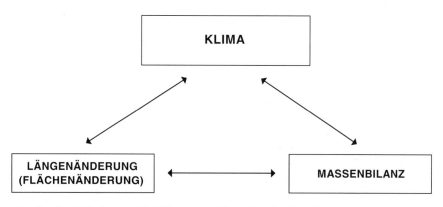

Abb. 45: Möglichkeiten zur Modellierung der Klima-Gletscher-Beziehung

Auf die Anwendbarkeit, die Aussagefähigkeit sowie die Grenzen dieser denkbaren Möglichkeiten wird im den Kapiteln 8.1.1-8.1.3 differenzierter eingegangen.

8.1.1 Klima - Massenbilanz

Bei diesem Verfahren wird mit Hilfe experimenteller und/oder statistischer Methoden ein Zusammenhang zwischen gemessenen Klimaelementen und Bilanzwerten eines Gletschers hergestellt. Dabei werden bei einfacheren Modellen die beiden zentralen Massenbilanzkomponenten *Akkumulation* und *Ablation* in aller Regel durch den *Niederschlag* bzw. die *Lufttemperatur* repräsentiert. Während die Temperatur als wesentliche und steuernde Größe der Eisablation meßtechnisch verhältnismäßig einfach und exakt erfaßt werden kann (BUDD und ALLISON 1975), bestehen wegen der großen Variabilität der Niederschläge und der bekanntermaßen vor allem im Hochgebirge sehr schwierigen und mit Ungenauigkeiten behafteten Ermittlung dieses für die Akkumulation wichtigen Klimaparameters große Unsicherheiten (TURNER 1970; MÜLLER 1980).

Mögliche Ansätze zur Bestimmung der mittleren spezifischen Nettomassenbilanz (MSB) eines Gletschers als die über die gesamte Gletscherfläche integrierte algebraische Summation von positiver Akkumulation und negativer Ablation während eines Haushaltsjahres reichen von einfacheren parametrisierenden Verfahren (HOINKES und STEINACKER 1975a) bis hin zu komplexeren Modellen, die atmosphärenphysikalische Auswertungen und Energiebilanzmodelle einbeziehen (LANG et al. 1977; KUHN et al. 1979; ESCHER-VETTER 1980a,b; ARCK 1994; vgl. Kap. 8.2.4).

Sowohl für die Eichung als auch für die Validierung und Verifizierung dieser Modelle sind möglichst langjährige Gegenmessungen von glaziologischen Masenbilanzparametern unabdingbare Voraussetzung. Diese Messungen können grundsätzlich nach der glaziologischen, der geodätischen oder hydrologisch-meteorologischen Methode erhoben werden. Die Methodik ist in der Literatur ausführlich beschrieben (WILHELM 1975; PATERSON 1981).

8.1.2 Massenbilanz - Längenänderung

Primäre Voraussetzung dieses Verfahrens ist eine Konstanz variabler Größen wie etwa Massenumsatz, Geometrie und Fließgeschwindigkeit eines Gletschers. Modelle für die Bestimmung der Relation ´Massenbilanz - Längenänderung´ verwenden in aller Regel eismechanische Ansätze zur Bestimmung eines neu zu erwartenden Gleichgewichtszustandes, um den Ausgangszustand eines Gletschers, der durch eine Schwankung relevanter klimatischer Parameter gestört wird, auf einem veränderten Niveau neu zu fixieren. Erste Ansätze hierfür stammen unter anderem von FINSTERWALDER (1907), der sein empirisches Fließgesetz aus hydraulischen Vorarbeiten entwickelte, sowie von NYE (1963 a,b,c). Die Qualität solcher eismechanischer Modelle hängt in starkem Maße von der Verfügbarkeit der benötigten Meßdaten (Geometrie, Topographie, Massenumsatz, Fließgeschwindigkeit etc.) ab (JÓHANNESSON et al. 1989).

Wesentliche Nachteile dieses Verfahrens sind:

- Der grundsätzliche Mangel relevanter Daten (z.B. Eisdicke)
- die stark eingeschränkte Übertragbarkeit eines Modells auf andere Gletscher
- das Auftreten systematischer Fehler (so kann z. B. die Gleitkomponente des Eises nur durch grobe Schätzungen angenähert werden)
- die Inhomogenitäten des Eises (sie beeinflussen die Deformationsrate und werden bislang in den vorhandenen Modellen vernachlässigt)
- die Festlegung eines Gleichgewichtszustandes als Ausgangsbasis für die Berechnung (ein glaziologischer Gleichgewichtszustand ist in der Natur kaum existent, klimatische Variationen eilen der Reaktion eines Gletschers im allgemeinen voraus)

Somit sind zwar nach MÜLLER (1988) eismechanische Modelle insgesamt für ein allgemeines Verständnis der Gletschermechanik wertvoll, sie sind jedoch (noch) nicht in der Lage, konkrete Prognosen über das Verhalten der Gletscherzunge zu liefern.

8.1.3 Klima - Längenänderung

Dieses Verfahren betrachtet den Gletscher als ´black box´, eismechanische Aspekte werden vernachlässigt. Mit Hilfe statistischer Verfahren wird versucht, die Längenänderung eines Gletschers als Ergebnis sich verändernder klimatischer Einflußgrößen zu beschreiben.

Ein qualitativer Zusammenhang zwischen dem Klima und der Längenänderung eines Gletschers wurde schon früh erkannt (RICHTER 1881). Die Herleitung eines quantitativen Funktionsmechanismus zur Beschreibung dieses Beziehungsgefüges ist bis dato jedoch weitgehend ungelöst. Vor allem deshalb, weil ein Gletscher nach KUHN (1981) maßgebliche Klimafaktoren wie Lufttemperatur und Niederschlag über die Zeit zu integrieren vermag. Zudem erfährt die Akkumulation durch topographische und eismechanische Gegebenheiten eine Verzögerung bzw. Filterung, wodurch Signale durch die Überlagerung von aufeinanderfolgenden klimatischen Signalen unscharf und modifiziert werden.

Dennoch stellen die Daten über Längenänderungen verschiedener Gletscher die längsten und kontinuierlichsten Meßreihen dar, weil die Messungen dieser Variationen mit verhältnismäßig geringem Aufwand vorgenommen werden können. Weil aber verschiedene Klimaelemente in unterschiedlichem Maße die Längenänderungen eines Gletschers beeinflussen, die jeweiligen Anteile aber bisher kaum zu separieren sind, gibt es bis heute keine für die Praxis anwendbaren quantifizierenden Modelle.

Ansätze, die eine qualitative Verknüpfung von Klima und Längenänderungen anstreben, gibt es dagegen von PATZELT (1976, 1985a); KASSER (1970, 1978) und GAMPER und SUTER (1978).

Es wird insgesamt deutlich, daß ausschließlich für den Beziehungskomplex ´Klima - Massenbilanz´ signifikante statistische Beziehungen bestehen, die über entsprechende Modelle bestimmt werden können.

8.2 Differenzierte Betrachtung des Zusammenhanges ´Klima - Gletscher´

Die nachfolgend dargestellte, nach PATZELT und AELLEN (1990) modifizierte *Abbildung 46* stellt in schematischer Form das Beziehungsgeflecht zwischen Klima und Gletscherverhalten dar. Grundsätzlich kann festgestellt werden, daß das Klima in Verbindung mit den physikalischen Eigenschaften des Gletschereises das Ausmaß des Verhaltens von Gletschern bestimmt. Gletscher können also als Landschaftselemente betrachtet werden, die in variabler Form auf die klimatische

Umwelt reagieren. Diese Reaktion kann einerseits im Rahmen der jahreszeitlichen Witterungsgestaltung unmittelbar und unverzüglich, andererseits im Rahmen jährlicher bis säkulärer Schwankungen mehr oder weniger verzögert erfolgen. Im folgenden sollen die in *Abbildung 46* enthaltenen Teilglieder einer genaueren Betrachtung hinsichtlich ihrer Bedeutung und Wirkungsweise bzw. -richtung unterzogen werden.

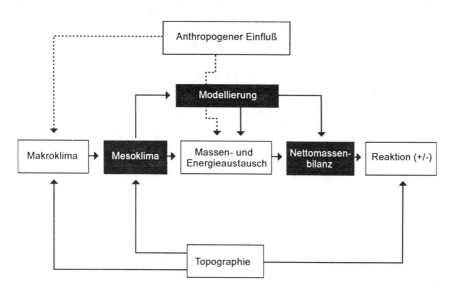

Abb. 46: Beziehungsschema des Zusammenhangs 'Klima - Gletscher' (modifiziert nach PATZELT und AELLEN (1990)

8.2.1 Makro-/Mesoklima

Das auf und um die Gletscheroberfläche wirkende Mesoklima wird direkt vom Makroklima beeinflußt. Der Einfluß des Menschen auf das Klima - seit geraumer Zeit Untersuchungsgegenstand der Meteorologie und der Atmosphärenchemie - ist in seiner Wirksamkeit nur schwer abzuschätzen. Dabei bereitet die Differenzierung in natürlich ablaufende Klimaschwankungen und durch den Menschen verursachte Modifikationen die größten Schwierigkeiten (SIEGENTHALER 1990).

Das Mesoklima eines Gletschers erfährt insbesondere durch die Strahlungsexposition (Abschattung) und das Relief (Luv-Lee-Effekte, Störung des Windfeldes) erhebliche Modifikationen. Im wesentlichen bestimmen aber das Temperatur- und Niederschlagsregime den Massenhaushalt des Gletschers.

8.2.2 Massen - und Energieaustausch

In Abhängigkeit des Temperatur- bzw. Niederschlagsganges kommt es innerhalb eines definierten Zeitraumes (z.b. eines Haushaltsjahres) zu einem Austausch von Masse und Energie an der Gletscheroberfläche, der sich direkt in den Werten der mittleren spezifischen Nettomassenbilanz niederschlägt.

Analog zum Massenhaushalt stellt nach KUHN (1990) ebenso die Energiebilanz eines Gletschers Energieeinnahmen und -ausgaben gegenüber. Diese werden in der Regel als Energieflußdichten [W/m²d] ausgedrückt.

Die Energiebilanz einer Gletscheroberfläche kann physikalisch wie folgt beschrieben werden (F5):

(F5) $$Q_R + Q_H + Q_L + Q_M = 0$$

Dabei gilt (F6-F9):

(F6) $$Q_R = (S + H) * (1 - \alpha) - E - G$$

(F7) $$Q_H = \alpha * \Delta T$$

(F8) $$Q_L = \alpha * \Delta \rho_v$$

(F9) $$Q_M = L_m * m$$

Q_R Strahlungsbilanz
$(S+H)$ kurzwellige Globalstrahlung
α Albedo
E langwellige Ausstrahlung
G langwellige Gegenstrahlung

Q_H Turbulenter Fluß fühlbarer Wärme
ΔT Temperaturunterschied zwischen Luft und (Eis)oberfläche

Q_L Turbulenter Fluß latenter Wärme
$\Delta \rho_v$ Dichtegradient des Wasserdampfes
Q_M Schmelzwärmefluß
L_m latente Schmelzwärme
m Schmelzrate

Der turbulente Fluß latenter Wärme Q_L ist eine Funktion des Dampfdichteunterschiedes zwischen Luft und (Eis)oberfläche.

Der Schmelzwärmefluß Q_M definiert die Energieumsätze beim Schmelzen und Wiedergefrieren von Eis bzw. Wasser.

8.2.3 Massenhaushalt

Unter der Massenbilanz (Massenhaushalt) eines Gletschers ist nach HOINKES (1968) die Änderung der Eismassen in Raum und Zeit zu verstehen. Die Erfassung der Massenbilanz stellt nach PATERSON (1981) die wichtigste Voraussetzung dar, den Vorstoß oder Rückzug eines Gletschers mit Veränderungen seiner klimatischen Umgebungssituation zu verknüpfen.

Der Massenhaushalt setzt sich grundsätzlich aus Einnahmen (Akkumulation C) und Ausgaben (Ablation A) zusammen. Algebraisch läßt sich diese Beziehung wie folgt ausdrücken (*F10*):

(F10) $$B = C + A$$

B Massenbilanz zu einem gegebenen Zeitpunkt
C Akkumulation
A Ablation

In der Regel wird jedoch die spezifische Nettobilanz, d.h., die Änderung der Massenbilanz B innerhalb einer Zeitspanne t1 nach t2 betrachtet (*F11*):

(F11) $$B_t = \int_{t1}^{t2} \dot{B} dt = \int_{t1}^{t2} (\dot{C} + \dot{A})$$

B_t Spezifische Nettobilanz
$\dot{C}$ Akkumulationsrate
$\dot{A}$ Ablationsrate

Als Zeitintervall kann der Zeitraum zwischen zwei aufeinanderfolgenden Minima im Massenhaushalt betrachtet werden. Diese spezifische Nettobilanz Bn kann in eine Winterbilanz Bw bzw. Sommerbilanz Bs differenziert werden. Es gilt (*F12* und *F13*):

(F12) $$B_n = B_w + B_s$$

B_n Nettobilanz
B_w Winterbilanz
B_s Sommerbilanz

(F13) $$B_n = C_w + A_w + C_s + A_s$$

B_n Nettobilanz
C_w Akkumulation (Akkumulationsperiode)
A_w Ablation (Akkumulationsperiode)
C_s Akkumulation (Ablationsperiode)
A_s Ablation (Ablationsperiode)

B_n ist im Akkumulationsgebiet S_c stets positiv, im Ablationsgebiet S_a eines Gletschers immer negativ. Da sich die Erfassung dieses sogenannten *natürlichen Haus-*

haltsjahres in der Praxis als sehr aufwendig erweist (HOINKES 1970), wird sie aus pragmatischen Gründen üblicherweise durch eine jährliche Bilanz ersetzt. Diese entspricht in ihrem zeitlichen Rahmen im Bereich der Mittelbreiten dem Zeitraum 1. Oktober-30. September. Darüberhinaus kann das Haushaltsjahr eines Gletschers in eine Ablationsperiode (1.Okt.-30.April) bzw. Akkumulationsperiode (1. Mai-30. Sept.) unterteilt werden.

Zur Bestimmung des Bilanzvolumens B_V des gesamten Gletschers muß die spezifische Nettobilanz B_n zudem über die Gletscherfläche $S=S_c+S_a$ integriert werden (*F14*):

(F14)
$$B_v = \int_{Sc} B_n \, dS_c + \int_{Sa} B_n \, dS_a$$

Als glaziologisch aussagekräftiger Wert gilt die mittlere spezifische Nettomassenbilanz (MSB) (*F15*):

(F15)
$$B_s = \frac{B_v}{S}$$

B_s mittlere spezifische Nettomassenbilanz (MSB)
B_v Bilanzvolumen
S Gletscherfläche

8.2.4 Reaktion

Ist die MSB unausgeglichen - in der Regel der Normalzustand, stationäre Zustandssituationen kommen natürlicherweise kaum vor - so ist der Gletscher bestrebt, einen Gleichgewichtszustand durch eine Änderung seiner Fließdynamik zu erreichen (PATZELT 1990). Dabei muß unterschieden werden zwischen der:

– *Reaktionszeit*
Die Reaktionszeit eines Gletschers umfaßt die Zeitspanne ab dem Eintreten eines unausgeglichenen Massenhaushaltes bis zum Beginn einer sichtbaren Reaktion des Gletschers. Diese Reaktion kann in Form eines Vorrückens oder Zurückziehens der Gletscherzunge erfolgen, sie kann sich aber auch durch eine Aufhöhung bzw. ein Einsinken der Gletscheroberfläche bemerkbar machen.
– *Anpassungszeit*
Die Anpassungszeit umfaßt die gesamte Dauer von der ersten sichtbaren Reaktion eines Gletschers auf Klimaschwankungen oder -änderungen bis zum Eintreten eines ausgeglichenen Zustandes. Sie wird maßgeblich beeinflußt durch die Morphographie des Gletschers (Größe, Flächenverteilung auf einzelne Höhenstufen, Neigung) sowie durch lokale Gegebenheiten der Umgebung eines Gletschers (Höhenlage, Relief etc.).

Die Reaktionszeit der Alpengletscher schwankt zwischen 0 und 40 Jahren, die Anpassungszeit zwischen mehreren und etwa 80 Jahren (MÜLLER 1988; JÓHAN-

NESSON 1986; HAEBERLI 1991). Diese relativ langen Zeiträume bedingen eine ständige, komplexe Überlagerung von aktuellen klimatischen Einflüssen und der Reaktion bzw. Anpassung auf einen in der Vergangenheit liegenden Klimaeinfluß. Dies erklärt letztlich auch unterschiedliche Reaktionen unmittelbar benachbarter Gletscher auf vergleichbare klimatische Variationen (KUHN 1990).

Aus der direkten Beziehung zwischen dem auf einen Gletscher wirkenden Mesoklima und der daraus resultierenden mittleren spezifischen Nettomassenbilanz ergeben sich Möglichkeiten, diese Relation numerisch zu modellieren (*Abb. 46*). Dabei ist es grundsätzlich möglich, die MSB eines Gletschers zum einen durch eine einfache, möglichst gut angepaßte Parametrisierung der Klimaelemente zu erreichen, andererseits kann über komplexere Berechnung unter Berücksichtigung der Energiebilanz der Gletscheroberfläche der Massen- und Energieaustausch angenähert werden. Darüberhinaus ist es möglich, eine Verbindung zwischen dem Makroklima und der Reaktion eines Gletschers über die analytische Betrachtung von Großwetterlagen herzustellen (HOINKES 1968). Konkret wurden nach KRAUL (1992) in den vergangenen Jahrzehnten folgende Parameter für die Bestimmung von Gletscherschwankungen verwendet:

- Dauer der Ablationsperiode in Tagen (HOINKES und RUDOLPH 1962)
- Höhe der 500hPa - Fläche von Mai bis September (HOINKES 1965)
- Zirkulationsindex von Mai bis September (HOINKES 1965)
- Häufigkeit von Hochdruck- bzw. Monsunlagen von Mai bis September (HOINKES 1965)
- Flächenverhältnisse von Akkumulations- zu Ablationsgebiet bzw. zur gesamten Gletscherfläche (KASSER 1973; MOSER et al. 1986)
- Mittlere Sommertemperatur, Sommerniederschlag und Sonnenscheindauer (HOINKES 1970)
- Mittlere Sommertemperatur, Winter- und Sommerniederschlag (GREUELL 1989)
- Monatsmittelwerte von Temperatur und Niederschlag in verschiedenen Kombinationen (GÜNTHER und WIDLEWSKI 1986)
- Dauer der Ablationsperiode unter Einbeziehung der Tagesmitteltemperatur, der relativen Topographie (500-1000hPa), des Abflusses sowie des TS-Wertes (Positive Gradtagsummen, vgl. Kap. 8.3.3, DREISEITL 1973)
- Positive Gradtagsummen mit und ohne Berücksichtigung sommerlicher Niederschläge und winterlicher Rücklagen (HOINKES und STEINACKER 1975a; vgl. Kap. 8.3.3)

Ein weiterer Ansatz, der über eine direkte Verknüpfung klimatischer Parameter mit dem Massenhaushalt eines Gletschers hinausgeht, wurde von NICOLUSSI (1995) erarbeitet. Er konnte eine hinreichend ausssagekräftige, regressive Beziehung zwischen den Baumringbreiten von *Pinus cembra* und Massenhaushaltskennziffern des Hintereisferners herstellen. Damit wird es möglich, den Massenhaushalt des Gletschers für Zeiträume, in denen keine direkten glaziologischen Untersuchungen vorliegen, zu rekonstruieren.

8.3 Modellierung der Eismassenvariationen des Nördlichen Schneeferners im Wettersteingebirge

Im Kapitel 8.1.1 wurde dargestellt, daß lediglich die mittlere spezifische Nettomassenbilanz (MSB) eines Gletschers in direkter quantitativer Beziehung zur klimatischen Umwelt steht. Die Ermittlung der Haushaltswerte durch die Feldmethodik ist jedoch mit einem hohen Arbeitsaufwand verbunden. Daher erscheint es nach HOINKES und STEINACKER (1975a) möglich, die Reaktionen eines Gletschers auf variable klimatische Bedingungen mit Hilfe der Methoden der Geländeklimatologie zu erfassen. Dabei ist es von entscheidender Bedeutung, diejenigen Klimaparameter zu bestimmen, die mit der Massenbilanz des Gletschers besonders gut korrelieren. Mikroklimatologische Geländekampagnen in den Alpen ergaben, daß die Strahlung ca. 50-80% der zur Ablation benötigten Energie liefert (HOINKES und WENDLER 1968). Die Strahlungsbilanz eines Gletschers ist im wesentlichen eine Funktion von kurzwelliger solarer Strahlung und Albedo. Aus diesem Grund erscheint für eine Parametrisierung der MSB neben dem Niederschlag insbesondere die Lufttemperatur als geeignet:

– *Lufttemperatur*
 Die Lufttemperatur ist gut mit der Luftfeuchte, der Bewölkung, der Gegenstrahlung und Globalstrahlung korreliert (LANG 1978). Sie kann als aussagekräftige, repräsentative Größe für die Wärmebilanz der Gletscheroberfläche angesehen werden (HOINKES 1970). Eine Reihe der in Kapitel 8.2.4 aufgelisteten Untersuchungen haben gezeigt, daß die mittleren spezifischen Nettomassenbilanzen der Gletscher insbesondere von den Lufttemperaturen der Ablationsphasen (Mai mit September) abhängen.

– *Niederschlag*
 Die Höhe und Konsistenz des Niederschlags ist einerseits ausschlaggebend für die winterlichen Rücklagen, andererseits spielt der in fester Form während der Ablationsphase gefallene Niederschlag für die Veränderung der Albedo eine entscheidende Rolle (vgl. *Photo 16*). So variiert nach HOINKES und UNTERSTEINER (1952) die Albedo der Gletscheroberfläche zwischen 95% (Neuschnee) und 10% (verschmutztes Gletschereis). Sommerliche Neuschneefälle verzögern demgemäß kurz- bis mittelfristig Schmelzvorgänge des Eises.

Eine weitere wichtige Rolle spielt die horizontale und vertikale Entfernung der Klimastation zum Gletscher (FLIRI 1967, 1974). Somit lassen sich für die Modellierung des Massenhaushaltes aus gemessenen Klimadaten drei wesentliche Forderungen formulieren:

– Die Methode der Parametrisierung muß einfach und nachvollziehbar sein
– Die verwendeten Meßdaten sollten einer möglichst nahegelegenen Meßstation entstammen
– Eine direkte, vergleichende Messung am Gletscher soll nicht notwendig sein, eine etwaige in die Vergangenheit gerichtete Extrapolation soll ausschließlich über eine Auswertung der Klimadaten erfolgen

Photo 15: Reste des Nördlichen Schneeferners im Wettersteingebirge (Aufnahme: HERA 9/94)

Photo 16: Die Wirkung der Ablationsschutzmatten, die Anfang der 1990er Jahre zur Sicherung eines Liftmastens auf dem Nördlichen Schneeferner drapiert wurden, unterstreichen die Bedeutung der Albedo für Schmelzprozesse (Aufnahme: HERA 9/94)

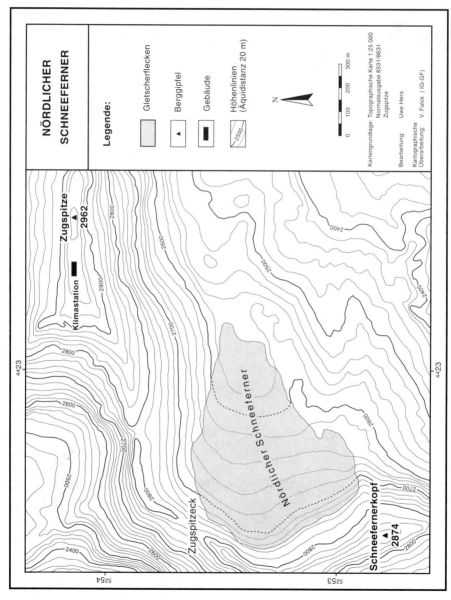

Abb. 47: Lage des Nördlichen Schneeferners (Stand 1994) und der Klimastation 'Zugspitze' des Deutschen Wetterdienstes

Letztere Forderung ist allerdings mit Einschränkungen zu betrachten, da für die Eichung und Validierung eines Modelles eine möglichst lange und genaue Massenbilanzreihe des Gletschers vorliegen sollte.

Der einzige Gletscher im Bereich der Nördlichen Kalkalpen, der diese Vorgaben erfüllt, ist der Nördliche Schneeferner im Wettersteingebirge (*Abb. 47*). So können einerseits die an der Klimastation auf der nahegelegenen Zugspitze seit 1901 gemessenen Klimadaten als repräsentativ für den Gletscherflecken gewertet werden, zum anderen wurde am Nördlichen Schneeferner im Zeitraum 1962/63 bis 1968/69 an sieben aufeinanderfolgenden Haushaltsjahren nach der glaziologischen Methode die MSB bestimmt (KASSER 1967, 1973).

Eine wesentliche Fehlerquelle, die bei allen über einen längeren Zeitraum erfaßten Datenreihen auftreten kann und im Vorfeld einer Zeitreihenanalyse eliminiert werden muß, ist das Auftreten möglicher Inkonsistenzen (Inhomogenitäten) der Werte.

Fehlerquellen, die den glaziologischen Komplex der Modellierung betreffen, sind unter anderem:

– Weiterentwicklung und damit Veränderung der Arbeitsmethoden zur Bestimmung der MSB
– Veränderung der Meßanordnung bzw. der technischen Durchführung

Da es keine Hinweise auf Inkonsistenzen im Zusammenhang mit den nur kurzfristigen glaziologischen Messungen gibt, müssen lediglich die Datenreihen 'Lufttemperatur' und 'Niederschlag' der Station 'Zugspitze' vor deren Weiterverarbeitung auf mögliche Inhomogenitäten geprüft werden.

8.3.1 Überprüfung der Datengrundlage auf Homogenität

Ein grundlegendes Problem der Analyse klimatologischer Zeitreihen stellt die Überprüfung der entsprechenden Daten auf deren Homogenität bzw. Inhomogenität (SCHÖNWIESE und MALCHER 1985) dar. Dabei sind unter dem Begriff der 'Inhomogenität' alle zeitlichen Variationen zu verstehen, die nicht atmosphärisch-meteorologischer Natur sind. Die hinter einer Homogenitätsanalyse stehende Zielsetzung ist stets die Trennung realer meteorologischer Änderungen von tatsächlichen Inhomogenitäten. Da sich jedoch auch Inhomogenitäten kontinuierlich entwickeln können (z.B. städtische Wärmeinseln), erweist sich dieses Verfahren in der Praxis oftmals als schwierig.

Im Idealfalle sind zumindest aktive Inhomogenitäten (Geräte-, Beobachter- und Standortwechsel) in den Stationsakten dokumentiert. Ist dies nicht der Fall, so lassen sich mit Hilfe statistischer Methoden diese systematischen Fehler erkennen und in einem weiteren Schritt korrigieren. Grundsätzlich können zwei Verfahren unterschieden werden:

- *Absolute Homogenitätstests*
  Wesentliches Merkmal absoluter Homogenitätstests ist eine Beschränkung auf die zu untersuchende Datenreihe. Ein Vergleich mit Klimadaten anderer Stationen findet nicht statt. Dies hat insgesamt eine eingeschränkte Aussagekraft der Testergebnisse zur Folge. Zu den gängigen absoluten Homogenitätstests zählen insbesondere die von SCHMIDT (1921); HELMERT (1924) und ABBE (in: CONRAD und SCHREIER 1927) entwickelten Verfahren.
- *Relative Homogenitätstests*
  Relative Homogenitätstests basieren auf Vergleichen mit definitiv homogenen Datenreihen bzw. Gebietsmittelwerten, die als Referenzdatenreihen betrachtet werden können. Hierzu zählen insbesondere die von WIESNER (1970); CRADDOCK (1979) und BUISHAND (1982) vorgestellten Methoden.

Um eine größtmögliche Signifikanz bzw. Aussagekraft der Testergebnisse zu erzielen, sollten bei der Überprüfung einer Meßreihe auf Homogenität nach gängiger Auffassung stets mehrere Verfahren zur Anwendung gelangen (SCHÖNWIESE und MALCHER 1985).

Die in 2960m NN Höhe im Westen des Zugspitzgipfels gelegene Klimastation des Deutschen Wetterdienstes mißt seit dem Jahr 1901 mit nur einer kurzen Unterbrechung (Mai-August 1945) in hoher Auflösung (Tages- bzw. Stundenwerte) verschiedene Klimaelemente, darunter auch die für den Massenhaushalt der Gletscher maßgeblichen Parameter 'Niederschlag' und 'Lufttemperatur'. Da diese beiden Kenngrößen in die numerischen Analysen einfließen, werden sie zuvor auf Homogenität geprüft. Um die Analyse besser absichern zu können, werden die Ergebnisse zweier voneinander unabhängiger Tests verglichen:

- *Abbe-Test (Absoluter Homogenitätstest)*:
  Dieses von ABBE (in: CONRAD und SCHREIER 1927) entwickelte Verfahren berücksichtigt sowohl die Vorzeichen der Datenänderungen als auch die Abweichungen vom Mittelwert. Für den Fall einer homogenen Datenreihe muß dabei folgende Ungleichung erfüllt sein (*F16*):

(F16)

Term 1   *Term 2*   *Term 3*

$$1 - \frac{1}{\sqrt{n-1}} \leq \frac{2 \cdot A}{B} \leq 1 + \frac{1}{\sqrt{n-1}}$$

$A =$ $x_1 + x_2'^2 + x_3'^2 + \ldots + x_n'^2 - 0.5(x_1'^2 + x_n'^2)$
$B =$ $(x_1' - x_2')^2 + (x_2' - x_3')^2 + \ldots + (x_{n-1}' - x_n')$
x' Abweichung der Daten x_i vom Mittelwert
n Anzahl der Werte

- *Doppelsummen-Verfahren (Relativer Homogenitätstest)*:
  Dieser von LINDSLEY et al. (1958) entwickelte Test basiert auf einem graphisch-rechnerischem Verfahren, mit dessen Hilfe nicht nur eine mögliche

Inhomogenität festgestellt sondern gleichzeitig auch eine angepaßte Korrektur der entsprechenden fehlerhaften Datenreihe vorgenommen werden kann. Dazu werden die kumulierten Werte möglichst vieler definitiv homogener Stationen von den entsprechend fortlaufend addierten Werten der zu untersuchenden Reihe subtrahiert, die Ergebnisse in einem Liniendiagramm gegen die Zeitskala aufgetragen. Für den Fall der Homogenität der fraglichen Datenreihe ergibt sich im Idealfall eine (angenäherte) Gerade, ändert sich die Steigung dieser Geraden an wenigstens fünf aufeinanderfolgenden Punkten um ≥ ±10%, so weist dies auf eine Inhomogenität hin. Um einen solchen Zeitabschnitt zu korrigieren, werden abschließend die inhomogenen Daten mit dem Quotienten der Geradensteigungen vor und nach dem Knickpunkt multipliziert.

Als Referenzwerte standen die Temperatur- und Niederschlagsdaten der Klimastation Hohenpeißenberg zur Verfügung, die nach ATTMANSPACHER (1981) für den Meßzeitraum der Station Zugspitze eine durchgehende Homogenität aufweisen.

8.3.1.1 Lufttemperatur - Station Zugspitze

Tabelle 34 zeigt die Ergebnisse des Abbe-Tests, *Abbildung 48* veranschaulicht das Resultat des Doppelsummen-Verfahrens für den Klimaparameter 'Lufttemperatur' der Station Zugspitze.

Tab. 34: Ergebnisse der Homogenitätsanalyse - Datenreihe 'Lufttemperatur' - Station Zugspitze (Abbe-Test)

Term 1	Term 2	Term 3
0,8868	**0,9431**	1,1132

Unter Berücksichtigung der Anforderungen des in Kapitel 8.3.3 ff verwendeten Modells zur Berechnung der mittleren spezifischen Nettomassenbilanz des Nördlichen Schneeferners wurde die Temperaturreihe mittels des Doppelsummen-Verfahrens zusätzlich nach Akkumulations- und Ablationsphasen getrennt analysiert und korrigiert.

Es wird ersichtlich, daß die Datenreihe 'Lufttemperatur' der Klimastation Zugspitze eine stabile Homogenität aufweist. Sowohl die Ungleichung nach Abbe als auch die Forderung nach einer linearen Steigung der Prüfgeraden konnte für beide untersuchten Zeitphasen erfüllt werden. Eine Umstellung des Meßverfahrens von Quecksilberthermometern auf Widerstandsthermometer (PT 100) innerhalb des untersuchten Zeitraumes brachte keinen Bruch der Homogenität mit sich, da nach einer Vorschrift des Deutschen Wetterdienstes die mittels eines PT 100 ermittelten Ergebnisse in regelmäßigen Abständen mit Hilfe von Hg - Thermometern überprüft und gegebenenfalls korrigiert werden müssen (mdl. Mitt. CHRISTEN 1994).

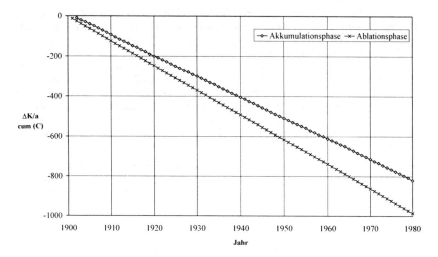

Abb. 48: Ergebnisse der Homogenitätsanalyse (Doppelsummen-Verfahren) - Datenreihe ´Lufttemperatur´ - Station Zugspitze (A=Ablationsphase, C=Akkumulationsphase)

8.3.1.2 Niederschläge - Station Zugspitze

Die Betrachtung einer auf einem Berggipfel gewonnenen Niederschlagsreihe muß mit einer besonders strengen Kritik erfolgen (HAUER 1950). Dies gilt umso mehr, als die gemessenen Niederschlagswerte die Qualität und Aussagekraft eines Massenbilanz-Klimamodelles beeinflußen.

Die Ergebnisse der Homogenitätstests der Datenreihe ´Niederschlag´ nach ABBE (in: CONRAD und SCHREIER 1927) sind in *Tabelle 35* bzw. *Abbildung 49* dargestellt.

Tab. 35: Ergebnisse des Homogenitätstests nach ABBE (in: CONRAD und SCHREIER 1927) auf Basis der Niederschlagsdaten 1901-1980 (Station Zugspitze)

Betrachtungszeitraum	Term 1	Term 2	Term 3
Akkumulationsperioden	0,8868	*2,2454*	1,1132
Ablationsperioden	0,8875	*1,2375*	1,1125

Das Resultat des Abbe-Tests weist bereits auf eine bestehende Inhomogenität dieser Datenreihe hin, mit Hilfe des Doppelsummen-Verfahrens lassen sich die inkonsistenten Zeitabschnitte zeitlich genauer eingrenzen. Folgt man den Ausführungen von HAUER (1950), so können die auftretenden Inhomogenitäten durch die in *Tabelle 36* genannten Ursachen erklärt werden.

Insgesamt besteht eine gute Übereinstimmung zwischen den dokumentierten Inkonsistenzen der Niederschlagsmeßreihe der Klimastation Zugspitze und den Resultaten der Homogenitätstests.

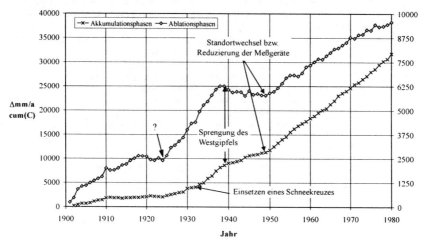

Abb. 49: Ergebnisse der Homogenitätsanalyse (Doppelsummen-Verfahren) - Datenreihe ´Niederschlag´ - Station Zugspitze (A=Ablationsphase, C=Akkumulationsphase)

Tab. 36: Dokumentierte Inhomogenitäten der Niederschlagsmeßreihe - Klimastation Zugspitze

Jahr	Ursache	Auswirkung
1933	Einsetzen eines Schneekreuzes	Signifikantes Ansteigen der Niederschlagswerte
1938	Sprengung des Westgipfels	Veränderung der aerodynamischen Verhältnisse des Meßortes (von Luv- nach Leelage)
1949	Veränderung des Meßstandortes der Regenmeßgeräte und Reduzierung der Hellmannschen Regenmesser	Veränderung der gemessenen Niederschlagsmenge auf der Zugspitze

Das Einsetzen des Schneekreuzes im Jahre 1933 hatte nur während der Akkumulationsphasen registrierbare Auswirkungen zur Folge. Zwar werden auch im Sommer periodisch Niederschläge in fester Form registriert (HAUER 1950), die meßbare Erwärmung des Schneekreuzes während der Ablationsphasen führt jedoch zu erhöhten Verdunstungsraten, welche den Zugewinn offensichtlich zu kompensieren vermögen.

Die weiteren Veränderungen der Umgebungs- bzw. Meßbedingungen im Jahre 1938 bzw. 1949 beeinflussen die Niederschlagsmeßreihe sowohl während der Akkumulations- wie auch Ablationsphasen. Der markante Anstieg der Ablationsgeraden ab dem Jahr 1924 kann aus den Stationsbüchern nicht erklärt werden, er weist jedoch auf eine weitere Inhomogenität dieser Datenreihe hin.

Zusammenfassend muß festgestellt werden, daß die Datenreihe ´Niederschlag´ der Klimastation Zugspitze aufgrund verschiedener Ursachen erst seit dem Jahre 1949 als völlig homogen betrachtet werden kann. Die für die Korrektur der Jahre 1901-49 errechneten Korrekturfaktoren verdeutlichen die Größenordnung der Abweichungen gegenüber einer homogenen Datenreihe (Tab. 37).

Tab. 37: Korrekturfaktoren der Niederschlagsmeßreihe - Station Zugspitze für einzelne inhomogene Zeitabschnitte

Zeitraum	Korrekturfaktor Akkumulationsperiode	Korrekturfaktor Ablationsperiode
1901-17	1,9382	
1901-23		1,5116
1924-38	1,2775	1,0461
1939-49	1,5750	1,5307

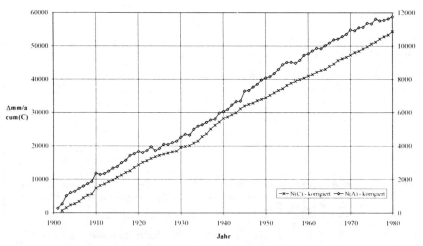

Abb. 50: Ergebnisse der Homogenitätsanalyse (Doppelsummen-Verfahren) - Datenreihe ´Niederschlag´ - Station Zugspitze (A=Ablationsphase, C=Akkumulationsphase)

Abbildung 50 zeigt das Ergebnis des abschließenden Doppelsummentests der Datenreihe ´Niederschlag´ nach der Datenkorrektur. Während die Werte der Akkumulationsperioden nahezu linear ansteigen, zeigt der Verlauf der Niederschläge während der Ablationsphasen eine scheinbar größere Variabilität. Dies ist aber im wesentlichen auf die differierende Spannweite der beiden Ordinaten des Diagrammes und nicht auf eine unterschiedliche Güte der Korrekturfaktoren zurückzuführen.

Einschränkend hierzu sei allgemein angemerkt, daß die Homogenisierung einer im Hochgebirge gemessenen Niederschlagsreihe auf Grundlage eines Stationsvergleiches wegen der kleinräumigen Variabilität des Niederschlages grundsätzlich mit Vorsicht zu bewerten ist.

8.3.2 Lufttemperatur und Niederschlag auf der Zugspitze 1901-1994 im Vergleich zur Flächenentwicklung des Nördlichen Schneeferners

Im diesem Kapitel wird neben einer allgemeinen klimatischen Charakterisierung ein auf Grundlage der Temperaturdaten und der korrigierten Niederschlagsmeßreihen basierender qualitativer Vergleich des thermischen und hygrischen Klimas der Zugspitze mit der Flächenentwicklung des Nördlichen Schneeferners dargestellt. Da die Anpassung der Niederschlagsdaten der Station Zugspitze vor 1949 auf Basis eines numerischen Vergleiches mit nur einer homogenen Station durchgeführt werden konnte und somit eine statistisch abgesicherte Korrektur nicht gewährleistet ist, darüberhinaus das Ergebnis des abschließenden Abbe-Tests zeigt, daß zumindest die korrigierten Niederschläge der Ablationsperioden noch immer eine leichte Inhomogenität aufweisen (vgl. *Tab.* 38), beschränken sich die Trendberechnungen des Niederschlages auf den definitiv homogenen Zeitraum 1949-1994.

Tab. 38: Ergebnisse des Homogenitätstests nach ABBE (in: CONRAD und SCHREIER 1927) auf Basis der korrigierten Niederschlagsdaten 1901-1994 (Station Zugspitze)

Betrachtungszeitraum	Term 1	Term 2	Term 3
Akkumulationsperioden	0,8868	1,0901	1,1132
Ablationsperioden	0,8875	**0,8343**	1,1125

Die Jahresmitteltemperatur bzw. mittlere Niederschlagssumme der Station Zugspitze im Zeitraum 1901-1994 beträgt -4,8° C (*Tab.* 39) bzw. 1975mm (*Tab.* 40), diese arithmetischen Mittelwerte wurden in den einzelnen Jahren jedoch kaum registriert, vielmehr ist das Niederschlagsgeschehen und der Temperaturverlauf auf der Zugspitze durch eine große Variabilität der Jahreswerte gekennzeichnet (*Abb.* 51 und 52).

Um Phasen mit einheitlichen Grundtendenzen der thermischen und hygrischen Entwicklung besser erkennen zu können, sind in diese Diagramme zusätzlich die 5jährigen, gleitend gewichteten Mittelwerte der Lufttemperatur und des Niederschlages eingetragen. Die Bestimmung des gewichteten Mittels $\overline{\chi}$ erfolgte nach (*F17*):

(F17)
$$\bar{x} = \frac{(x_{i-2} + 2x_{i-1} + 3x_i + 2x_{i+1} + x_{i+2})}{9}$$

Darüberhinaus wird - entsprechend der Betrachtung des Klimas aus glaziologischer Sicht - eine Unterscheidung in Ablations- und Akkumulationsphasen vorgenommen.

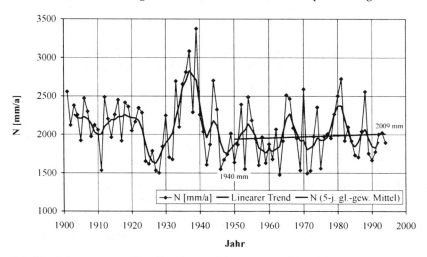

Abb. 51: Jahressummen 1901-1994 (1901-1949 korrigiert) und Trend der Niederschläge (1949-1994) - Station Zugspitze

Tab. 39: Statistische Kennwerte der Lufttemperatur - Station Zugspitze 1901-1994 (a=Jahr, C=Akkumulationsphase, A= Ablationsphase)

Station Zugspitze Lufttemperatur 1901-1994	$\overline{T_a}$	$\overline{T_C}$	$\overline{T_A}$
Temperatur [°C]	-4,8	-8,5	+0,4
Trend [K/a], [K/C], [K/A]	+0,006	+0,006	+0,007
Regression	T_a=0,006a-17,0876	T_C= 0,006a-19,4832	T_A=0,007a-12,7529
Signif F	98,8%	91,7%	97,1%

- *Lufttemperatur*
Die auf der Zugspitze seit 1901 gemessenen Lufttemperaturen zeigen sowohl für die Ablations- wie auch Akkumulationsphasen einen signifikanten positiven Trend (*Abb. 55* und *56, Tab. 39*). Seit Beginn des 20. Jahrhunderts stieg die Lufttemperatur in beiden Phasen im Mittel um ΔT=+0,6K an. Somit kann für die Station Zugspitze eine deutliche, signifikante Erwärmung seit 1901 konstatiert werden.

Die mittlere Abweichung der Lufttemperaturen vom langjährigen Mittel während der Akkumulationsphasen (±0,7K) entspricht der der Ablationsphasen (±0,7K). Kurze Phasen mit überdurchschnittlichen Lufttemperaturen wechseln mit Perioden, die durch tiefe Temperaturen gekennzeichnet sind.

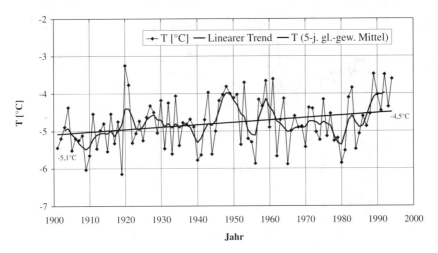

Abb. 52: Jahresmittel und Trend der Lufttemperatur 1901-1994 - Station Zugspitze

– *Niederschlag*
Die Trendberechnungen für die Jahressummen des Niederschlages sowie die Niederschlagswerte der Ablations- und Akkumulationsphasen wurden lediglich für den homogenen Zeitraum 1949-1994 vorgenommen, um statistisch abgesicherte Aussagen ableiten zu können (*Abb. 53* und *54*, *Tab. 40*).

Tab. 40: Statistische Kennwerte des Niederschlages - Station Zugspitze 1949-1994 (a=Jahr, C=Akkumulationsphase, A=Ablationsphase)

Station Zugspitze Niederschlag 1949-1994	$\bar{N}_a$	$\bar{N}_C$	$\bar{N}_A$
Niederschlag [mm]	1975	1159	816
Trend [mm/a], [mm/C], [mm/A]	+1,57	+2,46	-0,94
Regression (1949-994)	N_a=-1,5676a-1117,1298	N_C=2,4609a-3693,9015	N_A=-0,9387a+2668,2302
Signif F	31,3%	58,9%	49,9%

Die Schwankungsbreite des Niederschlages ist während der Akkumulationsphasen höher (±202mm) als im Verlauf der Ablationsphasen (±94mm). Die berechneten Trends sind statistisch nicht signifikant, es ist jedoch eine qualita-

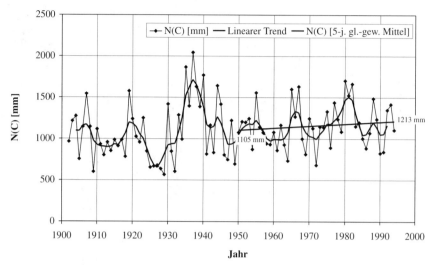

Abb. 53: Niederschlagssummen 1901/02-1993/94 (1901/02-1948/49 korrigiert) und Trend der Niederschläge der Akkumulationsperioden (1948/49-1993/94) - Station Zugspitze (C= Akkumulationsperiode)

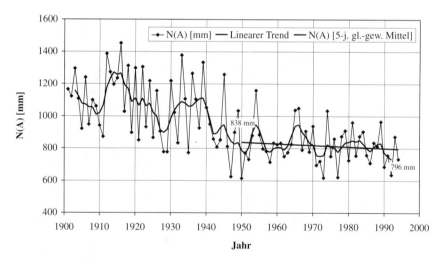

Abb. 54: Niederschlagssummen 1901-1994 (1901-1949 korrigiert) und Trend der Niederschläge der Ablationsperioden 1901-1994 - Station Zugspitze (A=Ablationsperiode)

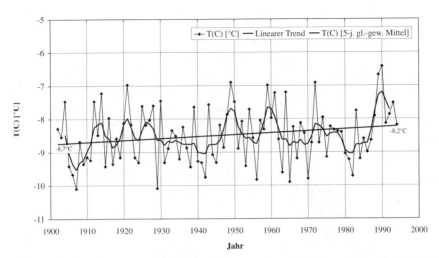

Abb. 55: Lufttemperaturen und Trend der Lufttemperaturen der Akkumulationsphasen 1901-1994 - Station Zugspitze (C=Akkumulationsphase)

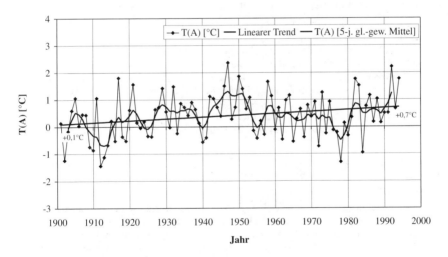

Abb. 56: Lufttemperaturen und Trend der Lufttemperaturen der Ablationsphasen 1901-1994 - Station Zugspitze (A=Ablationsperioden)

tiv gegenläufige Niederschlagsentwicklung seit 1949 zu erkennen. Während die Niederschlagssummen der Akkumulationsperioden tendenziell ansteigen, gehen die Werte der Ablationsphasen geringfügig zurück. Ob sich hier eine längerfristigere Tendenz andeutet, kann aus heutiger Sicht nicht beurteilt werden. Eine Zunahme des Niederschlags mit steigenden Temperaturen pauschal als Automatismus zu verknüpfen, wird der Komplexizität der klimatischen Zusammenhänge sicherlich nicht gerecht.
MÜHLBAUER (1993) wies für den Zeitraum 1891-1990 eine statistisch gesicherte Zunahme der jährlichen Niederschlagssummen in Bayern von 0,96mm/a nach (Winterhalbjahr 0,80mm/a, Sommerhalbjahr 0,16mm/a). Als räumliche Schwerpunkte der Niederschlagszunahme nennt MÜHLBAUER (1993) unter anderem den Alpennordrand (>1,5 mm/a). Diese Angaben sind mit den Ergebnissen der zeitlichen Entwicklung der Niederschlagssummen auf der Zugspitze gut in Einklang zu bringen (vgl. *Tab. 40*).
Insgesamt wechseln - analog zur Temperaturentwicklung - auch beim Niederschlag kurzfristige Phasen mit über- bzw. unterdurchschnittlichen Jahreswerten. Der Anteil der Niederschläge in den Akkumulationsphasen am Gesamtniederschlag ist im langjährigen Mittel 1949-1994 wegen der längeren Dauer des Winterhalbjahres größer (58,6%) als der der Ablationsphasen (41,4%).

Die Flächenveränderungen des Nördlichen Schneeferners sind in *Abbildung 57* dargestellt (vgl. Kap. 5.1.1, *Tab. 22*). Das Verhalten dieses Gletscherflecks im 20. Jahrhunderts läßt sich in insgesamt vier Phasen unterteilen:

− Der Zeitraum bis etwa 1920, in dem der Nördliche Schneeferner leicht vorstieß.
− Die 1940er Jahre, in denen der Nördliche Schneeferner wie nahezu alle Alpengletscher erheblich an Masse und Fläche verlor.
− Der Zeitraum der 1970er Jahre, in denen es zwar zu keinem Vorstoß aber zu einer deutlichen Aufhöhung der Oberfläche des Gletscherflecks kam (HIRTLREITER 1992).
− Die daran anschließende, bis in die heutige Zeit reichende Phase mit stetigen, aber insgesamt relativ geringen Flächenverlusten des Nördlichen Schneeferners.

Diese Phasen können in einem ersten Schritt mit der thermischen und hygrischen Entwicklung auf der benachbarten Zugspitze verglichen werden:
− "1920"
Die gletschergünstige Phase bis 1920 läßt sich aus den Temperatur- und Niederschlagsdaten nicht unmittelbar ableiten. Das deutlichste Signal geht von der Lufttemperatur der Ablationsphasen aus, die im Zeitraum 1910-1920 überwiegend unter dem langjährigen Mittel lag. Zusätzlich zeigte die Temperatur der Akkumulationsperioden seit etwa 1915 eine abnehmende Tendenz. Die winterlichen Rücklagen nahmen - ebenfalls erst seit etwa 1915 - zu, die Niederschlagssummen der Ablationsphasen gingen dagegen bis 1920 insgesamt zurück, allerdings auf einem hohen Niveau (eine angepaßte Korrektur der Niederschlagsdaten dieses inhomogenen Zeitraumes vorausgesetzt)

- "1940"
  Der Zeitraum der gletscherungünstigen 1940er Jahre ist gleichermaßen durch sehr hohe Sommer- und Wintertemperaturen und deutlich abnehmende Niederschläge gekennzeichnet (*Abb. 51, 53* und *54*). Während der 1920er-Vorstoß des Nördlichen Schneeferners im wesentlichen durch unterdurchschnittlich tiefe Temperaturen und nur zu einem geringen Teil durch zunehmende Niederschläge ausgelöst wurde, kann der Flächenverlust des Nördlichen Schneeferners während der 1940er Jahre eindeutig auf eine ungünstige Kombination aus zu hohen Temperaturen bzw. zu geringen Niederschlägen zurückgeführt werden.
- "1970"
  Die gletschergünstige Phase der 1970er Jahre ist durch eine generelle Vorstoßtendenz der Alpengletscher gekennzeichnet. So stießen gegen 1980 ca. 75% der beobachteten Ostalpengletscher vor (PATZELT und AELLEN 1990) und/oder wiesen deutlich positive Massenbilanzen auf. Ausschlaggebend für die Bilanzgewinne des Nördlichen Schneeferners in diesem Zeitraum war insbesondere die mittlere Lufttemperatur der Ablationsphasen, die vor allem in der zweiten Hälfte der 1970er Jahre ausnahmslos unter dem langjährigen Mittel der Station Zugspitze lag (*Abb. 56*). Die Temperatur der Akkumulationsphasen zeigte dagegen einen eher ausgeglichenen Verlauf (*Abb. 55*), sie ging aber zum Ende der 1970er Jahre mit deutlich ansteigenden Niederschlägen einher. Die Niederschlagssummen der Ablationsphasen zwischen 1970 und 1980 können dagegen für eine Erklärung der positiven Massenbilanz des Nördlichen Schneeferners nicht herangezogen werden.

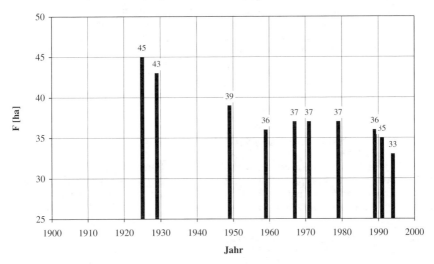

Abb. 57: Flächenentwicklung des Nördlichen Schneeferners im Wettersteingebirge 1900-1994 (ergänzt nach HIRTLREITER 1992)

Insgesamt scheint der Massenzuwachs des Nördlichen Schneeferners in diesem Zeitraum im wesentlichen durch zu tiefe Sommertemperaturen und einem erhöhten Anteil fester Niederschläge bedingt zu sein. Sommerschnee führt zu höherer Albedo der Gletscheroberfläche und zu einer verzögerten bzw. verminderten Ablation. Desweiteren nahmen vor allem ab Mitte der 1970er Jahre die winterlichen Rücklagen - bedingt durch die kühle Witterung in den Ablationsphasen - deutlich zu.

- "1980-1994"
Die großen Masenverluste des Nördlichen Schneeferners seit den 1980er Jahren bis in die Gegenwart sind nach Maßgabe der Datenlage vor allem auf zu hohe Lufttemperaturen zurückzuführen. Dies gilt im besonderen für die Ablationsphasen und - seit etwa 1987 auch für die kalte Jahreszeit. Aber auch die Niederschläge zeigen unabhängig von der betrachteten Phase eine rückläufige Tendenz, verstärkt gilt dies für die Ablationsphasen, die seit 1980 mehrheitlich unterdurchschnittliche Niederschlagssummen aufwiesen.

Insgesamt läßt dieser erste und einfache Vergleich erkennen, daß zwischen dem Gletscherverhalten und der klimatischen Situation durchaus ein qualitativer Zusammenhang zu erkennen ist. Die Auflösung der zugrundeliegenden Daten ist jedoch zu gering, als daß detailliertere Zusammenhänge zu erkennen wären.

So kommt zwar im Zusammenhang mit diesen Betrachtungen einerseits die sehr große "Reaktivität" des Nördlichen Schneeferners zum Ausdruck, der selbst kurzfristige, nur wenige Jahre andauernde Phasen mit unter- oder überdurchschnittlichen thermischen und/oder hygrischen Bedingungen in Vorstöße oder Rückschmelzphasen umzusetzen vermag, andererseits zeigt sich aber auch deutlich, daß für eine quantitative Verknüpfung des Klimas mit dem Verhalten eines Gletschers die Klimaparameter ′Lufttemperatur′ und ′Niederschlag′ nicht unabhängig voneinander betrachten werden dürfen sondern in einem integrierenden Ansatz verknüpft werden müssen.

Aus diesen Gründen wird in den Kapiteln 8.3.3-8.3.6 ein Modell vorgestellt, welches in der Lage ist, einen eindeutigen Zusammenhang zwischen Temperatur bzw. Niederschlag und dem Massenhaushalt des Nördlichen Schneeferners herzustellen.

8.3.3 Das TS-Modell nach HOINKES und STEINACKER (1975a)

Das TS-Modell (TemperaturSummen-Modell) nach HOINKES und STEINACKER (1975a) kann in vier aufeinander aufbauende Stufen zerlegt werden. Jede der nachfolgenden Varianten enthält damit gleichzeitig auch die Parameter der vorhergehenden Modifikation (*Abb. 58*).

8.3.3.1 Die Modellvariante T-SUM

Die Variante T-SUM beinhaltet zunächst nur die Summation der während einer Ablationsperiode an einer meteorologischen Beobachtungsstation gewonnenen positiven Tagesmitteltemperaturen, die unter Verwendung eines einheitlichen Temperaturgradienten von 0,6K/100m auf die Höhe der Gletscherzunge reduziert werden. Die positive Temperatursumme repräsentiert die kurzwellige, solare Strahlung sowie den Strom fühlbarer Wärme.

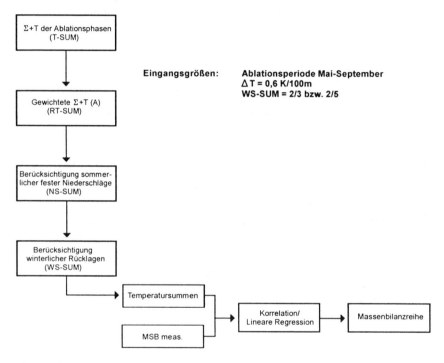

Abb. 58: Schematischer Aufbau des TS-Modells nach HOINKES und STEINACKER (1975a)

8.3.3.2 Die Modellvariante RT-SUM

Bei dieser Modifikation werden die positiven Temperatursummen am Anfang und am Ende einer Ablationsphase ($+T_A$) wie folgt schwächer gewichtet:

Zeitraum	Gewichtung
01.-15.5.	$1/3 \cdot \Sigma + T_A$
16.-30.9.	$1/3 \cdot \Sigma + T_A$
16.-31.5.	$2/3 \cdot \Sigma + T_A$
01.-15.9.	$2/3 \cdot \Sigma + T_A$

151

Dies führt insgesamt zu einer Reduzierung der positiven Temperatursummen. Damit wird der Beobachtung Rechnung getragen, daß die Ablationsperiode in höhergelegenen Gletscherbereichen später beginnt und ebenso wieder früher endet. Über diese Gewichtung der positiven Temperatursummen erfährt diese Variante des Modells eine stärkere Berücksichtigung der unterschiedlichen Albedo zu Beginn und am Ende der Ablationsperiode. Die Zeiträume mit überwiegender Schneebedeckung werden somit geringer gewichtet.

8.3.3.3 Die Modellvariante NS-SUM

Bereits in den frühen 1950er Jahren wurde die große Bedeutung der Albedo für das Abschmelzverhalten eines Gletschers erkannt (HOINKES 1955). Die weitergehende Variante NS-SUM des TS-Modells berücksichtigt in besonderer Weise die unterschiedliche Albedo der Gletscheroberfläche. Zunächst wird mittels einer linearen Regression eine numerische Beziehung zwischen den an der Klimastation ermittelten und den tatsächlich auf den Gletscher abgelagerten Niederschlagsmengen hergestellt. In einem weiteren Schritt kommt es in Abhängigkeit der Lufttemperatur zu einer groben Annäherung der Schneefallgrenze als Maß für die Bestimmung der von Neuschnee bedeckten Gletscheroberfläche und zu einer Reduktion der positiven Temperatursummen in den folgenden Größenordnungen:

– Pro 5mm gefallenen festen Niederschlages werden bei einer herrschenden Lufttemperatur von $T \leq 0°C$ im Zungenbereich des Gletschers (=TP) 2 positive Gradtage subtrahiert.
– Pro 5mm gefallenen festen Niederschlages wird bei einer herrschenden Lufttemperatur von $T \leq 0°C$ im mittleren Höhenbereich des Gletschers =(HP-TP)/2 1 positiver Gradtag subtrahiert.
– Pro 5mm gefallenen festen Niederschlages wird bei einer herrschenden Lufttemperatur von $T \leq 0°C$ im obersten Bereich des Gletschers (=HP) 1/2 positiver Gradtag subtrahiert.

Die Größe der Abzugsglieder ergab sich auf Grundlage eines Erfahrungswertes aus Studien der Wärmebilanz auf Gletschern (HOINKES und STEINACKER 1975a). Abweichungen sind insbesondere durch Exposition und Neigung der Gletscheroberfläche zu erwarten.

8.3.3.4 Die Modellvariante WS-SUM

Differierende Höhen der Winterschneedecken auf der Gletscheroberfläche, für deren Abbau während der Ablationsphasen ein entsprechend unterschiedlich hoher Energieaufwand notwendig wird, führen bei dieser Variante zusätzlich zu einem Abzug an positiven Gradtagen bei überdurchschnittlichen winterlichen Schneehöhen bzw. zu einem Gewinn an positiven Gradtagen bei unterdurchschnittlichen Niederschlagsmengen während der Akkumulationsperioden. Die Höhe des zum Abzug kommenden Betrages stellt einerseits eine Nullpunktverschiebung der positiven Temperatursummen dar, andererseits geht sie in das Modell als Anpassungsgröße ein, da sie keine Konstante darstellt sondern auf Grundlage einer bestmöglichen Anpassung an das resultierende Modell bestimmt wird.

8.3.3.5 Eichung und Validierung der Modellvarianten

Die den vier Modellvarianten zugrunde liegenden Temperatursummen werden in einem abschließenden Schritt über eine einfache, lineare Regression mit den auf dem Gletscher gegengemessenen MSB verknüpft und zurückgerechnet, die Qualität des Zusammenhanges durch eine Korrelation bestimmt. Eine ausreichend hohe Genauigkeit der Klimamessungen vorausgesetzt nimmt die Güte der Modellvarianten mit zunehmender Modifikation stetig zu. *Tabelle 41* zeigt die Ergebnisse der Modellierung für den Hintereis- bzw. Vernagtferner nach HOINKES und STEINACKER (1975a). Die in dieser Tabelle enthaltenen Ergebnisse verdeutlichen die Vorzüge dieses einfachen Modells. Obwohl nur eine verhältnismäßig geringe Anzahl von Parametern eingeht, ist die Aussagekraft vor allem der Modellvariante WS-SUM für das Verhalten der durch HOINKES und STEINACKER (1975a) untersuchten Hintereis- und Vernagtferner sehr groß (r=-0,93 bzw. -0,94). Somit kann für Zeiträume, für die keine direkten glaziologischen Messungen vorliegen, die MSB hinreichend genau und aussagekräftig aus den Klimadaten zurückliegender Zeiträume rekonstruiert werden.

Tab. 41: Ergebnisse des TS-Modells für den Hintereis- bzw. Vernagtferner nach HOINKES und STEINACKER (1975a)

Methode	Abhängige Variable	Korrelation	
		Hintereisferner	Vernagtferner
T-SUM	MSB	-0,74	-0,79
RT-SUM	MSB	-0,81	-0,80
NS-SUM	MSB	-0,87	-0,90
WS-SUM	MSB	-0,94	-0,93

8.3.4 Die Berechnung der mittleren spezifischen Nettomassenbilanz des Nördlichen Schneeferners mit dem TS-Modell

Der Nördliche Schneeferner im Wettersteingebirge ist neben dem Schwarzmilzferner in den Allgäuer Alpen der einzige Gletscher der Nördlichen Kalkalpen, für den eine zusammenhängende, glaziologisch ermittelte Massenbilanzreihe existiert (KASSER 1967, 1973; SCHUG und KUHN 1993). Die Ergebnisse dieser in den Haushaltsjahren 1962/63-1968/69 auf dem Nördlichen Schneeferner durchgeführten Messungen sind in *Abbildung 59* dargestellt.

Das Haushaltsjahr 1968/69 konnte für die Kalibrierung des TS-Modells nicht berücksichtigt werden, da es in diesem Jahr zur Ablagerung großer Mengen Lawinenschnees auf dem Gletscherflecken kam (mdl. Mttlg. REINWARTH 1995). Eine

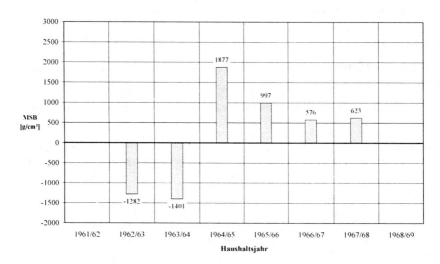

Abb. 59: Ergebnisse der Massenhaushaltsuntersuchungen auf dem Nördlichen Schneeferner 1962/63-967/68 (nach KASSER 1967, 1973)

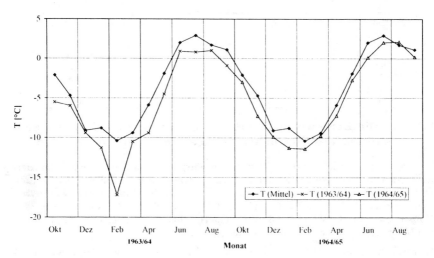

Abb. 60: Lufttemperaturen der Station Zugspitze (1963/64-1964/65) im Vergleich zum langjährigen Mittel

Anpassung des Temperatursummenmodells an den Massenhaushalt des Nördlichen Schneeferners wäre dadurch erschwert worden oder hätte keine hinreichend genauen Ergebnisse mehr erbracht.

Die glaziologischen Messungen der Jahre 1962/63-1967/68 decken einen weiten Bereich der Schwankungsbreite des Massenhaushaltes des Nördlichen Schneeferners ab. So waren die ersten beiden Haushaltsjahre 1962/63 und 1963/64 durch eine deutlich negative MSB, die letzten vier Jahre dagegen durch positive MSB gekennzeichnet. Interessant erscheint vor allem der Gegensatz der beiden aufeinanderfolgenden Jahre 1963/64 und 1964/65, der sich eindeutig in der Niederschlagsentwicklung dieser Haushaltsjahre, nicht aber im Temperaturverlauf widerspiegelt (*Abb. 61* und *60*).

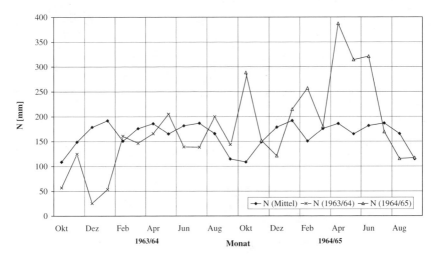

Abb. 61: Niederschlagssummen der Station Zugspitze (1963/64-1964/65) im Vergleich zum langjährigen Mittel

So liegen die Lufttemperaturen beider Bilanzjahre (1963/64 und 1964/65) fast durchwegs unter dem langjährigen Mittel. Dagegen läßt sich die Niederschlagsentwicklung beider betrachteter Jahre deutlicher differenzieren. Im Haushaltsjahr 1963/64 lagen sowohl die winterlichen Rücklagen als auch die sommerlichen Niederschläge überwiegend unter dem langjährigen Mittel. Ein Umschwung deutet sich im August und September 1964 an, in denen überdurchschnittlich hohe Niederschläge gemessen wurden. Im weiteren Verlauf dieses Haushaltsjahres fielen vor allem in den Monaten Januar - Juni reichlich Niederschläge, die auch während der Ablationsphase aufgrund der in diesem Zeitraum unterdurchschnittlichen Temperaturen zu einem vermehrten Anteil in fester Form gefallen sind, und sich - neben einer zusätzlichen Schneezufuhr - durch eine effektive und langanhaltende Anhebung der Albedowerte während der Ablationsphase ausgewirkt haben.

Die Ergebnisse des Temperatursummenmodelles nach HOINKES und STEINACKER (1975a) sind in *Abbildung 62* bzw. *Tabelle 43* dargestellt. Die in die Berechnungen eingehenden konstanten Grundgrößen entsprechen weitgehend den Vorgaben von HOINKES und STEINACKER (1975a) für den Hintereisferner (*Tab. 42*). Abweichend von diesen Grundgrößen mußte davon ausgegangen werden, daß die auf der Zugspitze registrierten Niederschlagssummen der auf dem Nördlichen Schneeferner abgesetzten Niederschlagsmenge entspricht, da für den Bereich des Gletscherfleckens keine expliziten Messungen vorliegen.

Tab. 42: Konstante gletscherspezifische Grundgrößen des für die Berechnung der MSB des Nördlichen Schneeferners verwendeten TS-Modells (HOINKES und STEINACKER 1975a)

Variante	Ablationsperiode	Δ T(z)	Abzug von pos. Gradtagen	WS-Korrektur	Temperatursummen
T-SUM	Mai mit September	0,6K/100m			ungewichtet
RT-SUM	Mai mit September	0,6K/100m			ungewichtet
NS-SUM	Mai mit September	0,6K/100m	2-1,5-1		ungewichtet
WS-SUM	Mai mit September	0,6K/100m	2-1,5-1	2/3	ungewichtet

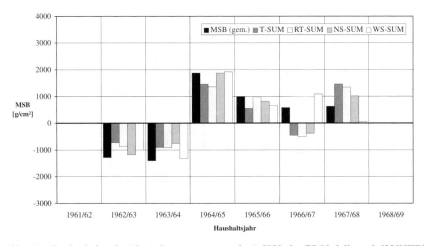

Abb. 62: Vergleich der glaziologisch gemessenen und mit Hilfe des TS-Modells nach HOINKES und STEINACKER (1975a) berechneten MSB des Nördlichen Schneeferners 1962/63-1967/68

Tab. 43: Ergebnisse des Vergleiches der glaziologisch gemessenen mit den berechneten MSB 1962/63-1967/68 (Modellvarianten T-SUM, RT-SUM, NS-SUM und WS-SUM)

Kennwerte		T-SUM	RT-SUM	NS-SUM	WS-SUM
r		0,82	-0,83	-0,91	-0,95
r^2		0,67	0,69	0,81	0,91
Signif F		95,0%	95,0%	98,5%	99,5%
Ergebnisse					
Haushaltsjahre	MSB (gemessen) [g/cm²]	T-SUM [g/cm²]	RT-SUM [g/cm²]	NS-SUM [g/cm²]	WS-SUM [g/cm²]
1962/63	-1282	-725	-868	-1179	-1004
(Abweichung)		(557)	(414)	(103)	(278)
1963/64	-1401	-902	-909	-752	-1323
(Abweichung)		(499)	(492)	(649)	(78)
1964/65	1877	1463	1362	1876	1918
(Abweichung)		(-414)	(-515)	(-1)	(41)
1965/66	997	548	973	814	652
(Abweichung)		(-449)	(-24)	(-183)	(-345)
1966/67	576	-458	-513	-381	1091
(Abweichung)		(-1034)	(-1089)	(-957)	(515)
1967/68	623	1465	1346	1013	57
(Abweichung)		(842)	(723)	(390)	(-566)
Mittl. Abw.		632 g/cm²	542 g/cm²	380 g/cm²	304 g/cm²

Die Ergebnisse des Temperatursummenmodelles nach HOINKES und STEINAKKER (1975a) sind in *Abbildung 62* bzw. *Tabelle 43* dargestellt. Die in die Berechnungen eingehenden konstanten Grundgrößen entsprechen weitgehend den Vorgaben von HOINKES und STEINACKER (1975a) für den Hintereisferner (*Tab. 42*). Abweichend von diesen Grundgrößen mußte davon ausgegangen werden, daß die auf der Zugspitze registrierten Niederschlagssummen der auf dem Nördlichen Schneeferner abgesetzten Niederschlagsmenge entspricht, da für den Bereich des Gletscherfleckens keine expliziten Messungen vorliegen.

Eine nach den Angaben von HOINKES und STEINACKER (1975a) für den Vernagtferner modifizierte Gewichtung der Winterschneekorrektur ergab eine Verschlechterung der Ergebnisse aller vier Varianten und wird im Rahmen der vorliegenden Arbeit nicht weiter diskutiert. Da zudem für den Nördlichen Schneeferner keine Ergebnisse direkter Niederschlagsmessungen vorliegen, wurde vereinfachend davon ausgegangen, daß die auf die Gletscheroberfläche fallende Niederschlagsmenge der auf der Zugspitze registrierten entspricht.

Analog zu den Ergebnissen von HOINKES und STEINACKER (1975a) nimmt die Güte der Modellvarianten mit zunehmender Anzahl von berücksichtigten Parametern zu. Die statistisch beste Übereinstimmung mit den glaziologisch gemessenen MSB wird durch die Variante WS-SUM erzielt (r=0,95).

Dieser Wert kann jedoch nicht darüber hinwegtäuschen, daß aufgrund der sehr geringen Anzahl von MSB-Daten ein hoher statistischer Zusammenhang relativ leicht erzielt werden kann. So ist es auch zu erklären, daß trotz der teilweise hohen Korrelationskoeffizienten die Abweichungen der berechneten MSB von den glaziologisch bestimmten Werten generell sehr groß sind. Zwar nimmt mit größer werdendem Korrelationskoeffizient die mittlere, absolute Abweichung ab, dennoch ist keine der Varianten in der Lage, für alle sechs berücksichtigten Haushaltsjahre durchgängig gute, errechnete Ergebnisse zu liefern.

Die besten Annäherungen an die gemessenen MSB in den einzelnen Jahren werden durch folgende Varianten erzielt:

- Haushaltsjahr 1962/63   NS-SUM $+103 g/cm^2$
- Haushaltsjahr 1963/64   WS-SUM $+ 78 g/cm^2$
- Haushaltsjahr 1964/65   NS-SUM $- 1 g/cm^2$
- Haushaltsjahr 1965/66   RT-SUM $- 24 g/cm^2$

Ausnahmslos hohe Abweichungen treten in den Haushaltsjahren 1966/67 und 1967/68 auf. Hier ist keine der Varianten in der Lage, die realen Bilanzvariationen zu modellieren. Dies kommt in den *Abbildungen 63* und *64* zum Ausdruck, die den linearen Zusammenhang der gemessenen mit den berechneten MSB des Nördlichen Schneeferners darstellen.

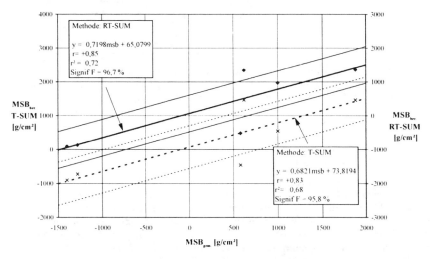

Abb. 63: Regressionsgeraden mit Grenzgeraden der mittleren Abweichung - Varianten T-SUM (x) und RT-SUM (♦) (HOINKES und STEINACKER 1975a)

Die Ergebnisse beider Jahre liegen außerhalb der Grenzgeraden, die die Spannweite der mittleren Abweichungen der jeweiligen Modellvarianten markieren (aus

Gründen der Übersichtlichkeit wurde die Skalierung der beiden Ordinaten um 1000g/cm² versetzt, um eine Überlagerung der Geraden zu vermeiden)

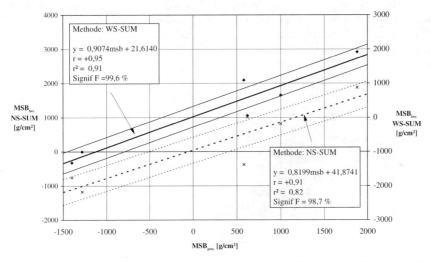

Abb. 64: Regressionsgeraden mit Grenzgeraden der mittleren Abweichung - Varianten NS-SUM (x) und WS-SUM (♦) (HOINKES und STEINACKER 1975a)

8.3.5 Vergleich der Ergebnisse des TS-Modells mit photogrammetrisch ermittelten Höhendifferenzen der Oberfläche des Nördlichen Schneeferners

Die Berechnungen der mittleren spezifischen Nettomassenbilanz des Nördlichen Schneeferners auf Grundlage der unterschiedlichen Varianten des TS-Modells nach HOINKES und STEINACKER (1975a) lassen auf eine Ambivalenz der Qualität schließen. Einerseits ist der stochastische Zusammenhang zwischen gemessenen und berechneten MSB-Werten insbesondere bei den Modellvarianten NS-SUM und WS-SUM sehr gut, andererseits weist selbst die Variante WS-SUM relativ große Abweichungen bei der Rückrechnung der konkreten Einzelwerte auf. Deshalb erscheint es angebracht, die Berechnungen der Modellvarianten auf einen längeren Zeitraum auszudehnen und sie mit den durch FINSTERWALDER (1992) photogrammetrisch ermittelten Höhendifferenzen der Oberfläche des Nördlichen Schneeferners seit 1949 bis 1990 zu vergleichen (*Abb. 65*), ehe eine Gesamtrekonstruktion der MSB-Werte für den Nördlichen Schneeferner durchgeführt werden kann.

Dabei ergibt sich die Schwierigkeit, daß die Einheiten der MSB und der Höhendifferenzen zunächst nicht direkt vergleichbar sind. Während die MSB auf die Massen-/Flächeneinheit des Eises bezogen ist [g/cm²], berücksichtigen photogrammetrische

Aufnahmen einer Gletscheroberfläche lediglich deren vertikale Änderung, sie negieren jedoch die Dichte des abgeschmolzenen Schnees, Altschnees, Firnschnees oder Eises. Deshalb müssen die Werte der Höhendifferenzen vor einem Vergleich mit den MSB zunächst - möglichst angepaßt - reduziert werden.

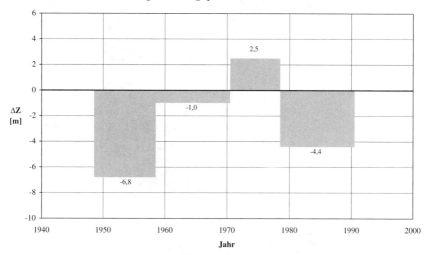

Abb. 65: Photogrammetrisch ermittelte Höhenänderungen der Oberfläche des Nördlichen Schneeferners 1949-1959, 1959-1971, 1971-1979, 1979-1990 (nach FINSTERWALDER 1992)

Nach GÜNTHER (1982) war das Haushaltsjahr 1948/49 des Nördlichen Schneeferners stark negativ, so daß die gesamte Gletscheroberfläche zum Zeitpunkt der photogrammetrischen Aufnahme des Gletscherfleckens ausgeapert war. Dies gilt nach GÜNTHER (1982) ebenso für die Aufnahmezeitpunkte 1959 und 1971, so daß davon ausgegangen werden kann, daß die Ergebnisse der photogrammetrischen Aufnahmen exakt die Mächtigkeitsänderungen der Eisoberfläche widerspiegeln. Aus diesem Grund wurden die Angaben von FINSTERWALDER (1992) für den Zeitraum 1949-1959 und 1959-1971 mit der Dichte von Gletschereis multipliziert (0,917g/cm^3, Tab. 44). Für die Zeiträume 1971-1979 und 1979-1990 wurden die Höhendifferenzen dagegen mit einem Faktor 0,8 reduziert.

Tab. 44: Umrechnung der photogrammetrisch ermittelten Höhendifferenzen der Oberfläche des Nördlichen Schneeferners

Zeitraum	Höhenänderung [cm]	Reduktionsfaktor [g/cm^3]	⇒g/cm^2
1949-1959	-680	0,917	- 6235
1959-1971	-100	0,917	- 917
1971-1980	+250	0,80	+2000
1980-1990	-440	0,80	-3520

Die *Abbildungen 66* und *67* zeigen das Ergebnis der für den Zeitraum 1949-1990 berechneten und kumulierten MSB der vier Modellvarianten im Vergleich mit den durch Dreieckssignaturen gekennzeichneten (reduzierten) Höhendifferenzen (vgl. *Tab. 45*).

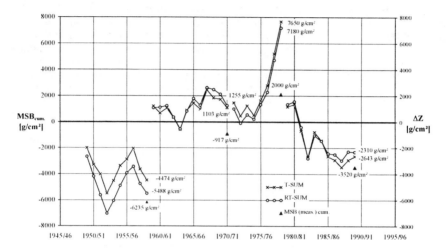

Abb. 66: Vergleich der kumulierten Massenbilanzreihen mit den nach FINSTERWALDER (1992) photogrammetrisch ermittelten Höhendifferenzen (TS-Varianten T-SUM und RT-SUM nach HOINKES und STEINACKER (1975a))

Im folgenden sollen die Ergebnisse dieses Vergleichs, getrennt nach TS-Varianten diskutiert werden:

- *T-SUM*

Die Variante T-SUM, deren Eingangsgröße lediglich aus den ungewichteten positiven Temperatursummen der Ablationsperioden besteht, ist in der Lage, Zeiträume mit stark negativen MSB (1949-1959 und 1979-1990) zumindest tendenziell abzubilden (*Abb. 66*). Dennoch liegen die Abweichungen vor allem im Zeitraum 1949-1959 auch unter Berücksichtigung eines Unschärfebereiches bei der Umrechnung der photogrammetrisch ermittelten Werte in einem nicht mehr akzeptablen Bereich.

Die Zeitphasen 1959-1971 und 1971-1979, in denen es zu geringfügigen Massenverlusten bzw. deutlichen Gewinnen kam, werden von dieser Modellvariante nur ungenügend erfaßt. So berechnet T-SUM für den Zeitraum 1959-1971 einen kumuliert positiven Massenhaushalt, der größte Fehler der Modellvariante tritt aber in der Phase 1959-1971 auf, in der für die beiden letzten Haushaltsjahre dieser Periode (1977/78 und 1978/79) eine MSB von jeweils 2000g/cm² kalkuliert und dadurch das photogrammetrisch ermittelte Ergebnis

deutlich verfehlt wird.
Insgesamt tendiert die Variante T-SUM in allen vier Zeiträumen zu einer mehr oder weniger deutlich ausgeprägten Überschätzung der realen Massenbilanzvariationen des Nördlichen Schneeferners.
- *RT-SUM*
Eine Gewichtung der positiven Temperatursummen zu Beginn und am Ende der Ablationsphasen (RT-SUM) führt insgesamt zu keiner Verbesserung (*Abb. 66*). Zwar fallen die Abweichungen im Vergleich mit der Modellvariante T-SUM insgesamt etwas geringer aus, sie sind aber, insbesondere in den Zeiträumen 1959-1971 und 1971-1979, noch immer viel zu groß. Die Berechnung und Interpretation einer geschlossenen Massenbilanzreihe insbesondere im Hinblick auf eine Abschätzung der möglichen Entwicklung des Nördlichen Schneeferners kann mit dieser Variante nicht geleistet werden.
Analog zu den Ergebnissen der Variante T-SUM liegen die berechneten und kumulierten MSB stets über den photogrammetrisch ermittelten Werten, eine brauchbare Annäherung wird durch RT-SUM nur im Zeitraum 1949-1959 erzielt. Hier kann von einer guten Übereinstimmung zwischen den berechneten MSB und den gemessenen Höhendifferenzen ausgegangen werden.

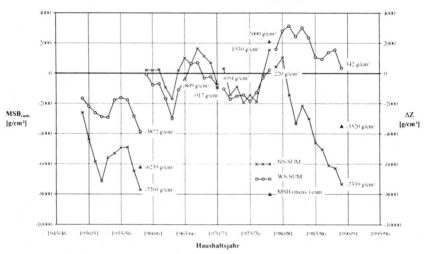

Abb. 67: Vergleich der kumulierten Massenbilanzreihen mit den nach FINSTERWALDER (1992) photogrammetrisch ermittelten Höhendifferenzen (TS-Varianten NS-SUM und WS-SUM nach HOINKES und STEINACKER (1975a))

- *NS-SUM*
Die zusätzliche Berücksichtigung sommerlicher fester Niederschläge der Variante NS-SUM führte zu einer leichten Verbesserung der Vergleichsergebnisse (*Abb. 67*). Insbesondere die Zeiträume 1959-1971 und 1971-1979 konnten durch

NS-SUM im Unterschied zu den Modellvarianten T-SUM und RT-SUM sowohl tendenziell als auch in der Summe der Abweichungen verhältnismäßig gut wiedergegeben werden. Im Gegensatz dazu kann für den Zeitraum 1949-1959 nur ein genereller Trend errechnet werden, die Differenz zu der photogrammetrisch ermittelten Höhenreduktion des Nördlichen Schneeferners ist insgesamt erheblich. Darüberhinaus werden die Auswirkungen des klimatisch ungünstigen Zeitraums 1979-1990 auf den Massenhaushalt des Gletscherfleckens von NS-SUM erheblich überschätzt.

Insgesamt tendiert die Modellvariante zu einer Überbetonung gletscherungünstiger Klimaphasen, die in ihrer Auswirkung auf die errechneten Werte die Rekonstruktion einer Massenbilanzreihe aus den Klimaparametern 'Lufttemperatur' und 'Niederschlag' nicht ratsam erscheinen lassen.

- WS-SUM

Die Variante WS-SUM, in der zusätzlich die winterlichen Rücklagen eines Haushaltsjahres integriert sind, vermag zwar - besser als T-SUM, RT-SUM und NS-SUM - die nach der glaziologischen Methode gemessenen MSB der Haushaltsjahre 1962/63-1967/68 rückzurechnen, bei der Rekonstruktion einer längeren Massenbilanzreihe schneidet sie hingegen deutlich schlechter als etwa NS-SUM ab (Abb. 67). Während die Phasen 1949-1959 und 1971-1979 zumindest tendenziell, wenn auch mit erheblichen Abweichungen von den Werten der Höhendifferenzen, erfaßt werden, neigt die Modellvariante WS-SUM - konträr zu NS-SUM - zu einer Unterschätzung der klimatisch ungünstigen 1980er Jahre.

Sehr gut wird - angesichts der erzielbaren Meßgenauigkeit photogrammetrischer Vergleiche - durch WS-SUM lediglich der Zeitraum 1959-1971 wiedergegeben.

Tab. 45: Vergleich der kumulierten Massenbilanzreihen mit den nach FINSTERWALDER (1992) photogrammetrisch ermittelten Höhendifferenzen (TS-Varianten T-SUM, RT-SUM, NS-SUM und WS-SUM)

Zeitraum	ΔH [g/cm²]	T-SUM [g/cm²]	RT-SUM [g/cm²]	NS-SUM [g/cm²]	WS-SUM [g/cm²]
1949-1959	-6235	-4474	-5488	-7705	-3872
(Abweichung)		(1761)	(747)	(-1470)	(2363)
1959-1971	-917	-1103	+1255	-694	-809
(Abweichung)		(-186)	(2172)	(223)	(108)
1971-1979	2000	+7650	+7180	+1530	+230
(Abweichung)		(5650)	(5180)	(-470)	(-1770)
1979-1990	-3520	-2643	-2310	-7339	+342
(Abweichung)		(877)	(1210)	(-3819)	(3862)

Der Vergleich der berechneten und kumulierten MSB mit den Höhenvariationen der Oberfläche des Nördlichen Schneeferners zeigt, daß die vier Modellvarianten in aller Regel nur in eingeschränktem Umfang in der Lage sind, die Massenhaushaltsentwicklung des Gletscherfleckens für einzelne Zeitphasen zu modellieren, keine Variante jedoch über den gesamten Zeitraum 1949-1990 hinweg in gleichbleibender Güte den Massenhaushalt des Nördlichen Schneeferners rekonstruieren kann (*Tab. 45*).

Damit stößt das verwendete TS-Modell nach HOINKES und STEINACKER (1975a) bei der Rekonstruktion der Massenbilanzreihe eines kleinen, peripher gelegenen, nordalpinen Gletscherfleckens zunächst an seine Grenzen. Zwar kann nicht ausgeschlossen werden, daß die Modellvarianten in einem gewissen Umfang einzelne Jahreswerte der MSB exakt rekonstruieren, doch läßt sich dies - abgesehen vom Zeitraum 1962/63-1967/68 - nachträglich nicht überprüfen. Darüberhinaus sind möglicherweise nur einige wenige ungenau berechnete Jahre ausschlaggebend für die teilweise großen Abweichungen. Die Ergebnisse der Haushaltsjahre 1977/78 und 1978/79 der Modellvarianten T-SUM und RT-SUM können hier als Beispiel genannt werden (vgl. *Abb. 66*). Insgesamt jedoch erscheint die Übertragung der in das TS-Modell eingehenden, primär für zwei große Gletscher der Zentralalpen abgeleiteten konstanten Grundgrößen auf die glaziologischen Bedingungen des Nördlichen Schneeferners als ungeeignet.

8.3.6 Die Berechnung der mittleren spezifischen Nettomassenbilanz des Nördlichen Schneeferners auf Grundlage eines verbesserten Modellansatzes

Die gletscherspezifisch konstanten Grundgrößen des von HOINKES und STEINACKER (1975a) entwickelten TS-Modelles wurden für die in den zentralen Ostalpen gelegenen Hintereis- und Vernagtferner abgeleitet. Dies bedingt eine grundsätzlich eingeschränkte Übertragbarkeit. Die teilweise fehlerhafte, generell von den glaziologischen Messungen abweichende Kalkulation der mittleren spezifischen Nettomassenbilanzwerte des Nördlichen Schneeferners kann als ein Beleg hierfür gewertet werden. Deshalb muß vor einer möglichst genauen Rekonstruktion des Massenhaltes eine Anpassung der Grundgrößen an die gletscherspezifischen Bedingungen erfolgen. Im konkreten Fall erfolgte dies stufenweise. Nach jeder Modifikation wurde

- eine Neuberechnung des statistischen Zusammenhanges zwischen den glaziologisch gemessenen und den aus Temperatur- und Niederschlagsdaten rekonstruierten Werten durchgeführt;
- unabhängig von einer sich daraus ergebenden Verbesserung oder Verschlechterung des statistischen Zusammenhanges eine vollständige Massenbilanzreihe des Nördlichen Schneeferners für den Zeitraum 1949-1990 erstellt und mit den photogrammetrisch ermittelten Höhendifferenzen verglichen.

Diese Arbeitsschritte wurden für alle vier Modellvarianten des TS-Modells getrennt durchgeführt. Die schrittweise Annäherung an ein möglichst aussagekräftiges Modell erfolgte dabei nicht auf Grundlage eines mathematischen Optimierungsalgorithmus sondern auf Basis glaziologischer Spezifikationen:

- Der höchste Punkt des Nördlichen Schneeferners (2750m NN) liegt knapp 1000m tiefer als der des Hintereisferners. Daraus läßt sich schließen, daß die thermischen Bedingungen der Gletscheroberfläche des Nördlichen Schneeferners auf einem höheren Niveau liegen, die durch die fühlbare Wärme bedingte Ablation in der Folge eine höhere Bedeutung gegenüber anderen Ablationsprozessen aufweist. Aus diesem Grunde wurden die positiven Temperatursummen durch eine differenziertere Gewichtung stärker betont. Diese Differenzierung orientierte sich grundsätzlich am Maximum der Lufttemperatur auf der Zugspitze, das im Juli erreicht wird (vgl. *Abb. 60*).
- Aufgrund der im Vergleich zu höher gelegenen Zentralalpengletschern ablationsfördernden thermischen Bedingungen apert der Nördliche Schneeferner trotz größerer winterlicher Rücklagen in der Regel schneller aus. Daraus folgt, daß den sommerlichen, in fester Form gefallenen Niederschlägen eine verstärkte Bedeutung zukommt, da diese die Albedo der Gletscheroberfläche deutlich erhöhen und die Ablationsraten entsprechend vermindern. Aus diesem Grund wurden bei Niederschlägen in fester Form während der Ablationsphasen erhöhte positive Temperatursummenbeträge zum Abzug gebracht.
- Die Reduktionen der an der Station Zugspitze gemessenen Lufttemperaturen auf Höhe der Oberfläche des Nördlichen Schneeferners wurde nicht pauschal mit einem Faktor 0,6K/100m bestimmt, vielmehr wurde auf Basis der Monatswerte der Stationen Garmisch-Partenkirchen und Zugspitze differenzierte vertikale Temperaturgradienten berechnet, die zu einer Verbesserung der Bestimmung der Schneefallgrenze beitragen sollten.
- Die Berücksichtigung der winterlichen Rücklagen stellt im TS-Modell eine Anpassungsgröße dar. Ohne genauere Kenntnis der Bedeutung der winterlichen Akkumulationsmenge wurde diese unterschiedlich stark gewichtet und schließlich mit einem Wert von 40% (2/5) festgeschrieben (vgl. *Tab. 46*).

Auf diese Weise wurden im Rahmen der vorliegenden Arbeit für die vier Modellvarianten des TS-Modells insgesamt 45 verschiedene Kombinationen der gletscherspezifischen Grundgrößen getestet. Die beste Anpassung konnte mit den in *Tabelle 46* verzeichneten Werten erzielt werden, die verbesserte Version soll im folgenden als WS-SUM-Neu bezeichnet werden.

Tab. 46: Konstante gletscherspezifische Grundgrößen der Modellvarianten WS-SUM und WS-SUM-Neu des TS-Modells nach HOINKES und STEINACKER (1975a) - V=Mai, VI=Juni, VII=Juli, VIII=August, IX=September

Variante	Ablationsperiode	ΔT(z)	Abzug von pos. Gradtagen	WS-Korrektur	Temperatursummen (Gewichtung)
WS-SUM	Mai mit September	0,6K/100m	2-1,5-1	$2/3$	
WS-SUM-Neu	Mai mit September	ΔT(z) GAP-ZS	2,5-2-1,5	$2/5$	V*1,6, VI*1,8, VII*2,0, VIII*1,8, IX*1,6

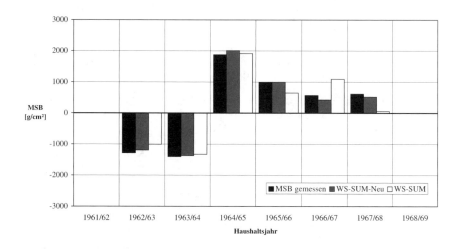

Abb. 68: Vergleich der glaziologisch gemessenen und mit Hilfe des TS-Modells nach HOINKES und STEINACKER (1975a) berechneten MSB des Nördlichen Schneeferners 1962/63-1967/68 (Varianten WS-SUM und WS-SUM-Neu)

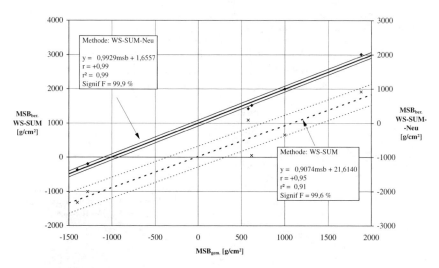

Abb. 69: Regressionsgeraden mit Grenzgeraden der mittleren Abweichung - Varianten WS-SUM (x) nach HOINKES und STEINACKER (1975a) und WS-SUM-Neu (♦)

Da die Varianten T-SUM-Neu, RT-SUM-Neu und NS-SUM-Neu im Vergleich zu WS-SUM-Neu ausnahmslos schlechtere Resultate zur Folge hatten, soll im weiteren Verlauf dieser Arbeit lediglich die Qualität von WS-SUM-Neu diskutiert werden.

Abbildung 68 zeigt die Ergebnisse des Vergleiches zwischen den gemessenen Massenbilanzwerten der Jahre 1962/63-1967/68 (KASSER 1967, 1973) und den aus den Klimadaten der Station Zugspitze rekonstruierten MSB-Werten.

Sehr deutlich kommt die zunächst auf diesen kurzen Zeitraum beschränkte verbesserte Qualität der Variante WS-SUM-Neu im Vergleich zu WS-SUM zum Ausdruck. Mit Ausnahme des Haushaltsjahres 1964/65 konnte für alle weiteren rekonstruierten MSB eine geringere Abweichung erzielt werden (*Tab. 47*).

Tab. 47: Ergebnisse des Vergleiches der glaziologisch gemessenen mit den berechneten MSB 1962/63-1967/68 (Modellvarianten WS-SUM nach HOINKES und STEINACKER (1975a) und WS-SUM-Neu)

Kennwerte		WS-SUM	WS-SUM-Neu
r		-0,951	-0,996
r^2		0,91	0,99
Signif F		99,5%	99,5%
Ergebnisse			
Haushaltsjahre	MSB (gemessen) [g/cm^2]	WS-SUM [g/cm^2]	WS-SUM-Neu [g/cm^2]
1962/63	-1282	-1004	-1194
(Abweichung)		*(278)*	*(88)*
1963/64	-1401	-1323	-1367
(Abweichung)		*(78)*	*(34)*
1964/65	1877	1918	2011
(Abweichung)		*(41)*	*(134)*
1965/66	997	652	998
(Abweichung)		*(-345)*	*(1)*
1966/67	576	1091	424
(Abweichung)		*(515)*	*(-152)*
1967/68	623	57	518
(Abweichung)		*(-566)*	*(-105)*
Mittl. Abw.		*304 g/cm^2*	*86 g/cm^2*

Der stochastische Zusammenhang zwischen den glaziologisch gemessenen und den rekonstruierten Daten ist mit r=+0,99 trotz der geringen Anzahl der Werte extrem gut und hochsignifikant (Signif F=99,9%, vgl. *Tab. 47*). Die mittlere absolute Abweichung der rekonstruierten Werte von den glaziologisch gemessenen liegt bei

WS-SUM-Neu mit 86g/cm² deutlich besser als die der Variante WS-SUM (304g/cm²).

Darüberhinaus konnten auch die beiden kritischen Haushaltsjahre 1966/67 und 1967/68 durch WS-SUM-Neu besser wiedergegeben werden. Dies kommt insbesondere in Abbildung 69 zum Ausdruck, in der die Lage der rekonstruierten MSB-Werte für die beiden verglichenen Versionen des TS-Modells gekennzeichnet ist. Im Unterschied zu WS-SUM tendiert WS-SUM-Neu zu einer generellen aber geringfügigen Unterschätzung der Auswirkungen der gletschergünstigen Haushaltsjahre 1966/67 und 1967/68 auf den Massenhaushalt des Nördlichen Schneeferners.

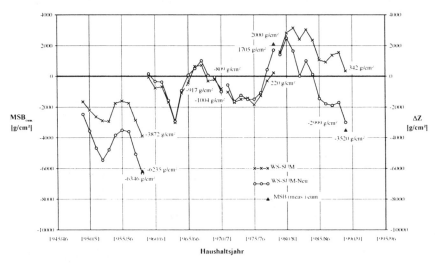

Abb. 70: Vergleich der kumulierten Massenbilanzreihen mit photogrammetrisch ermittelten Höhendifferenzen (TS-Varianten WS-SUM nach HOINKES und STEINACKER (1975a) und WS-SUM- Neu)

Darüberhinaus ist die verbesserte Variante zudem in der Lage, über den Zeitraum 1949-1990 plausible Werte zu liefern (*Abb. 70, Tab. 48*). In den vier betrachteten Zeitperioden 1949-1959, 1959-1971, 1971-1979 und 1979-1990 nähern sich die nach Maßgabe der Version WS-SUM-Neu berechneten und kumulierten MSB den photogrammetrisch ermittelten und aus Gründen der Vergleichbarkeit reduzierten Höhendifferenzen an. Dabei verhält sich das Modell gerade in Phasen mit mehreren aufeinanderfolgenden Haushaltsjahren mit deutlich negativen bzw. positiven MSB sehr stabil. Im Zeitraum 1959-1971, der sich für den Nördlichen Schneeferner nach den photogrammetrischen Ergebnissen insgesamt indifferent gestaltet, entspricht die kumulierte, geringfügige Abweichung der Variante WS-SUM-Neu der von WS-SUM.

Tab. 48: Vergleich der kumulierten Massenbilanzreihen mit photogrammetrisch ermittelten Höhendifferenzen (TS-Varianten WS-SUM nach HOINKES und STEINACKER (1975a) und WS-SUM-Neu)

Zeitraum	ΔH [g/cm²]	WS-SUM [g/cm²]	WS-SUM-Neu [g/cm²]
1949-1959 (Abweichung)	-6235	-3872 (2363)	-6346 (-111)
1959-1971 (Abweichung)	-917	-809 (108)	-1004 (-87)
1971-1979 (Abweichung)	+2000	+230 (-1770)	+1705 (-295)
1979-1990 (Abweichung)	-3520	+342 (3862)	-2999 (521)

Die gute Übereinstimmung von WS-SUM-Neu mit den gemessenen Massenbilanzwerten der Haushaltsjahre 1962/63-1967/68 und den photogrammetrisch ermittelten Höhendifferenzen ermöglicht die Berechnung einer durchgehenden MSB-Reihe des Nördlichen Schneeferners. Die Ergebnisse für den Zeitraum 1945/46-1993/94 sind in *Abbildung 71* (singuläre und kumulierte Haushaltsjahre) und *Tabelle A1* (ANHANG) dargestellt. Die Berechnung der Haushaltsjahre 1945/46-1948/49 erfolgte auf Basis der homogenisierten Niederschlagsdaten der Station Zugspitze.

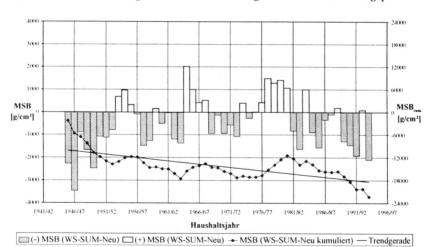

Abb. 71: Mittlere spezifische Nettomassenbilanzen des Nördlichen Schneeferners im Zeitraum 1945/46-1993/94

Die Schwankungsbreite der MSB einzelner Haushaltsjahre bildet letztlich die große Variabilität des Niederschlages am Randbereich eines Hochgebirges ab. Massengewinne von bis zu +2000g/cm² (1964/65) stehen Verluste gegenüber, die mehrmals unter -2000g/cm² reichen (-3500g/cm², 1946/47). Es läßt sich eine chronologische Differenzierung der Entwicklung des Nördlichen Schneeferners erkennen. Der Zeitraum 1945-1994 kann zunächst grob in drei Phasen zerlegt werden:

- 1945/46-1952/53
  Die erste Phase von 1945 bis 1953 spiegelt eine im gesamten Alpenraum beobachtete extrem gletscherungünstige Phase wider. Die MSB-Werte dieser acht Haushaltsjahre waren durchgehend negativ, der Nördliche Schneeferner verlor in diesem Zeitraum umgerechnet ca. 15m an Mächtigkeit.
- 1953/54-1980/81
  Diese insgesamt 28 Haushaltsjahre umfaßende Periode ist durch eine indifferente Entwicklung der mittleren spezifischen Massenbilanz des Nördlichen Schneeferners gekennzeichnet. Die kumulierte Massenbilanz am Ende dieser Phase ist mit -11475g/cm² geringfügig höher als zum Zeitpunkt des Haushaltsjahres 1953/54 (-13783g/cm², vgl. *Abb. 71*).
- 1981/82-1993/94
  Mit dem Haushaltsjahr 1981/82 tritt eine Wende der Entwicklung des Nördlichen Schneeferners hin zu überwiegend negativen MSB-Werten ein, die generell bis in das Jahr 1993/94 anhält und in etwas abgeschwächter Form die Verhältnisse der 1940er Jahre nachzeichnet. Insgesamt verliert der Nördliche Schneeferner in diesem 13-jährigen Zeitraum umgerechnet ca. 12m an vertikaler Mächtigkeit, die Massenverluste summieren sich im Zeitraum 1945/46-1993/94 auf -22360g/cm² (-24,5m).

Während die Perioden 1945/46-1952/53 und 1981/82-1993/94 Zeiträume darstellen, die sich durch tendenziell einheitliche MSB-Werte auszeichneten und große Massenverluste des Nördlichen Schneeferners bedingten, können im Zeitraum 1953/54-1980/81 einzelne Phasen unterschieden werden, die als Ausdruck einer unterschiedlichen Gletschergunst zu werten sind:

- Eine kurze, nur drei Haushaltsjahre umfassende und von 1953/54 bis 1955/56 andauernde Phase löst die gletscherungünstigen 1940er und beginnenden 1950er Jahre ab und führt zu einem Bilanzgewinn von +1965g/cm².
- Die daran anschließende Periode von 1956/57 bis 1963/64 ist bis auf das Haushaltsjahr 1959/60 durch negative Massenhaushalte gekennzeichnet. Am Ende dieser Phase erreichte der NSF im Betrachtungszeitraum ein erstes Minimum der kumulierten MSB-Werte (-15579g/cm²), der Bilanzverlust des Zeitraumes 1956/57 bis 1963/64 beträgt -5684g/cm².
- Die vier Haushaltsjahre 1964/65 bis 1967/68 zeichnen sich durch deutliche Massengewinne aus, die nach GÜNTHER (1982) bei keinem anderen Gletscher des Alpenraumes registriert werden konnten. Dieser Zeitraum fällt zur Gänze mit den auf dem Nördlichen Schneeferner durchgeführten glaziologischen Messungen zusammen. Der Bilanzgewinn beträgt +4073g/cm² (gemessen) bzw. +3951g/cm² (kalkuliert).

- Am Ende der von 1976/77 bis 1980/81 andauernden Phase erreicht der Nördliche Schneeferner mit -11475g/cm² (kumuliert) ein letztes, sekundäres Maximum. Die sogenannten *gletschergünstigen 1970er Jahre* reduzieren sich auf der Zugspitze auf einen Zeitraum, der erst gegen 1976 beginnt und bereits 1981 wieder endet. Die nach PATZELT (1990) gletschergünstige Phase 1965-1980 kann für den Nördlichen Schneeferner anhand der kumulierten MSB-Kurve bis in das Haushaltsjahr 1980/81 nachvollzogen werden. Allerdings schließt diese Periode den Zeitraum 1968/69 bis 1972/73 ein, in dem der Nördliche Schneeferner -3660g/cm² an Masse verlor. Insgesamt beträgt der Bilanzgewinn des 17-jährigen Zeitraumes 1964/65 bis 1980/81 +6115g/cm².

8.3.7 Die Entwicklung des Nördlichen Schneeferners im großräumigen Vergleich

Das Ergebnis eines großräumigen Vergleiches der Entwicklung des Nördlichen Schneeferners ist in *Abbildung 72* bzw. *Tabellen A2* und *A3* (ANHANG) wiedergegeben. Die in den Vergleich einbezogenen Gletscher sind

- der Nördliche Schneeferner,
- die von STEINACKER (1979) nach der TS-Methode berechneten und verglichenen Aletschgletscher, Hintereisferner und Sonnblickkees,
- die von GÜNTHER (1982) berechneten Silvrettagletscher und Griesgletscher sowie
- das von HAMMER (1993) untersuchte Wurtenkees.

Diese Auswahl deckt weite Bereiche der Ostalpen und einen Teil der Westalpen ab und kann als ein repräsentativer Querschnitt betrachtet werden. Der Bezugszeitraum des Vergleichs mußte auf die Periode 1949/50-1973/74 beschränkt werden, weil nur für diese Zeitspanne für alle betrachteten Gletscher rekonstruierte oder berechnete MSB-Werte vorliegen.

Abbildung 72 zeigt den Verlauf der kumulierten MSB der verglichenen Gletscher. Zeiträume, für die eine nach der glaziologischen Methode ermittelte Massenbilanzreihe vorliegt, sind durch etwas stärkere Liniensignaturen angedeutet.

Grundsätzlich lassen sich zunächst zwei Gruppen mit abweichenden tendenziellen Entwicklungen differenzieren. Zum einen das aus dem Aletschgletscher, Sonnblickkees, Silvrettagletscher und Griesgletscher bestehende Quartett großer Alpengletscher, welches im Validierungszeitraum des Vergleichs nur moderate Massenverluste verzeichnete, zum anderen die aus Wurtenkees, Hintereisferner und Nördlichem Schneeferner bestehende Gruppe, welche bis zum Haushaltsjahr 1963/64 nahezu identische Bilanzverluste verzeichnete und deren weitere Entwicklung sehr stark von der Reaktion auf den gletschergünstigen Zeitraum zwischen 1964/65 und 1967/68 bedingt wird. Während der Nördliche Schneeferner in diesem Zeitraum die höchsten Bilanzgewinne aller betrachteten Gletscher verzeichnet, reagiert das Wurtenkees als einziger Gletscher des Vergleichs überhaupt nicht auf die gletschergünstigen Klimabedingungen dieser Jahre und verliert weiter an Masse. Der Hintereisferner gleicht in dieser Periode dem Gros der restlichen Zentralalpengletscher, sein Bilanzgewinn dieses kurzen Zeitraumes liegt mit +1627g/cm² um -2376g/cm² unter dem des Nördlichen Schneeferners (+4003 g/cm²).

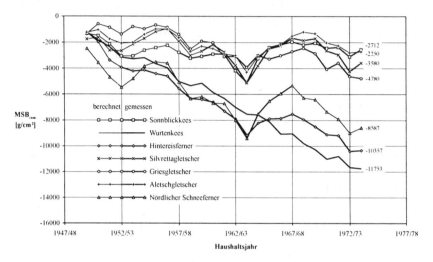

Abb. 72: Vergleich der mittleren, spezifischen Nettomassenbilanzen ausgewählter Gletscher der Alpen 1949/50-1973/74 - Werte nach GÜNTHER (1982); STEINACKER (1979) und HAMMER (1993)

Gut kommt in *Abbildung 73* die große Variabilität der MSB des Nördlichen Schneeferners zum Ausdruck. Sie zeigt einen längerfristigeren Vergleich (1949/50-1990/91) der Gletscherentwicklung des Nördlichen Schneeferners mit dem Wurtenkees (HAMMER 1993) und dem Vernagtferner (KRAUL 1992). Hierzu sind in *Tabelle A4* (ANHANG) die kumulierten MSB-Werte der drei Gletscher verzeichnet, in *Tabelle A5* (ANHANG) sind neben den Jahreswerten zusätzlich deskriptive, statistische Streuungsmaße aufgeführt, die die Variabilität des Massenhaushaltes des Gletscherfleckens unterstreichen.

Bis auf wenige Ausnahmen liegen die absoluten Beträge der MSB des Nördlichen Schneeferners stets deutlich über den entsprechenden Ergebnissen des Vernagtferners (*Abb. 73*). Klimagünstige Zeiträume im Sinne von Perioden, die sich insbesondere durch tiefe Temperaturen während der Ablationsphasen und - nachrangig - durch Niederschläge auszeichnen, werden durch deutliche Bilanzgewinne, klimaungünstige Phasen durch extreme Bilanzverluste des Gletscherfleckens wiedergegeben. Der statistische Zusammenhang zwischen dem mittleren spezifischen Massenhaushalt des Nördlichen Schneeferners und der Lufttemperatur bzw. dem Niederschlag ist in *Tabelle 49* wiedergegeben.

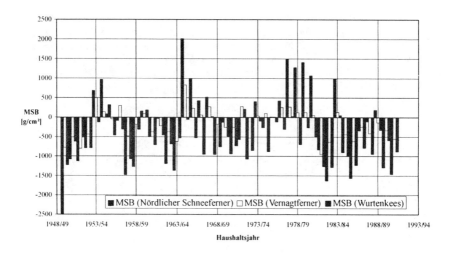

Abb. 73: Vergleich der kumulierten, mittleren, spezifischen Nettomassenbilanzen ausgewählter Gletscher der Alpen 1949/50-1990/91 (Nördlicher Schneeferner, Wurtenkees (nach HAMMER 1993), Vernagtferner (nach KRAUL 1992))

Tab. 49: Stochastischer Zusammenhang zwischen der MSB und der Lufttemperatur bzw. dem Niederschlag des Nördlichen Schneeferners während der Ablations (A)- und Akkumulationsphasen (C)

	N(C)	N(A)	T(C)	T(A)
Korrelation	0,56	0,55	-0,26	-0,81
r²	0,30	0,29	0,07	0,66
Signif F	99,9%	99,9%	92,2%	99,9%

Die nahezu lineare negative Entwicklung des Wurtenkees, die bereits für den Zeitraum 1949/50-1973/74 konstatiert wurde, setzt sich auch in den anschließenden Haushaltsjahren bis einschließlich 1990/91 fort (Abb. 74).

Nach HAMMER (1993) liegen die Ursachen für diesen rapiden Eisschwund des Wurtenkees

– in dessen Typologie (höherer Bereich Hängegletscher, tieferer Bereich Lawinenkesseltyp (BÖHM et al. 1985) sowie in dessen
– ungünstiger Südexposition begründet.

Insgesamt betragen die Eismassenverluste des Wurtenkees im Zeitraum 1949/50-1990/91 22717g/cm² (Abb. 74, Tab. A4 (ANHANG)), sie liegen damit deutlich tiefer als die entsprechenden Werte des Vernagtferners (6556g/cm²) bzw. Nördlichen

Schneeferners (10103g/cm²). Die gletschergünstige Phase zwischen 1964/65 und 1980/81 sowie den Zeitraum ab Mitte der 1970er Jahre bis 1980/81 konnte letztendlich nur der Nördliche Schneeferner in einen deutlichen Bilanzgewinn umsetzen ($\Delta MSB_{1965-1981}$=+6115g/cm², $\Delta MSB_{1976-1981}$=+5678g/cm²), der dazu führte, daß die Massenverluste des Nördlichen Schneeferners im Vergleich zum Vernagtferner relativ gering ausfielen.

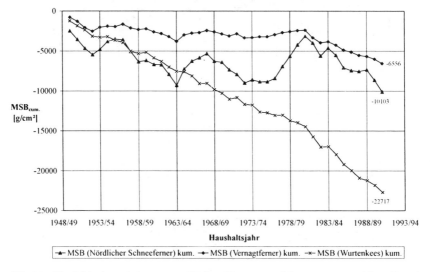

Abb. 74: Vergleich der mittleren, spezifischen Nettomassenbilanzen ausgewählter Gletscher bzw. Gletscherflecken 1949/50-1990/91 (Nördlicher Schneeferner, Wurtenkees (nach HAMMER 1993), Vernagtferner (nach KRAUL 1992))

9. ABSCHÄTZUNG EINER MÖGLICHEN ENTWICKLUNG DES NÖRDLICHEN SCHNEEFERNERS

9.1 Vorbemerkungen

Eine in die Vergangenheit gerichtete Betrachtung der Gletschergeschichte zieht zwangsläufig auch immer die Frage nach einer möglichen zukünftigen Entwicklung nach sich. In diesem Kapitel wird deshalb jener Problemkreis Gegenstand einer differenzierteren Betrachtung sein. Es soll ein Verfahren vorgestellt werden, mit dessen Hilfe es möglich sein könnte, die zukünftige Entwicklung des Nördlichen Schneeferners, möglicherweise auch seine noch verbleibende Lebensdauer auf Basis verschiedener Klimaszenarien abzuschätzen.

Die Bemühungen um eine Abschätzung der zukünftigen Entwicklung der Alpengletscher unter möglicherweise veränderten Klimabedingungen sind generell von unterschiedlicher Motivation. Während etwa in der Schweiz ca. 60% der Energie durch Wasserkraft erzeugt wird und die Prognose einer zukünftig zu erwartenden Gletscherspende bzw. der Bewegungstendenz der Gletscher bei der Projektierung von Stauräumen im konkreten Einzelfall von großem wirtschaftlichem Interesse sein kann (vgl. MÜLLER 1988), stellen die Gletscher der Nördlichen Kalkalpen eher sinnlich wahrnehmbare Landschaftselemente dar, deren Abschmelzen im wesentlichen Auswirkungen auf den ästhetischen Reiz des Nordalpenraumes hätte. In neueren Arbeiten, die sich mit der Gletschergeschichte in Teilräumen der Alpen beschäftigen, wird daher immer wieder versucht, auf Grundlage aktueller Klimaszenarien die zu erwartenden Veränderungen der Vergletscherung abzuschätzen (MAISCH 1992; STÖTTER 1994). Nach MAISCH (1992) wird zu diesem Zweck im Regelfall ein prognostizierter Temperaturanstieg unter vereinfachenden aber empirisch abgesicherten Annahmen in Schneegrenzanstiegsbeträge umgerechnet. Die daraus resultierende Veränderung der Gletscherflächen wird anschließend unter Berücksichtigung der Flächen-Höhenverteilung des Gletschers (Hypsographie) geometrisch bestimmt.

Diese Abschätzungen bedienen sich oftmals der in den letzten Jahren entwickelten globalen Klimamodelle, deren Modellberechnungen einer zukünftig zu erwartenden Klimaentwicklung prinzipiell auf der Annahme einer Verdoppelung der CO_2-Konzentration (=zentraler Modellzustand) beruhen. Die Bedeutung des CO_2-Gehaltes der Atmosphäre für eine prognostizierte Temperaturveränderung wird mit 50% (DEUTSCHER BUNDESTAG 1988) bzw. 61% (SHINE et al. 1990) bewertet. Nach WATSON et al. (1990) beträgt der Anstieg der CO_2-Konzentration in der Atmosphäre gegenwärtig etwa 0,5%/a. Darüberhinaus werden Spurengase, deren atmosphärischer Anteil zwar mengenmäßig stark zurücktritt, deren Klimawirksamkeit gegenüber CO_2 jedoch stark erhöht ist (Fluorkohlenwasserstoffe (FCKW), Lachgas (N_2O), Methan (NH_4) u.a., GRASSL und KLINGHOLZ 1990), ebenfalls berücksichtigt.

Nach CUBASCH und CESS (1990) lassen sich vier globale Systemansätze nach dem Grad ihrer Komplexität und ihrer Vorgehensweise unterscheiden:

- Paläo-analoge Modelle
- Modelle der allgemeinen Zirkulation der Atmosphäre
- Ozean-Modelle
- Gekoppelte Ozean-Atmosphäre-Modelle

Generell besteht derzeit die Tendenz, bestehende Modellansätze durch differenziertere Erkenntnisse vor allem im Bereich der Wechselwirkungen (positive und negative Rückkopplungen) zwischen atmosphärischen und reliefbedingten Prozessen einerseits und den daraus resultierenden Veränderungen des globalen Klimas andererseits zu verfeinern. Insbesondere die neueren Erkenntnisse hierüber haben aber auch dazu geführt, daß die in der Vergangenheit gemachten, teilweise vereinfachende Annahmen über die Wirksamkeit einzelner atmosphärischer Prozesse einer neuerlichen Überprüfung unterzogen werden müssen (FLOHN 1993; LINDZEN 1993; BALLING 1993).

Die zunehmend kritische Beurteilung der Grenzen der Zuverlässigkeit von Klimamodellen hat in letzter Zeit zu einer Kontroverse zwischen den Anhängern und den Skeptikern eines anthropogen bedingten oder zumindest verstärkten Treibhauseffektes geführt (STÖTTER 1994). Die Spannweite der Modellergebnisse deckt dementsprechend auch einen weiten Wirkungsbereich ab, der von der Prognose deutlicher Temperaturerhöhungen in Zusammenhang mit katastrophalen Verschiebungen von Klimazonen (GRASSL und KLINGHOLZ 1990) bis hin zur völligen Ablehnung anthropogen bedingter, zukünftiger klimatischer Modifikationen reicht (KUHN 1990b). In diesem Zusammenhang muß auch darauf hingewiesen werden, daß die gegenwärtige Diskussion über einen möglichen, anthropogen bedingten Treibhauseffekt vor dem Hintergrund eines mittlerweile veränderten Stellenwertes dieser Fragestellung geführt wird, da die wissenschaftliche Auseinandersetzung mit dieser Thematik unzweifelhaft den Status eines Politikums erhalten hat.

Eine gute Zusammenfassung und Diskussion zukünftiger numerischer Veränderungen einzelner meteorologischen Parameter wird in der Veröffentlichung des IPCC (1990, 1992) gegeben, die Ergebnisse der Klimawirkungsforschung unter veränderten klimatischen Bedingungen faßt MINTZER (1992) zusammen.

Generell gehen die Bestrebungen dahin, eine höhere räumliche Modellauflösung zu erzielen, die Gitterweite der Modelle zu minimieren um somit Aussagen über die klimatische Entwicklung kleinerer Teilregionen zu ermöglichen. So beschäftigen sich derzeit einige nationale bzw. länderbezogene Forschungsprojekte unter anderem mit der Entwicklung aussagekräftiger regionaler Klimamodelle (Nationales Forschungsprojekt der Schweiz (NFP 31), Teilprojekt ALPCLIC=Alpine Climate Change, Bayerisches Klimaforschungsprogramm (BayFORKLIM), vgl. Kap. 1.1).

Der Alpenraum zeichnet sich in prognostischer Hinsicht bislang durch einen generellen Mangel an spezifischen Klimamodellen aus. Die globalen Klimamodelle sind aufgrund des zu großen Gitterpunktabstandes gegenwärtig noch nicht in der Lage, eine Übertragung der Ergebnisse auf die Alpen zu gewährleisten.

Zu den allgemeinen Schwierigkeiten, die bei der Entwicklung eines Klimamodelles für Hochgebirge auftreten, zählen nach STÖTTER (1994) insbesondere folgende Faktoren:
- Modellierung der kleinräumig wechselnden naturräumlichen Besonderheiten
- Berücksichtigung des extrem variablen Reliefs
- Genereller Datenmangel (Fehlen von Langzeitmessungen insbesondere in höheren Lagen der Alpen)

Aus diesem Grund beschränken sich die für den Alpenraum entwickelten Prognosen im wesentlichen auf die Berücksichtigung vereinfachter klimatologischer bzw. ökologischer Parameter (OZENDA und BOREL 1991). Diese spezifischen Szenarien gehen in der Regel vereinfachend von einer Verdoppelung des CO_2-Gehaltes der Atmosphäre bis etwa in das Jahr 2050 aus.

Nach OZENDA und BOREL (1991) lassen sich zwei Prognosen einer zukünftigen klimatischen Entwicklung im Alpenraum unterscheiden:
- *GISS-Modell*
   Das GISS-Modell (=Goddard Institute of Space Science) prognostiziert eine Erhöhung der Jahresmitteltemperatur um 3,8K sowie eine Zunahme der jährlichen Niederschlagssumme von 140mm, die sich insbesondere im Winterhalbjahr auswirken sollen (MEINL et al. 1984).
- *BMO-Modell*
   Das BMO-Modell (=Modell des British Meteorological Office) prognostiziert eine Erhöhung der Lufttemperatur im Alpenraum von 2,5K (OZENDA und BOREL 1991). Im Gegensatz zum GISS-Modell geht das BMO-Modell von einer indifferenten Niederschlagsentwicklung am Alpennordrand und einer Abnahme der Niederschläge im südwestlichen Alpenraum sowie am südlichen Alpenrand aus.

Während sich die beiden Modellansätze in der Prognose der Temperaturerhöhung tendenziell vergleichen lassen, besteht in der Beurteilung möglicher Veränderungen der Niederschlagsentwicklungen eine erhebliche Diskrepanz. Dies ist nach STÖTTER (1994) im wesentlichen auf die kleinräumige Variabilität der Niederschlagsverhältnisse in den Alpen zurückzuführen. BACH (1987) berechnete auf Grundlage der Klimadaten einiger hochgelegener Stationen eine mittlere Temperaturzunahme von 3,25K (GISS-Modell) bzw. 2,75K (BMO-Modell) sowie eine maximale Niederschlagsveränderung von +60mm (GISS-Modell) bzw. ±0mm (BMO-Modell).

Während also derzeit eine mittelfristige Temperaturerhöhung im Alpenraum gesichert scheint, deren Dimension nach STÖTTER (1994) in neueren Untersuchungen (Prognosen) einen rückläufigen Trend erkennen läßt, kann die Entwicklung der Niederschlagsverhältnisse in den Alpen derzeit nicht beurteilt werden. Aus diesem Grund wird im nachfolgenden Kapitel 9.2 auf Grundlage der berechneten MSB des Nördlichen Schneeferners sowie verschiedener Szenarien, die sich ausschließlich auf die Annahme steigender Lufttemperaturen stützen, eine konkrete Abschätzung der möglichen Entwicklung dieses Gletscherfleckens vorgenommen.

9.2 Szenarien und Ergebnisse

9.2.1 Extrapolation der Flächenentwicklung des Nördlichen Schneeferners

Eine erste, vereinfachende Annahme über die Abschätzung der weiteren Entwicklung des Nördlichen Schneeferners geht von einer Extrapolation der Flächenentwicklung dieses Gletscherfleckens aus. In *Abbildung 75* sind die Flächenwerte sowie die kumulierten, berechneten MSB des Nördlichen Schneeferners, desweiteren die Trendgeraden bzw. -kurven der chronologischen Entwicklungen unterschiedlicher Zeiträume dargestellt.

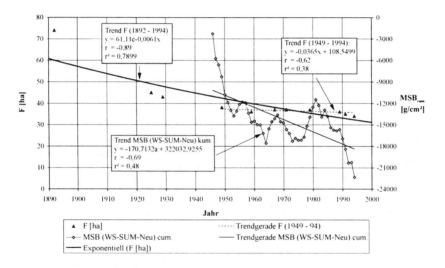

Abb. 75: Flächenentwicklung (1892-1994 bzw. 1949-1994) und Entwicklung der nach WS-SUM-Neu berechneten MSB (1945/56-1993/94) des Nördlichen Schneeferners

Während die Entwicklung der mittleren spezifischen Nettomassenbilanz des Nördlichen Schneeferners hochsignifikant negativ verläuft (vgl. Kap. 8.3.6), schwächt sich die negative Flächenentwicklung des Gletscherfleckens im Laufe des 20. Jahrhunderts stark ab (Trendkurve $F_{1892-1994}$, *Abb. 75*), seit etwa Ende der 1940er Jahre verliert der Nördliche Schneeferner zwar deutlich an Volumen, jedoch nur in untergeordnetem Maße an Fläche (Trendgerade $F_{1949-1994}$, *Abb. 75*). Die insgesamt ungünstigen klimatischen Verhältnisse des Zeitraumes 1945-1994 sind dementsprechend durch ein großflächiges, das gesamte Areal des Gletscherfleckens umfassendes Abschmelzen bzw. Niedertauen der Gletscheroberfläche gekennzeichnet.

Eine in die Zukunft gerichtete Extrapolation der exponentiellen (Trendkurve $F_{1892-1994}$) oder gar der linearen (Trendgerade $F_{1949-1994}$) Flächenentwicklung ergäbe - angesichts der in diesen Zeiträumen aufgetretenen starken Massenverluste - ein völlig verzerrtes Bild. Aus diesem Grund wird dieser Ansatz im Rahmen der vorliegenden Arbeit nicht weiter verfolgt.

9.2.2 Extrapolation der kumulierten mittleren spezifischen Nettomassenbilanz des Nördlichen Schneeferners

Im Rahmen dieses Kapitels soll eine Abschätzung einer möglichen Entwicklung des Nördlichen Schneeferners auf Grundlage einer Extrapolation der kumulierten MSB-Werte vorgenommen werden. Aufgrund der relativ hohen Massenverluste im Validierungszeitraum der Berechnungen (1949/50-1993/94) erscheint es angebracht, über diese Fragestellung hinaus auch eine Abschätzung der dem NSF noch verbleibenden 'Lebensdauer' vorzunehmen. Dabei kann davon ausgegangen werden, daß der Nördliche Schneeferner dann völlig abgeschmolzen ist, wenn die Massenverluste des Gletscherfleckens seine maximale vertikale Mächtigkeit überschreiten.

Die Schwierigkeit, die sich daraus ergibt, ist die Festlegung eines maximalen Eisdickenwertes des Nördlichen Schneeferners. Über diesen Parameter liegen bislang keine expliziten Untersuchungen und Ergebnisse vor, es existiert lediglich eine Angabe von FINSTERWALDER und RENTSCH (1973), die die vertikale Eismächtigkeit in einer Gletschermühle in der Mitte des Ferners mit ca. 25m zu Beginn der 1960er Jahre angeben. Dieser Wert entspricht in etwa den Ergebnissen von MAYER (1993), der die Dicke des Schwarzmilzferners auf der Grundlage von geoelektrischen Tiefensondierungen mit knapp über 30m angibt.

Auf Basis einer zunächst angenommenen maximalen vertikalen Mächtigkeit des Nördlichen Schneeferners von 30m im Jahre 1960, dieser Wert liegt +5 m höher als die Angaben von FINSTERWALDER und RENTSCH (1973), wurden insgesamt fünf verschiedene Szenarien entwickelt, die eine relativ große Spannweite möglicher Entwicklungen zulassen:

– *Szenario 1*
Szenario 1 extrapoliert die rekonstruierte und kumulierte MSB-Reihe des Nördlichen Schneeferners in die Zukunft. Diesem Szenario liegt dementsprechend die Annahme zugrunde, daß die klimatischen Bedingungen des Zeitraumes 1945-1994 dupliziert werden, es also zu keinen klimatischen Veränderungen im Vergleich zum Validierungszeitraum der Massenbilanzberechnungen kommen wird.

– *Szenario 2*
Szenario 2 basiert auf einer in die Zukunft gerichteten mehrfachen Aneinanderreihung des letzten, von 1981 bis 1994 andauernden Abschnittes der MSB-Reihe. Damit geht dieses Szenario von der Annahme aus, daß die thermisch extrem ungünstigen Haushaltsjahre dieses Abschnittes einem neuen mittleren

Temperaturniveau entsprechen, es aber zu keiner weitergehenderen Erwärmung der Atmosphäre kommen wird.
- *Szenarien 3-5*
Die Szenarien 3-5 berücksichtigen eine (unterschiedliche) Temperaturerhöhung nach Maßgabe verschiedener Klimamodelle durch das IPCC (1990, 1992). Im Rahmen der vorliegenden Arbeit wird demnach davon ausgegangen, daß sich die Lufttemperatur auf der Zugspitze bis in das Jahr 2050 um 1,5K (*Szenario 3*), 2,5K (*Szenario 4*) bzw. 3,5K (*Szenario 5*) im Vergleich zu 1901 (Meßbeginn auf der Zugspitze) erhöhen könnte. Eine mögliche Veränderung der Niederschlagssummen wird nicht berücksichtigt. Damit nähern sich diese drei Szenarien dem BMO-Modell an (vgl. Kap. 9.1).
Das Berechnungsverfahren besteht in einer Extrapolation der auf den Lufttemperaturen des Zeitraumes 1945-1994 berechneten Original-MSB-Reihe durch eine unter Berücksichtigung der in unterschiedlichem Maße ansteigenden Temperaturen berechnete neue MSB-Reihe.

Da der Temperaturanstieg auf der Zugspitze seit 1901 bis 1994 0,6K beträgt (vgl. Kap. 8.3.2), eine lineare Extrapolation dieses Trends bis in das Jahr 2050 jedoch lediglich eine Temperaturerhöhung von 1,0K ergibt (*Abb. 76*), die Szenarien 3-5 aber von einem deutlich höheren Temperaturanstieg ausgehen, wurden die der Kalkulation der neuberechneten MSB-Reihe zugrunde liegenden Temperaturen exponentiell erhöht, so daß der Temperaturanstieg des Zeitraumes 1901-2050 schließlich den Erfordernissen der Szenarien 3-5 entsprach.

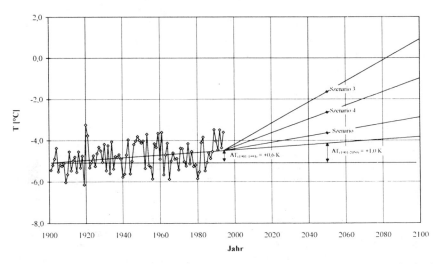

Abb. 76: Extrapolation des linearen Trends der Lufttemperatur auf der Zugspitze im Vergleich mit Szenarien des IPCC (1990, 1992)

Der Nördliche Schneeferner gilt als abgeschmolzen, wenn die Massenverluste seit 1960 30m betragen, die sich daraus ergebende Nullinie ergibt sich aus (*F18*) auf Basis einer Umrechnung der vertikalen Mächtigkeit in die Masseneinheit g/cm² zu MSB_{cum}.=-42500g/cm² (*Abb. 77* und *78*).

(F18)

$$\chi \approx MSB_{cum}(1960) - 30000 cm * 0,917 \frac{g}{cm^3}$$

$$\Rightarrow \chi \approx -14997 \frac{g}{cm^2} - 27510 \frac{g}{cm^2}$$

$$\Rightarrow \chi \approx -42500 \frac{g}{cm^2}$$

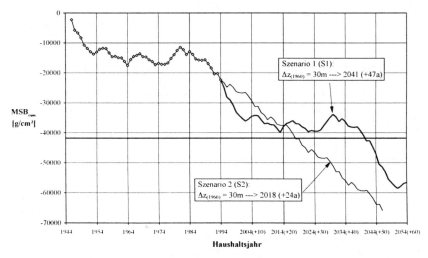

Abb. 77: Ergebnisse der Extrapolation der MSB-Reihe des Nördlichen Schneeferners (Szenarien 1 und 2)

In *Abbildung 77* bzw. *Tabelle 50* sind die Ergebnisse der Szenarien 1 und 2, in *Abbildung 78* und *Tabelle 50* die Resultate der Szenarien 3-5 dargestellt.

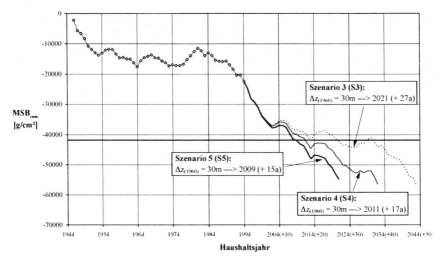

Abb. 78: Ergebnisse der Extrapolation der MSB-Reihe des Nördlichen Schneeferners (Szenarien 3-5)

Tab. 50: Zeitpunkte eines möglichen kompletten Abschmelzens des Nördlichen Schneeferners (Δa = Zeitdauer bis zum endgültigen Abschmelzen)

Szenarien	Szenario 1	Szenario 2	Szenario 3	Szenario 4	Szenario 5
Vollständige Ablation im Jahre	2041	2018	2022	2011	2009
Δa (ab 1994)	47	24	27	17	15

- *Szenario 1*
  Einen duplizierten Verlauf der für den Zeitraum 1945/46-1993/94 berechneten MSB-Reihe des Nördlichen Schneeferners vorausgesetzt würde der Gletscherflecken im Jahre 2041, also in etwa 47 Jahren (in Bezug auf das Jahr 1994) zur Gänze abgeschmolzen sein.
- *Szenario 2*
  Stellt man in Betracht, daß sich die letzten 13 berechneten Haushaltsjahre des Nördlichen Schneeferners zukünftig wiederholen, wäre der Ferner bereits sehr viel früher, nämlich gegen 2018, also in etwa 24 Jahren völlig abgeschmolzen.

Szenarien 3-5
Unter der Annahme, daß sich die Lufttemperatur zukünftig erhöhen wird, würde der Nördliche Schneeferner gegen 2022 (*Szenario 3*, +1,5K) bzw. 2011 (*Szenario 4*, +2,5K) bzw. 2009 (*Szenario 3*, +3,5K) vollständig abgeschmolzen sein.

Unter der Annahme, daß die Mächtigkeit des Nördlichen Schneeferners im Jahre 1960 nicht, wie von FINSTERWALDER und RENTSCH (1973) angegeben, 30 m betrug, sondern erheblich größere Werte erreichte, lassen sich die Zeiträume bis zu einem von den Szenarien 1-5 berechneten möglichen Abschmelzen bei einer angenommen Eisdicke von bis zu 80m aus den *Abbildungen 79* und *80* ablesen. Bezugsgrundlage ist ebenfalls das Jahr 1994.

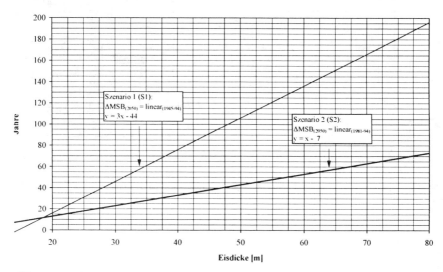

Abb. 79: Zeitdauer bis zum möglichen Abschmelzen des Nördlichen Schneeferners - Szenarien 1 und 2

Die Ergebnisse können selbstverständlich keine Belege dafür sein, daß eine von den Szenarien 1-5 beschriebene Entwicklung tatsächlich eintritt, sie machen aber deutlich, daß die gegenwärtige ´Lebenserwartung´ des Nördlichen Schneeferners unter bestimmten Umständen nur noch von sehr kurzer Dauer sein kann und daß eine "Entgletscherung" (MAISCH 1992) der Nördlichen Kalkalpen möglicherweise kein Prozeß ist, der lediglich in geologischen Zeiträumen erkennbar wird, sondern vielleicht unmittelbar und kurzfristig verfolgt werden kann.

Ein möglicherweise vollständiges Abschmelzen des Nördlichen Schneeferners kann darüberhinaus keinesfalls als ein Indiz für den umstrittenen anthropogenen Einfluß auf das globale Klima gewertet werden und stellt möglicherweise für das Holozän auch kein Novum dar. Nach GÜNTHER (1982) war der Nördliche Schneeferner (als Teil des Plattacher Ferners) mit Sicherheit im späten Präboreal, im späten Boreal, im älteren und mittleren Atlantikum, in der ersten Hälfte des Subboreals und im mittleren Subatlantikum als Resultat länger andauernder Wärmeperioden mehrmals zur Gänze abgeschmolzen.

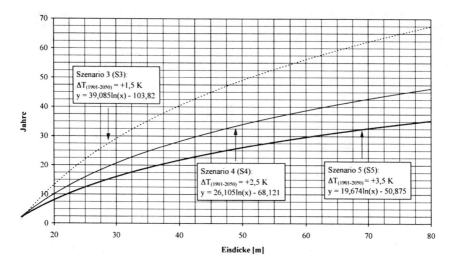

Abb. 80: Zeitdauer bis zum möglichen Abschmelzen des Nördlichen Schneeferners - Szenarien 3-5

10. ZUSAMMENFASSUNG

Die vorliegende Arbeit verfolgte das Ziel, die Kenntnisse über die Gletschergeschichte der Nördlichen Kalkalpen zu erweitern. Zentraler Untersuchungsraum war die Gebirgsgruppe der Lechtaler Alpen, hier wurde eine Rekonstruktion der Flächenentwicklung einiger rezent existierender Gletscherflecken vorgenommen. Der Untersuchungszeitraum erstreckte sich von der Hochstandsphase um 1850 bis in die Gegenwart (1994). Die in die glazialmorphologischen und historischen Untersuchungen einbezogenen Gletscherflecken waren

- der im Oberen Medriol gelegene Leiterferner,
- die um das Gebiet der Parseier Spitze gruppierten Patrolferner, Grinner Ferner und Parseierferner sowie
- der im Gebiet der Feuersteinspitzgruppe gelegene Fallenbacher Ferner.

Neben einer Betrachtung der Flächenveränderungen dieser Gletscherflecken während des Untersuchungszeitraumes stand ein weitergehender Vergleich mit einschlägigen Untersuchungsergebnissen der Nördlichen Kalkalpen bzw. Zentralalpen im Vordergrund. Zu diesem Zweck wurden zwei weitere Gletscherflecken der Lechtaler Alpen in die Auswertung der Ergebnisse aufgenommen (Vorderseeferner (Feuersteinspitzgruppe) und Parzüelferner (Vallugagruppe)).

Desweiteren wurde versucht, über eine Einzelfallbetrachtung hinaus Faktoren (Lageparameter) zu bestimmen, die für die Existenz der Gletscherflecken und für deren unterschiedliches Abschmelzverhalten im Validierungszeitraum verantwortlich zeichnen.

Letztlich wurden die Schneegrenzveränderungen im Gebiet der Lechtaler Alpen bestimmt und großräumig verglichen.

Ein zweiter Ansatz beschäftigte sich exemplarisch mit einer differenzierten Betrachtung des Massenhaushaltes des Nördlichen Schneeferners im Gebiet des Wettersteingebirges. Zu diesem Zweck wurde ein auf dem TS-Modell nach HOINKES und STEINACKER (1975a) basierendes Verfahren entwickelt, mit dessen Hilfe die mittleren spezifischen Nettomassenbilanzwerte der Haushaltsjahre 1945/46-1993/94 des Nördlichen Schneeferners berechnet werden konnten. Auf Grundlage dieser Kalkulation und unter Berücksichtigung verschiedener Klimaszenarien wurden abschließend mögliche Entwicklungen des Nördlichen Schneeferners aufgezeigt und diskutiert.

Die wesentlichen Ergebnisse dieser Arbeit sind nachfolgend kurz zusammengefaßt:

Flächenveränderungen der Gletscherflecken der Lechtaler Alpen

- Die Gletscherflecken der Lechtaler Alpen verlieren während des Validierungszeitraumes in unterschiedlichem aber stets deutlichem Maße an Fläche.
- Die Flächenverluste der Gletscherflecken seit Mitte des 19. Jahrhunderts betragen im einzelnen:

Leiterferner	-58,9%	Patrolferner	-98,4%
Grinner Ferner	-33,3%	Parseierferner	-84,5%
Fallenbacher Ferner	-80,3%	Vorderseeferner	-72,7%
Parzüelferner	-86,7%		

Die Angabe der relativen Flächenreduktion des Parseierferners beruht auf einer Abschätzung seiner Fläche um 1850.

– Die Ergebnisse der Flächenverluste der Gletscherflecken in den Lechtaler Alpen bewegen sich über den Rahmen bisheriger Ergebnisse aus dem Gebiet der Nördlichen Kalkalpen hinaus:

Lechtaler Alpen:	-73,5%
Berchtesgadener Alpen:	-69,7%
Wettersteingebirge:	-75,2%
Nördliche Kalkalpen (Gesamt):	-72,5%

– Die Flächenverluste der Gletscherflecken der Lechtaler Alpen wie auch die der anderen untersuchten Gletscher im Gebiet der Nördlichen Kalkalpen fallen im Vergleich zu den Ergebnissen aus den Zentralalpen generell deutlich höher aus.
– Die besondere Charakteristik der Eismassen im Gebiet der Lechtaler Alpen macht es notwendig, diese Ferner nicht als Gletscher sondern als Gletscherflecken zu klassifizieren. Ausschlaggebend hierfür ist im wesentlichen das generelle Fehlen eines typischen Nähr- und Zehrgebietes.
– Das Verhalten der Gletscherflecken in den Lechtaler Alpen unterstützt die Annahme, wonach die Gletscherhochstandsphase der Ostalpen in der Neuzeit um 1850 kulminierte, sich aber regional teilweise bis in die 1920er Jahre erstreckte.

Veränderungen der Schneegrenzhöhen seit 1850

– Der mit den Flächenreduktionen einhergehende Anstieg der Schneegrenzhöhen der Gletscherflecken in den Nördlichen Kalkalpen ist von einer starken Variabilität gekennzeichnet, die sich auch innerhalb der einzelnen Gebirgsgruppen nachweisen läßt.
– Die Veränderungen der Höhenlage der Schneegrenzen in den Lechtaler Alpen betragen im einzelnen:

Leiterferner	+30m	Patrolferner	+225m
Grinner Ferner	± 0m	Parseierferner	+150m
Fallenbacher Ferner	+70m	Vorderseeferner	+30m
Parzüelferner	+70m		

Die Veränderung der Höhenlage der Schneegrenze des Parseierferners seit 1850 wurde auf Grundlage einer Abschätzung der Gletscherfläche gegen Mitte des 19. Jahrhunderts vorgenommen.
- Der Schneegrenzanstieg innerhalb einzelner Gebirgsgruppen der Nördlichen Kalkalpen entspricht teilweise den Ergebnissen aus den Zentralalpen. Im einzelnen betragen die mittleren Veränderungen der Höhenlage bezogen auf größere Teilbereiche:

Lechtaler Alpen	+81m
Berchtesgadener Alpen	+70m
Wettersteingebirge	+80m
Nördliche Kalkalpen	+76m

- Die Angaben über Schneegrenzanstiege im Rahmen der vorliegenden Arbeit sind ausnahmslos als Mindestbeträge aufzufassen, da die Bestimmung einer gegenwärtigen Höhenlage einer Schneegrenze nicht auf einem ausgeglichenen Massenhaushalt der untersuchten Gletscherflecken beruht.

Flächenveränderungen und Morphographie der Gletscher der Nördlichen Kalkalpen

- Lediglich zwischen der neuzeitlichen Maximalausdehnung und den absoluten Flächenverlusten der Gletscher der Nördlichen Kalkalpen konnte ein glaziologisch begründeter und statistisch signifikanter Zusammenhang nachgewiesen werden.
- Weitere Lageparameter, wie etwa
  Exposition,
  Abschattung,
  Höhenerstreckung und
  mittlere Höhenlage,
lassen sich mit den Flächenveränderungen der Gletscher in den Nördlichen Kalkalpen nicht oder nur qualitativ in Einklang bringen oder sind auf Grundlage des vorhandenen Datenmaterials nicht zu erfassen.
- Die Gletscherflecken der Nördlichen Kalkalpen sind ausnahmslos nach N bis SE exponiert, dies kann als ein Beleg für die besondere glaziologische Klimagunst (Niederschlag und Strahlung) gewertet werden.
- Die Gletscherflecken der Nördlichen Kalkalpen können als Singularitäten im Raum betrachtet werden. Die individuellen Existenbedingungen sind komplex und können im Rahmen der vorliegenden Arbeit nicht näher geklärt werden.

Gletscherveränderungen und Klima

Die auf der Zugspitze seit 1901 gemessenen Lufttemperaturen zeigen einen positiven Trend ($\Delta T_a = +0,6K$, $\Delta T_A = +0,7K$, $\Delta T_C = +0,6K$)

Die Niederschlagssummen der Zugspitze im Zeitraum 1949 - 1994 zeigen einen gegenläufigen, statistisch allerdings nicht signifikanten Trend (ΔN_a=+1,57mm/a, ΔN_C=+2,46mm/a, ΔN_A=-0,94mm/a) . Auf eine Trendberechnung des Zeitraumes 1901-1994 wurde im Rahmen der vorliegenden Arbeit verzichtet, da zwischen 1901 und 1949 mehrmals Inhomogenitäten der Niederschlagsreihe auftreten.

- Die Berechnung der mittleren spezifischen Nettomassenbilanz des Nördlichen Schneeferners für den Zeitraum 1945 - 1994 erfolgte zunächst auf Basis des TS-Modells nach HOINKES und STEINACKER (1975a). Die erzielten Ergebnisse wiesen jedoch große Abweichungen zu den glaziologischen und photogrammetrischen Messungen auf, so daß die Entwicklung eines modifizierten TS-Modelles notwendig wurde.
- Mit Hilfe eines den spezifischen Verhältnissen des Nördlichen Schneeferners angepaßten TS-Modelles konnte eine komplette Massenbilanzreihe des Nördlichen Schneeferners für den Zeitraum 1945-1994 berechnet werden.
- Die Massenverluste des Nördlichen Schneeferners der Periode 1945-1994 betragen kumuliert 22360g/cm², dies entspricht einer Höhenreduktion der Gletscheroberfläche von ca. 24,5m.
- Die große Variabilität und die im Vergleich zu den Zentralalpen wesentlich höheren Niederschläge im Randbereich der Nordalpen spiegeln sich in der Schwankungsbreite der Haushaltswerte des Nördlichen Schneeferners wider.

Abschätzung der zukünftigen Entwicklung des Nördlichen Schneeferners

- Auf Basis der berechneten MSB-Werte des Nördlichen Schneeferners unter der Annahme einer Eisdicke von 30m im Jahre 1960 wurde unter Berücksichtigung verschiedener Klimaszenarien eine Abschätzung der weiteren Entwicklung und verbleibenden Lebensdauer des Ferners vorgenommen.
- Unter der Voraussetzung eines (wissenschaftlich derzeit nicht gesicherten) Eintretens der den Szenarien zugrundliegenden Eingangsparameter wird der Nördliche Schneeferner in 15-47 Jahren vollständig abgeschmolzen sein.
- Auf Grundlage dieser Berechnungen und wiederum unter der Voraussetzung zutreffender Annahmen der Szenarien konnten abschließend Diagramme erstellt werden, mit deren Hilfe für verschiedene Eismächtigkeiten des Nördlichen Schneeferners (bis 80m um 1960) der Zeitpunkt des vollständigen Abschmelzens bestimmt werden kann.

11. SCHLUSSBEMERKUNG

Die im Rahmen der vorliegenden Arbeit gewonnenen Erkenntnisse und die Ergebnisse anderer Autoren haben gezeigt, daß die kleinen Gletscherflecken der Nördlichen Kalkalpen als sehr reaktionsfreudige Klimazeiger betrachtet werden können, die klimatische Variationen in aller Regel durch unmittelbar erfolgende Vorstöße oder Rückschmelzprozesse beantworten. Aufgrund ihrer Sensibilität und ihrer geringen Eisreserven wirken sich bei ihnen längerfristigere Wärmeperioden stärker aus als bei den großen Zentralalpengletschern. Dies hat zur Folge, daß nahezu alle Gletscherflecken der Nördlichen Kalkalpen in ihrer Existenz sehr stark gefährdet sind. Am Beispiel des Nördlichen Schneeferners konnte gezeigt werden, daß das Verschwinden dieser Landschaftselemente unter bestimmten klimatischen Voraussetzungen sehr schnell vonstatten gehen könnte. Der Nördliche Schneeferner selbst gehört derzeit noch zu den größten Gletscherflecken der Nördlichen Kalkalpen und würde mit großer Wahrscheinlichkeit als einer der letzten Vertreter seiner Art abschmelzen.

So kann diese Arbeit grundsätzlich als Anregung dazu aufgefaßt werden, das Vergehen der Gletscher der Nördlichen Kalkalpen näher zu studieren, um daraus neue Erkenntnisse über glaziologische Prozesse und Wechselwirkungen in der Endphase eines Gletschers zu gewinnen. Über eine wissenschaftliche Auseinandersetzung mit dieser Thematik hinaus könnte es dann auch möglich sein, die Grenzen der Zeit zu überwinden und einen Blick in die Zukunft der Alpengletscher zu werfen.

12. LITERATURVERZEICHNIS

AELLEN, M. (1986): Das Beobachtungsnetz der Gletscherkommission. In: P. KASSER, M. AELLEN und H. SIEGENTHALER: Die Gletscher der Schweizer Alpen 1977/78 und 1978/79. Jubiläumsband 99. und 100. Bericht. Glaziologisches Jahrbuch der Gletscherkommission.

AHLMANN, H.W. (1935): Contribution to the Physics of Glaciers. Geogr. Jb. Bd. 86, S. 97-113.

AHLMANN, H.W. (1948): Glaciological Research on the North Atlantic Coasts. Royal Geogr. Soc., London, Res. Ser. Nr. 1, London.

ARCK, M. (1994): Topoklimatische Untersuchungen zum Abschmelzen der Zugspitzgletscher. Unveröffentlichte Diplomarbeit, Institut für Meteorologie, Ludwig-Maximilians-Universität München.

ATTMANSPACHER, W. (1981): 200 Jahre Meteorologische Beobachtungen auf dem Hohenpeißenberg 1781-1980. In: Ber. Dt. Wetterdienstes, Offenbach.

BACH, W. (1987): Scenario Analysis. European Workshop on Interrelated Bioclimatic and Land Use Change, A, Climate Scenarios, S. 1-9, Noordwijkerhout.

BADER, S. (1991): Die Modellierung von Nettobilanzgradienten spätglazialer Gletscher zur Herleitung der damaligen Niederschlags- und Temperaturverhältnisse. Dargestellt an Beispielen aus den Schweizer Alpen. Diss. Univ. Zürich, Physische Geographie, Vol. 31, 108 S.

BAHRENBERG, G. und E. GIESE (1990): Statistische Methoden in der Geographie. Stuttgart.

BALLING, R.C. (1993): Interpretation weltweiter Temperaturaufzeichnungen. EUROPÄISCHE AKADEMIE FÜR UMWELTFRAGEN (Hrsg.): Globale Erwärmung - Tatsache oder Behauptung? S. 52-70, Tübingen.

BARTH, H. (1874): Aus den nördlichen Kalkalpen. Verlag Eduard Amthor, Gera, 637 S.

BAUMGARTNER, A., REICHEL, E. und G. WEBER (1983): Der Wasserhaushalt der Alpen. Niederschlag, Verdunstung, Abfluß und Gletscherspende im Gesamtgebiet der Alpen im Jahresdurchschnitt für die Normalperiode 193-60, 343 S., München/Wien.

BÖHM, R. (1992): Lufttemperaturschwankungen in Österreich seit 1775. Österreichische Beiträge zu Meteorologie und Geophysik, Bd. 5, Wien.

BÖHM, R., HAMMER, N. und J. STROBL (1985): Massenhaushalt Wurtenkees - Jahresbilanz 1983/84. Teil A: Wetter und Leben, 37 (1), S. 37- 51, Teil B: Wetter und Leben, 37 (2), S. 88-96.

BRAUN, A.F. (1973): Einfaches sedimentologisches Modell zur Gliederung der von Gletschern abgelagerten Sedimente. N. Jb. Geol. Paläont., Mh. 6, S. 315-326, Tübingen.

BRAUN, A.F. (1974): Eine sedimentologische Ableitung der Eisrandschwemmkegel aus der Obermoräne. Eclogae Geol. Helv., 67 (1), S. 155-161, Basel.

BUDD, W.F. und I.F. ALLISON (1975): An Empirical Scheme for Estimating the Dynamics of Unmeasured Glaciers. Snow and Ice Symposium, Proceedings of the Moscow Symp., IAHS Publ. Nr. 104, S. 247-255.

BUISHAND, J.A. (1982): Some Methods for Testing the Homogeneity of Rainfall Records. J. Hydrol. 58, S. 11-27.

CHINN, T.J.H. (1979): Moraine Forms and their Recognition on steep Mountain Slopes. In: SCHLÜCHTER, C. (Hrsg.): Moraines and Warves, S. 31-57, Rotterdam.

CONRAD, V. und O. SCHREIER (1927): Die Anwendung des Abbeschen Kriteriums auf geophysikalische Beobachtungsreihen. Gerl. Beitr. Geophys. 17, S. 372-378.

CRADDOCK, J.M. (1979): Methods for Comparing Annual Rainfall Records for Climatic Purposes. Weather 34, S. 332-346.

CUBASCH, U. und R.D. CESS (1990): Processing and Modelling. IPCC (Intergovernmental Panel on Climate Change 1990). IPCC (1990): Climate Change - The Scientific Assessment, S. 69-91, Cambridge.

DEUTSCHER BUNDESTAG (Hrsg. 1988): Schutz der Erdatmosphäre. Bonn.

DREISEITL, E. (1973): Witterungsklimatologie von Vent und Massenbilanz des Hintereisferners 1955-1971. Ein Beitrag zur Meteorologie der Gletscher, Unveröffentlichte Dissertation, Universität Innsbruck, Phil. Fakultät.

EKHARDT, E. (1940): Zur Kenntnis der Schneeverhältnisse der Ostalpen. Gerland. Beitr. z. Geophys. 56

EMBLETON, C. und C.A.M. KING (1968): Glacial and Periglacial Geomorphology. Edinburgh.

ESCHER-VETTER, H. (1978): Quantitative Erfassung der kurzwelligen Strahlungsbilanz eines Gletschers. Schweiz. Met. Zentralanstalt, Verhandl. d. 15. Intern. Tagung f. Alpine Meteorologie., Grindelwald, 1. Tag, S. 247-250.

ESCHER-VETTER, H. (1980a): Energiehaushalt und Abfluß eines Alpengletschers (Vernagtferner/Ötztaler Alpen). XVIème Congres Internat. d. Meteorol. Alpine, Aix-les-Bains, S. 267-271.

ESCHER-VETTER, H. (1980b): Der Strahlungshaushalt des Vernagtferners als Basis der Energiehaushaltsberechnung zur Bestimmung der Schmelzwasserproduktion eines Alpengletschers. Wiss. Mttlg. d. Meteorol. Inst. München, Bd. 39.

FINSTERWALDER, S. (1907): Die Theorie der Gletscherschwankungen. Zeitschrift für Gletscherkunde und Glazialgeomorphologie, Band II, Heft 2, S. 81-103.

FINSTERWALDER, R. (1951a): Der Gletscherrückgang und die bayerischen Gletscher. Vermessung und Karte in Bayern, Bayer. Landesvermessungsamt, S. 88-93, München.

FINSTERWALDER, R. (1951b): Die Gletscher der Bayerischen Alpen. Jb. DuOAV, Bd. 76, S. 60-66, Innsbruck.

FINSTERWALDER, R. (1953): Die zahlenmäßige Erfassung des Gletscherrückgangs an Ostalpengletschern. Zeitschrift für Gletscherkunde und Glazialgeologie, Bd. II, S. 189-239.

FINSTERWALDER, R. (1971): Neukartierung der bayerischen Gletscher. DAV-Mitteilungen, Bd. 23, S. 175, München.

FINSTERWALDER, R. (1981): Zur Höhenänderung der Zugspitzgletscher. Mitt. d. Geogr. Gesellschaft in München, Bd. 66, S. 25-30.

FINSTERWALDER, R. (1992): Die Veränderungen der bayerischen Gletscher im letzten Jahrzehnt (1980-1990). In: Mttlg. d. Geogr. Gesellschaft in München, Bd. 77, S. 5-12.

FINSTERWALDER, R und H. RENTSCH (1973): Das Verhalten der Bayerischen Gletscher in den letzten zwei Jahrzehnten. Zeitschrift für Gletscherkunde und Glazialgeologie, Bd. IX, S. 59-72.

FLINT, R.F. (1971): Glacial and Quaternary Geology. New York.

FLIRI, F. (1967): Beiträge zur Kenntnis der Zeit-Raum-Struktur des Niederschlages in den Alpen. Wetter und Leben, Jg. 19, S. 241-268.

FLIRI, F. (1974): Niederschlag und Lufttemperatur im Alpenraum. Wissenschaftliche Alpenvereinshefte, 24, Innsbruck.

FLOHN, H. (1993): Jüngste Klimaänderungen: Treibhauseffekt oder Beschleunigung des Wasserkreislaufes? EUROPÄISCHE AKADEMIE FÜR UMWELTFRAGEN (Hrsg.): Globale Erwärmung - Tatsache oder Behauptung? S. 83-97, Tübingen.

GAMPER, M. und J. SUTER (1978): Der Einfluß von Temperaturänderungen auf die Länge von Gletscherzungen. Geographica Helvetica, Nr. 4, S. 183-189.

GEYH, M. A. (1980): Einführung in die Methoden der physikalischen und chemischen Altersbestimmung. Darmstadt.

GOLDBERGER, J. (1950): Zur Morphologie des Hochkönigs. Unveröff. Diss., Universität Innsbruck.

GOLDBERGER, J. (1955): Die Altlandschaft auf dem Hochkönig. Mitt. Geogr. Ges. Wien, Bd. 3, S. 183-192, Wien.

GOLDBERGER, J. (1986): Gletscherhaushalt und klimatische Umwelt des Hochköniggletschers 1965-1975. Wiss. AV-Hefte, Bd. 28, Innsbruck.

GOLDWAITH, R. P. (1982): Rates of Formation of Glacial Features in Glacier Bay, Alaska. In: COATES, D.R. (Hrsg.): Glacial Geomorphology. London, Boston, Sydney

GRASSL, H. und R. KLINGHOLZ (1990): Wir Klimamacher. Frankfurt.

GREUELL, W. (1989): Glaciers and Climate. Energy Balances Studies and Numerical Modelling of the Historical Front Variations of the Hintereisferner. Unveröffentlichte Dissertation, Broefschrift Rijkuniversiteit te Utrecht/Holland.

GROSS, G. (1969): Österreichischer Gletscherkataster (unveröffentlicht). Innsbruck.

GROSS, G. (1983): Die Schneegrenze und die Altschneelinie in den Österreichischen Alpen. In: Festschrift FLIRI, Universität Innsbruck, S. 59-77.

GROSS, G. (1987): Der Flächenverlust der Gletscher in Österreich 1850-1920-1969. Zeitschrift für Gletscherkunde und Glazialgeologie, Heft 2, S. 131-141.

GROSS, G., KERSCHNER, H. und G. PATZELT (1976): Methodische Untersuchungen über die Schneegrenze in alpinen Gletschergebieten. Zeitschrift für Gletscherkunde und Glazialgeologie, Bd. XII (2), S. 223-251, Innsbruck.

GROTH, H. (1983): Die Lechtaler Alpen. Ein Führer für Täler, Hütten und Berge. Alpenvereinsführer mit 34 Bildtafeln. 458 S.

GROVE, J. M. (1988): The Little Ice Age. London/New York.

GÜNTHER, R. (1982): Möglichkeiten zur Berechnung des Massenhaushaltes am Beispiel mittel- und nordeuropäischer Gletscher und deren Verhalten 1949/50-1978/79. Diss. Univ. Bonn.

GÜNTHER, R. und D. WIDLEWSKI (1986): Die Korrelation verschiedener Klimaelemente mit dem Massenhaushalt alpiner und skandinavischer Gletscher. Zeitschrift für Gletscherkunde und Glazialgeologie, Bd. XXII, H. 2, S. 125-147.

GURNELL, A.M. und M.J. CLARK (1987): Glacio-fluvial Sediment Transfer. Chichester.

HAEBERLI, W. (1990): Glacier and Permafrost Signals of 20th-Century-Warming. Annals of Glaciology 14, S. 99-101.

HAEBERLI, W. (1991): Alpengletscher im Treibhaus Erde. Regio Basiliensis, 32/2, S. 59-72, Basel.

HAEBERLI, W. und E. HERREN (1991): Glacier Mass Balance Bulletin. A Contribution to the Global Environment Monitoring System (GEMS) and the International Hydrological Programme. Compiled by the Worlds Glacier Monitoring Service. Bull. No. 1 (1988-1989), IAHS (ICSI)-UNEP-UNESCO, VAW-ETH Zürich, 70 S.

HAMMER, N. (1993): Wurtenkees: Rekonstruktion einer 100jährigen Reihe der Gletschermassenbilanz. Zeitschrift für Gletscherkunde und Glazialgeologie, Bd. XXIX, H. 1, S. 15-37.

HANTKE, R. (1978b): Eiszeitalter. Bd. 1, Thun.

HAUER, H. (1950): Klima und Wetter der Zugspitze. Ber. Dt. Wetterdienstes in der US-Zone, 16, Bad Kissingen.

HELMERT, F.R. (1924): Die Ausgleichsrechnung nach der Methode der kleinsten Quadrate. Leipzig-Berlin.

HEUBERGER, H. (1980): Die Schneegrenze als Leithorizont in der Geomorphologie. In: JENTSCH, C. und H. LIEDTKE (Hrsg.): Höhengrenzen in Hochgebirgen. Arbeiten aus dem Geographischen Institut der Universität des Saarlandes, Bd. 29, S. 35-48.

HIRTLREITER, G. (1992): Spät- und postglaziale Gletscherschwankungen im Wettersteingebirge und seiner Umgebung. Münchener Geogr. Abh., Reihe B, Bd. 15, München.

HÖFER, H. von (1879): Gletscher- und Eiszeitstudien. Sitzungsberichte d. Kaiserl. Akad. d. Wiss., Math.-naturw. Cl., Bd. 79 (1), S. 331-367, Wien.

HOINKES, H. (1955): Über Messungen der Ablation und des Wärmeumsatzes auf Alpengletschern mit Bemerkungen über die Ursachen des Gletscherschwundes in den Alpen. X. Assemblèe Gén. de Rome 1954, Tome IV Comptes-Rendus de la Comm. des Neiges et des Glaces, AIHS Publ. No. 39, S. 442-448.

HOINKES, H. (1962): Schwankungen der Alpengletscher - Ihre Messung und Ihre Ursachen. Die Umschau, Heft 18, S. 558-562.

HOINKES, H. (1965): Zirkulationsbedingte Gletscherschwankungen. VIII. Internat. Tagung für Alpine Meteorologie, Villach 1964, Carinthia II, 24. Sonderheft, S. 272-280.

HOINKES, H. (1966): Gletscherschwankungen und Wetter in den Alpen. Veröffentlichungen der Schweizerischen Meteorologischen Zentralanstalt, Nr. 4, 9. Internationale Tagung für alpine Meteorologie, S. 9-14.

HOINKES, H. (1968): Glacier Variation and Weather. Journal of Glaciology, Volume 7, 49, S. 3-19.

HOINKES, H. (1970): Methoden und Möglichkeiten von Massenhaushaltsstudien auf Gletschern. Zeitschrift für Gletscherkunde und Glazialgeologie, Bd. VI, H. 1-2, S. 37-90.

HOINKES, H. und R. RUDOLPH (1962): Variations in the Mass Balance of Hintereisferner (Ötztal Alps) 1952-1961, and their Relation to Variations of Climatic Elements. Commission of Snow and Ice, Symposium of Obergurgl, IAHS Publ. No 58, S. 16-28.

HOINKES, H. und R. STEINACKER (1975a): Zur Parametrisierung der Gletscher-Klima -Beziehung. Rivista italiana di Geofisica e scienze affini, Vol. I, S. 97-104.

HOINKES, H. und N. UNTERSTEINER (1952): Wärmeumsatz und Ablation auf Alpengletschern I. - Vernagtferner (Ötztaler Alpen), August 1950, Geografiska Annaler, Vol. 34, H. 1-2, S. 99-158, Stockholm.

HOINKES, H und G. WENDLER (1968): Der Anteil der Strahlung an der Ablation von Hintereis- und Kesselwandferner im Sommer 1958. Archiv für Meteorologie, Geophysik und Bioklimatologie der Universität Wien, Serie B, Bd. 16, S. 195-236.

HOLZHAUSER, H. (1982): Neuzeitliche Gletscherschwankungen. Geogr. Helvetica, 37 (2), S. 115-126, Zürich.

HOLZHAUSER, H. und W. WETTER (1982): Auswertung historischer Quellen zur jüngsten Gletschergeschichte. Physische Geographie 1, S. 49-60, Zürich.

IPCC (Intergovernmental Panel on Climate Change) (1990): Climate Change - The IPCC Scientific Assessment of Climate Change. Cambridge University Press, Cambridge, XXXIX, 364 S.

IPCC (Intergovernmental Panel on Climate Change) (1992): Climate Change - The Supplementary Report to the IPCC Scientific Assessment. Cambridge.

JAKSCH, K. (1973): Das Gletschervorfeld auf dem Hochkönig. Wiss. AV-Hefte, 23, S. 33-35, München.

JERZ, H. (1980): Petrographische Methoden in der Quartärforschung. Verh. naturwiss. Verein Hamburg, N.F. 23, S. 45-50, Hamburg.

JÓHANNESSON, T. (1986): The Response Time of Glaciers in Iceland to Changes in Climate. Annals of Glaciology, 8, S. 100-101, Cambridge.

JÓHANNESSON, T., RAYMOND, C. und E. WADDINGTON (1989): Time-scale for Adjustment of Glaciers to Changes in Mass Balance. Journal of Glaciology 35, 121, S. 355-369.

JONES, P.D. und M.L. WIGLEY (1990): Die Erwärmung der Erde seit 1850. Spektrum der Wissenschaft, Okt. 1990, S. 108-116.

JUNGSBERGER, E. (1993): Neuzeitliche Gletscherstände in den Berchtesgadener Alpen. Unveröffentlichte Diplomarbeit, Institut für Geographie der Ludwig-Maximilians-Universität, München.

KASSER, P. (1967): Fluctuations of Glaciers 1959-1965. UNESCO und IASH, Louvain.

KASSER, P. (1970): Remarques sur les variations des glaciers suisses et les réseau d'observations. Zeitschrift für Gletscherkunde und Glazialgeologie, Band VI, Heft 1-2, S. 141-149.

KASSER, P. (1973): Fluctuations of Glaciers 1965-1970. IAHS (ICSI) - UNESCO, Paris.

KASSER, P. (1978): On the Effect of Topographic Orientation on the Variations of Glacier Length. Rivista Italiana di Geofisica e Scienze affine, Vol. V, S. 93-96.

KASSER, P. (1981): Rezente Gletscherveränderungen in den Schweizer Alpen. In: Gletscher und Klima, Jb. SNG 1978, wiss. Teil, S. 106-138.

KELLER, W.A. (1987): Einfluß von Störfaktoren auf die ^{14}C-Datierungen pleistozäner und holozäner Materialien. Geogr. Helvetica, 42 (2), S. 105-107, Zürich.

KERSCHNER, H. (1990): Methoden der Schneegrenzbestimmung. In: LIEDTKE, H. (Hrsg.): Eiszeitforschung. Wiss. Buchgesellschaft Darmstadt, S. 299-311.

KINZL, H. (1949): Formenkundliche Beobachtungen im Vorfeld der Alpengletscher. Museum Ferdinandeum, 26, S. 61-82, Innsbruck.

KINZL, H. (1953): Gletscherschwund und Gletscherform. Carinthia II, 142 (2), S. 62-72, Villach.

KINZL, H. (1958): Die Gletscher als Klimazeugen. In: BÜDEL J. und H. MENSCHING (Hrsg.): Dt. Geographentag in Würzburg, S. 221-231, Wiesbaden.

KLEBELSBERG, R. von (1948): Handbuch der Gletscherkunde und Glazialgeologie. 1. Bd., Allg. Teil, Wien.

KRAUL, C. (1992): Klimatologische Massenhaushaltsstudie an einem Alpengletscher. Die Anwendung der TS-Methode auf den Vernagtferner für die Zeit 1934/35 bis 1990/91. Unveröffentlichte Diplomarbeit am Institut für Meteorologie der Ludwig-Maximilians-Universität München.

KUHLE, M. (1991): Glazialgeomorphologie. Darmstadt.

KUHN, M. (1981): Climate and Glaciers. Sealevel, ice and climatic change, Proceedings of the Canberra Symposium, IAHS Publ., Nr. 131, S. 3-20.

KUHN, M. (1990): Energieaustausch Atmosphäre - Schnee und Eis. Int. Fachtagung über Schnee, Eis und Wasser der Alpen in einer wärmeren Atmosphäre, 11. Mai 1990 in Zürich, Mttlg. VAW-ETH Zürich Nr. 108, S. 21-32.

KUHN, M. (1990b): Klimaänderungen: Treibhauseffekt und Ozon. Thaur.

KUHN, M. (1993): Zwei Gletscher im Karwendelgebirge. Zeitschrift für Gletscherkunde und Glazialgeologie, Bd. XIX, H. 1, S. 85-92.

KUHN, M., KASER, G., MARKL, G., WAGNER, H.P. und H. SCHNEIDER (1979): 25 Jahre Massenhaushaltsuntersuchungen am Hintereisferner. Institut für Meteorologie und Geophysik, Universität Innsbruck, 81 S.

LANG, H. (1978): Über die Bedeutung der Mitteltemperatur als hydrometeorologischer Informationsträger. 14. Int. Tagung für Alpine Meteorologie, 15.-17. September 1976, Rauris, Salzburg. Arbeiten aus der Zentralanstalt für Meteorologie und Geodynamik, H. 31.

LANG, H., SCHÄDLER, B. und G. DAVIDSON (1977): Hydroglacial Investigations on the Ewigschneefeld - Großer Aletschgletscher. Zeitschrift für Gletscherkunde und Glazialgeologie, Band XII, Heft 2, S. 109-124.

LAUSCHER, A. (1976): Weltweite Typen der Höhenabhängigkeit des Niederschlages. Wetter und Leben, Bd. 28, S. 80-90.

LESER, H. (1977): Feld- und Labormethoden in der Geographie. Berlin/New York.

LETRÉGUILLY, A. (1984): Bilans de masse des glaciers alpins: méthodes de mesure et répartition spatio-temporelle. CNRS, Lab. de glaciologie, Publ. no. 439, Grenoble.

LICHTENECKER, N. (1938): Die gegenwärtige und die eiszeitliche Schneegenze in den Ostalpen. Verh. der 3. Int. Quartärkonferenz in Wien 1936, S. 141-147, Wien.

LIEB, G.K. (1987): Zur spätglazialen Gletscher- und Klimageschichte im Vergleich zwischen Hohen und Niederen Tauern. Mitt. Österr. Geogr. Ges., Bd. 129, S. 5-27, Wien.

LIEB, G.K. (1993): Zur quantitativen Erfassung des Rückganges der Kärntner Gletscher vom Hochstand um 1850 bis 1969. Arb. Geogr. Inst. Graz, Bd. 31, S. 231-251, Graz.

LINDSLEY, R., KOHLER, M. und J. PAULHUS (1958): Hydrology for Engineers. McGraw-Hill Book Company, New York/Toronto/London.

LINDZEN, R. (1993): Zur wissenschaftlichen Grundlage der Szenarien für die globale Erwärmung. EUROPÄISCHE AKADEMIE FÜR UMWELTFRAGEN (Hrsg.): Globale Erwärmung - Tatsache oder Behauptung? S. 10-34, Tübingen.

MAISCH, M. (1987a): Die Gletscher um "1850" und "HEUTE" im Bündnerland und in den angrenzenden Gebieten: Untersuchungen zur Höhenlage, Veränderung und räumlichen Struktur von Schneegrenzen. Geogr. Helvetica, Heft 2, S. 127-145.

MAISCH, M. (1989): Der Gletscherschwund in den Bündner Alpen seit dem Hochstand von 1850. In: Geographische Rundschau, Westermann Verlag Braunschweig, Heft 9/89, S. 474-482.

MAISCH, M. (1991): Zum Gletscherschwund in der Silvrettagruppe seit dem Hochstand von 1850. Beiträge zur Geographie Graubündens, Egg ZH, S. 23-33.

MAISCH, M. (1992): Die Gletscher Graubündens. Rekonstruktion und Auswertung der Gletscher und deren Veränderungen seit dem Hochstand von 1850 im Gebiet der östlichen Schweizer Alpen (Bündnerland und angrenzende Regionen). Teil A (Grundlagen - Analysen - Ergebnisse). Geographisches Institut der Universität Zürich, Zürich.

MANI, P. und H. KIENHOLZ (1988): Geomorphogenese im Gasterntal unter besonderer Berücksichtigung neuzeitlicher Gletscherschwankungen. Z. Geomorph. N.F., Suppl.-Bd. 70, S. 95-112, Berlin/Stuttgart.

MAYER, C. (1993): Geoelektrische Tiefensondierungen auf dem Schwarzmilzferner, Allgäuer Alpen. Zeitschrift für Gletscherkunde und Glazialgeologie, Bd. XXIX, H. 1, S. 75-84.

MEIER, M.F. (1965): Glaciers and Climate. In: WRIGHT, H.E. und D.G. FREY (Hrsg.): The Quaternary of the United States, S. 795-805, Princeton.

MEINL, H., BACH, W., JÄGER, J., JUNG, H. J., KNOTTENBERG, H., MARR, G., SANTER, B. und G. SCHWIEREN (1984): Socioeconomic Impacts of Climate Changes due to a Doubling of Atmospheric CO_2 - Content. Research Report to CEC/DFVLR, Dornier-System, Friedrichshafen.

MILLER, H. (1968): Der Höllentalferner im Wettersteingebirge. Zeitschrift für Gletscherkunde und Glazialgeologie, Bd V (2), S. 89-97, Innsbruck.

MINTZER, I.M. (1992): Confronting Climate Change - Risks, Implications and Responses. Cambridge.

MOSER, H., ESCHER-VETTER, H., REINWARTH, O. und D. ZUNKE (1986): Abfluß in und von Gletschern. GSF-Bericht 41/86, Teil 1 und 2, München.

MÜHLBAUER, W. (1993): Trend der Jahres- und Jahreszeiten-Niederschläge in regionaler Betrachtung in Süddeutschland. Unveröffentlichte Diplomarbeit, Institut für Geographie der Ludwig-Maximilians-Universität München.

MÜLLER, F. (1980): Glaciers and their Fluctuations. Nature and Resources, Vol. XVI, Nr. 2, S. 5-11.

MÜLLER, P. (1988): Parametrisierung der Gletscher-Klima-Beziehung für die Praxis: Grundlagen und Beispiele. Mitteilungen der Versuchsanstalt für Wasserbau, Hydrologie und Glaziologie, Nr. 95, ETH Zürich, 228 S.

MÜLLER, F., CAFLISCH, T. und G. MÜLLER (1976): Firn und Eis der Schweizer Alpen. Gletscherinventar. Geogr. Institut ETH Zürich, Publ. Nr. 57.

NICOLUSSI, K. (1995): Jahresringe und Massenbilanz. Dendroklimatologische Rekonstruktion der Massenbilanzreihe des Hintereisferners bis zum Jahr 1400 mittels Pinus cembra - Reihen aus den Ötztaler Alpen, Tirol. Zeitschrift für Gletscherkunde und Glazialgeologie, Bd. XXX (1994), S. 11-52, Innsbruck.

NYE, J.F. (1963a): The Response of a Glacier to Changes in the Rate of Nourishement and Wastage. Proceeding of the Royal Society, A, Vol. 275, S. 87-112.

NYE, J.F. (1963b): Theorie of Glacier Variations. Reprint from Ice and Snow, MIT-Press, S. 151-161.

NYE, J.F. (1963c): On the Theory of the Advance and Retreat of Glaciers. Geophysical Journal of the Royal Astronomical Society, Vol. 7, Nr. 4, S. 431-456.

OZENDA, P. und J.-L. BOREL (1991): Mögliche ökologische Auswirkungen von Klimaveränderungen in den Alpen. CIPRA , Kleine Schriften, 8/91, Vaduz.

PASCHINGER, V. (1959): Die verschwundenen Gletscher der Ostalpen (seit dem letzten Hochstand um 1850). Abhdlg. der Österr. Ges., Bd. XVIII, S. 1-67.

PATERSON, W. S. B. (1981): The Physics of Glaciers. Second Edition, Pergamon press, Oxford, New York, 380 S.

PATZELT, G. (1973): Die postglazialen Gletscher- und Klimaschwankungen in der Venedigergruppe (Hohe Tauern, Ostalpen). Zeitschrift für Geomorphologie, Suppl.-Bd. 16, S. 25-72.

PATZELT, G. (1976): Statistik der Längenänderung an den Österreichischen Gletschern von 1960-1975. Zeitschrift für Gletscherkunde und Glazialgeologie, Band XII, Heft 1, S. 91-94.

PATZELT, G. (1980): Neue Ergebnisse der Spät- und Postglazialforschung in Tirol. Jahresbericht d. Österr. Geogr. Ges. 1976/77, Zweigverein Innsbruck, S. 11-18, Innsbruck.

PATZELT, G. (1985a): The Period of Glacier Advances in the Alps 1965-80. Zeitschrift für Gletscherkunde und Glazialgeologie, Band XXI, S. 403-407.

PATZELT, G. (1990): Die Gletscher der Österreichischen Alpen 1988/89. Mitt. des ÖAV März/April, 45 (116), S. 13-17.

PATZELT, G. und M. AELLEN (1990): Gletscher. Int. Fachtagung über Schnee, Eis und Wasser der Alpen in einer wärmeren Atmosphäre, 11. Mai 1990 in Zürich. Mttlg. der VAW-ETH Zürich Nr. 108, S. 49-69.

PFISTER, C. (1981): The Little Ice Age: Thermal and Wetness Indices for Central Europe. In: ROTBERG, R.J. und T.K. RABB (1981): Climate and History - Studies in Interdisciplinary History, S. 85-116, Princeton.

PFISTER, C. (1982): Zur Interpretation klimageschichtlicher Schriftquellen. Physische Geographie 1, S. 25-36, Zürich.

PFISTER, C., MESSERLI, B., MESSERLI, P. und H. ZUMBÜHL (1978): Die Rekonstruktion des Klima- und Witterungsverlaufes der letzten Jahrhunderte mit Hilfe verschiedener Datentypen. Jb. Schweizer Naturforsch. Ges. Bern, wissensch. Teil, Sonderheft Gletscher und Klima, S. 89-105, Basel.

PRICE, R. J. (1973): Glacial and Fluvioglacial Landforms. London.

PRICE, R. J. (1980): Rates of Geomorphological Changes in Proglacial areas. In: CULLINGFORD, R.A., DAVIDSON, D.A. und J. LEWIN: Timescales in Geomorphology. Chichester, New York, Brisbane, Toronto.

RATZEL, F. (1886): Zur Kritik der sogenannten Schneegrenze. Leopoldina 22, S. 186-188, S. 201-204, S. 210-212.

REICHELT, G. (1961): Über Schotterformen und Rundungsgradanalyse als Feldmethode. Peterm. Geogr. Mitt., 105, S. 15-24, Gotha.

RICHTER, E. (1881): Geschichte der Schwankungen der Alpengletscher. Deutscher und Oesterreichischer Alpenverein, Zeitschrift, Band 22, S. 1-74.

RICHTER, E. (1888): Die Gletscher der Ostalpen. Handbücher zur Deutschen Landes- und Volkskunde, 3. Stuttgart (J. Engelhorn), 306 S.

SCHMIDT, A. (1921): Über die Frage nach der Häufigkeit von Monatsfolgen gleichsinniger Temperaturabweichungen. Met. Z. 38, S. 50-53.

SCHÖNWIESE, C.D. (1979): Klimaschwankungen. Berlin/Heidelberg/New York

SCHÖNWIESE, C.D. und J. MALCHER (1985): Nicht-Stationarität oder Inhomogenität? Ein Beitrag zur statistischen Analyse klimatologischer Zeitreihen. Wetter und Leben, Jg. 37, S. 181-193.

SCHRÖDER-LANZ, H. (1970): Erfahrungen bei der Herstellung von Moränenkatastern im Hochgebirge mit Hilfe der Luftbildauswertung. Bildmessung und Luftbildwesen, Bd. 38, S. 164-171.

SCHUG, J. und M. KUHN (1993): Der Schwarzmilferner in den Allgäuer Alpen: Massenbilanz und klimatische Bedingungen. Zeitschrift für Gletscherkunde und Glazialgeologie, Bd. XIX, H. 1, S. 55-74.

SHINE, K.P., DERWENT, R.G., WUEBBELS, D.J. und J.-J. MORCRETTE (1990): Radiative Forcing of Climate. IPCC (Intergovernmental Panel on Climate Change): Climate Change - The IPCC Scientific Assessment, S. 41-68, Cambridge.

SIEGENTHALER, U. (1990): Klimaszenarien aufgrund des veränderten Treibhauseffekts. Int. Fachtagung über Schnee, Eis und Wasser der Alpen in einer wärmeren Atmosphäre, 11. Mai 1990 in Zürich, Mttlg. der VAW-ETH Zürich Nr. 108, S. 7-19.

SPIEHLER, A. (1885/1886): Die Lechtaler Alpen. Z. DuÖAV, Bd. 16, S. 299-333, Bd. 17, S. 293-310, Salzburg/München.

STÄBLEIN, G. (1970): Grobsedimentanalyse als Arbeitsmethode der genetischen Geomorphologie. Würzb. Geogr. Arb., 27, Würzburg.

STEINACKER, R. (1979): Rückrechnung des Massenhaushaltes des Hintereisferners mit Hilfe von Klimadaten. Zeitschrift für Gletscherkunde und Glazialgeologie, Bd. XV, H. 1, S. 101-104.

STEINHAUSER, F. (1953): Niederschlagskarte von Österreich für das Normaljahr 1901-1950 - Beitr. Hydrogr. Österr., Nr. 27, Wien.

STÖTTER, J. (1994): Veränderungen der Kryosphäre in Vergangenheit und Zukunft sowie Folgeerscheinungen. Untersuchungen in ausgewählten Hochgebirgsräumen im Vinschgau (Südtirol). Unveröffentlichte Habilitationsschrift. Fakultät für Geowissenschaften der Ludwig-Maximilians-Universität München.

SUTER, J. (1981): Gletschergeschichte des Ober-Engadins: Untersuchungen von Gletscherschwankungen in der Err-Julier-Gruppe. Diss. Univ. Zürich, Physische Geographie, Vol. 2, 147 S.

TURNER, H. (1970): Grundzüge der Hochgebirgsklimatologie. Bericht Nr. 52 der eidgenössischen Anstalt für das forstliche Versuchswesen Birmensdorf, S. 1-13.

UHLIG, H. (1954): Die Altformen des Wettersteingebirges mit Vergleichen in den Allgäuer und Lechtaler Alpen. Forschg. Dt. Landeskunde, Bd. 79, Remagen.

VISSER, P.C. (1938): Wissenschaftliche Ergebnisse der Niederländischen Expeditionen in den Karakorum und die angrenzenden Gebiete in den Jahren 1922-1935. Glaziologie, 2, Leiden.

VORNDRAN, G. (1969): Die Höhe der Schneegrenze in der Silvrettagruppe. Mittlg. der Geogr. Gesellschaft München, Bd. 55, S. 155-167.

WALTENBERGER, A. (1875): Die Rhätikon-Kette, Lechtaler und Vorarlberger Alpen. Pet. Geogr. Mitt., Erg.-Heft 40, Gotha.

WATSON, R.T., RODHE, H., OESCHGER, H. und U. SIEGENTHALER (1990): Greenhouse Gases and Aerosols. IPCC (Intergovernmental Panel on Climate Change): Climate Change - The IPCC Scientific Assessment, S. 1-40, Cambridge.

WEISCHET, W. (1965): Der tropisch-konvektive und der außertropisch-advektive Typ der Niederschlagsverteilung. Erdkunde, Band XIX, S. 6-13.

WETTER, W. (1987): Gletscherschwankungen im Mont Blanc-Gebiet, Dissertation, Zürich.

WIESNER, C.J. (1970): Hydrometeorology. Chapman and Hall Ltd., London

WILHELM, F. (1975): Schnee- und Gletscherkunde. Walter de Gruyter, Berlin-New York, 435 S.

ZUMBÜHL, H. (1980): Die Schwankungen der Grindelwaldgletscher in den historischen Bild- und Schriftquellen des 12. bis 19. Jahrhunderts. Denkschriften der Schweizerischen Naturforschenden Gesellschaft, XCII, Basel.

ZUMBÜHL, H. und H. HOLZHAUSER (1988): Alpengletscher in der Kleinen Eiszeit. Die Alpen, 64 (3), Bern.

13. ANHANG

Tab. A1: Mittlere spezifische Nettomassenbilanzen des Nördlichen Schneeferners im Zeitraum 1945/46-1993/94 - Jahreswerte und kumulierte Jahreswerte

Haushalts-jahr	MSB (WS-SUM-Neu) [g/cm²]	MSB (WS-SUM-Neu cum. [g/cm²]	Haushalts-jahr	MSB (WS-SUM-Neu) [g/cm²]	MSB (WS-SUM-Neu cum. [g/cm²]
1945/46	-2275	-2275	1970/71	-938	-15661
1946/47	-3465	-5740	1971/72	-566	-16227
1947/48	-894	-6634	1972/73	-1074	-17301
1948/49	-1676	-8310	1973/74	403	-16898
1949/50	-2478	-10788	1974/75	-265	-17163
1950/51	-1081	-11869	1975/76	9	-17154
1951/52	-1124	-12993	1976/77	425	-16729
1952/53	-790	-13783	1977/78	1491	-15238
1953/54	682	-13101	1978/79	1281	-13957
1954/55	964	-12137	1979/80	1410	-12547
1955/56	319	-11818	1980/81	1071	-11476
1956/57	-89	-11907	1981/82	-830	-12306
1957/58	-1481	-13388	1982/83	-1634	-13940
1958/59	-1269	-14657	1983/84	997	-12943
1959/60	156	-14501	1984/85	-900	-13843
1960/61	-496	-14997	1985/86	-1565	-15408
1961/62	-33	-15030	1986/87	-341	-15749
1962/63	-1194	-16224	1987/88	-105	-15854
1963/64	-1367	-17591	1988/89	187	-15667
1964/65	2011	-15580	1989/90	-1290	-16957
1965/66	998	-14582	1990/91	-1459	-18416
1966/67	424	-14158	1991/92	-1928	-20344
1967/68	518	-13640	1992/93	83	-20261
1968/69	-954	-14594	1993/94	-2101	-22362
1969/70	-129	-14723			

Tab. A2: Mittlere spezifische Nettomassenbilanzen ausgewählter Gletscher der Alpen (1949/50-1973/74) - Werte nach GÜNTHER (1982); STEINACKER (1979) und HAMMER (1993)

Haushalts-jahr	Sonnblick-kees MSB [g/cm²]	Hintereis-ferner MSB [g/cm²]	Silvretta-gletscher MSB [g/cm²]	Gries-gletscher MSB [g/cm²]	Aletsch-gletscher MSB [g/cm²]	Wurten-kees MSB [g/cm²]	Nördlicher Schneeferner MSB [g/cm²]
1949/50	-1340	-1237	-1750	-1330	-1240	-1226	-2478
1950/51	-150	-733	120	740	197	-618	-1081
1951/52	-640	-1415	-990	-270	-706	-513	-1124
1952/53	-930	-540	-40	-520	-321	-791	-790
1953/54	10	-286	510	590	63	-124	682
1954/55	440	76	440	-180	610	81	964
1955/56	200	-275	520	300	415	-461	319
1956/57	180	-189	240	-190	-10	-307	-89
1957/58	-540	-981	-980	-530	-650	-1072	-1481
1958/59	-450	-763	-1070	-1130	-1070	-312	-1269
1959/60	140	-62	320	610	410	187	156
1960/61	180	-205	490	-120	-180	-704	-496
1961/62	10	-696	-560	-1070	-410	-456	-33
1962/63	-1280	-603	-1020	30	-120	-687	-1282
1963/64	-930	-1244	-1360	-850	-1270	-530	-1401
1964/65	1850	925	1320	920	1180	-57	1877
1965/66	870	344	1310	-280	620	-524	997
1966/67	210	20	250	260	300	-951	576
1967/68	210	338	580	310	670	22	623
1968/69	-230	-431	-180	260	310	-755	-954
1969/70	140	-552	140	-410	-120	-485	-129
1970/71	-390	-600	-930	-1200	-710	-731	-938
1971/72	70	-74	-310	480	-220	211	-566
1972/73	-720	-1229	-1280	-1040	-530	-854	-1074
1973/74	540	55	650	-160	70	-96	403

Tab. A3: Kumulierte, mittlere spezifische Nettomassenbilanzen ausgewählter Gletscher der Alpen (1949/50-1973/74) - Werte nach GÜNTHER (1982); STEINACKER (1979) und HAMMER (1993)

Haushalts-jahr	Sonnblick-kees MSB kum. [g/cm²]	Hintereis-ferner MSB kum. [g/cm²]	Silvretta-gletscher MSB kum. [g/cm²]	Gries-gletscher MSB kum. [g/cm²]	Aletsch-gletscher MSB kum. [g/cm²]	Wurten-kees MSB kum. [g/cm²]	Nördlicher Schneeferner MSB kum. [g/cm²]
1949/50	-1340	-1237	-1750	-1330	-1240	-1226	-2478
1950/51	-1490	-1970	-1630	-590	-1043	-1844	-3559
1951/52	-2130	-3385	-2620	-860	-1749	-2357	-4683
1952/53	-3060	-3925	-2660	-1380	-2070	-3148	-5473
1953/54	-3050	-4211	-2150	-790	-2007	-3272	-4791
1954/55	-2610	-4135	-1710	-970	-1397	-3191	-3827
1955/56	-2410	-4410	-1190	-670	-982	-3652	-3508
1956/57	-2230	-4599	-950	-860	-992	-3959	-3597
1957/58	-2770	-5580	-1930	-1390	-1642	-5031	-5078
1958/59	-3220	-6343	-3000	-2520	-2712	-5343	-6347
1959/60	-3080	-6405	-2680	-1910	-2302	-5156	-6191
1960/61	-2900	-6610	-2190	-2030	-2482	-5860	-6687
1961/62	-2890	-7306	-2750	-3100	-2892	-6316	-6720
1962/63	-4170	-7909	-3770	-3070	-3012	-7003	-8002
1963/64	-5100	-9153	-5130	-3920	-4282	-7533	-9403
1964/65	-3250	-8228	-3810	-3000	-3102	-7590	-7526
1965/66	-2380	-7884	-2500	-3280	-2482	-8114	-6529
1966/67	-2170	-7864	-2250	-3020	-2182	-9065	-5953
1967/68	-1960	-7526	-1670	-2710	-1512	-9043	-5330
1968/69	-2190	-7957	-1850	-2450	-1202	-9798	-6284
1969/70	-2050	-8509	-1710	-2860	-1322	-10283	-6413
1970/71	-2440	-9109	-2640	-4060	-2032	-11014	-7351
1971/72	-2370	-9183	-2950	-3580	-2252	-10803	-7917
1972/73	-3090	-10412	-4230	-4620	-2782	-11657	-8991
1973/74	-2550	-10357	-3580	-4780	-2712	-11753	-8588

Tab. A4: Kumulierte, mittlere spezifische Nettomassenbilanzen des Nördlichen Schneeferners im Vergleich zum Wurtenkees (Werte nach KRAUL 1992) und Vernagtferner (Werte nach HAMMER 1993) -1949/50-1990/91

Haushaltsjahr	Nördlicher Schneeferner	Vernagtferner	Wurtenkees
	MSB cum. [g/cm²]	MSB cum. [g/cm²]	MSB cum. [g/cm²]
1949/50	-2478	-778	-1226
1950/51	-3559	-1286	-1844
1951/52	-4683	-2087	-2357
1952/53	-5473	-2523	-3148
1953/54	-4791	-2028	-3272
1954/55	-3827	-1892	-3191
1955/56	-3508	-1941	-3652
1956/57	-3597	-1643	-3959
1957/58	-5078	-2127	-5031
1958/59	-6347	-2310	-5343
1959/60	-6191	-2222	-5156
1960/61	-6687	-2597	-5860
1961/62	-6720	-2817	-6316
1962/63	-8002	-3182	-7003
1963/64	-9403	-3801	-7533
1964/65	-7526	-2974	-7590
1965/66	-6529	-2747	-8114
1966/67	-5953	-2688	-9065
1967/68	-5330	-2418	-9043
1968/69	-6284	-2591	-9798
1969/70	-6413	-2848	-10283
1970/71	-7351	-3103	-11014
1971/72	-7917	-2826	-10803
1972/73	-8991	-3350	-11657
1973/74	-8588	-3314	-11753
1974/75	-8853	-3211	-12635
1975/76	-8844	-3200	-12751
1976/77	-8419	-2946	-13057
1977/78	-6928	-2678	-13028
1978/79	-5647	-2556	-13721
1979/80	-4237	-2432	-13984
1980/81	-3166	-2382	-14481
1981/82	-3996	-3339	-15743
1982/83	-5630	-3966	-17024
1983/84	-4633	-3833	-16972
1984/85	-5533	-4273	-17963
1985/86	-7098	-4884	-19192
1986/87	-7439	-5129	-19974
1987/88	-7544	-5540	-20919
1988/89	-7657	-5673	-21245
1989/90	-8647	-6006	-21834
1990/91	-10106	-6556	-22717

Tab. A5: Mittlere spezifische Nettomassenbilanzen des Nördlichen Schneeferners im Vergleich zum Wurtenkees (Werte nach KRAUL 1992) und Vernagtferner (Werte nach HAMMER 1993) -1949/50-1990/91) - Statistische Streuungsmaße

Haushaltsjahr	Nördlicher Schneeferner MSB [g/cm²]	Vernagtferner MSB [g/cm²]	Wurtenkees MSB [g/cm²]
1949/50	-2478	-778	-1226
1950/51	-1081	-508	-618
1951/52	-1124	-801	-513
1952/53	-790	-436	-791
1953/54	682	495	-124
1954/55	964	136	81
1955/56	319	-49	-461
1956/57	-89	298	-307
1957/58	-1481	-484	-1072
1958/59	-1269	-183	-312
1959/60	156	88	187
1960/61	-496	-375	-704
1961/62	-33	-220	-456
1962/63	-1282	-365	-687
1963/64	-1401	-619	-530
1964/65	1877	827	-57
1965/66	997	227	-524
1966/67	576	59	-951
1967/68	623	270	22
1968/69	-954	-173	-755
1969/70	-129	-257	-485
1970/71	-938	-255	-731
1971/72	-566	277	211
1972/73	-1074	-524	-854
1973/74	403	36	-96
1974/75	-265	103	-882
1975/76	9	11	-116
1976/77	425	254	-306
1977/78	1491	268	29
1978/79	1281	122	-693
1979/80	1410	124	-263
1980/81	1071	50	-497
1981/82	-830	-957	-1262
1982/83	-1634	-627	-1281
1983/84	997	133	52
1984/85	-900	-440	-991
1985/86	-1565	-611	-1229
1986/87	-341	-245	-782
1987/88	-105	-411	-945
1988/89	187	-133	-326
1989/90	-1290	-333	-589
1990/91	-1459	-550	-883
Standardabw.	1029,42	384,65	413,41
Varianz	1059696,58	147955,99	170907,47
Minimum	-2478	-957	-1281
Maximum	1877	827	211
Spannweite	4355	1784	1492

MÜNCHENER GEOGRAPHISCHE ABHANDLUNGEN

Institut für Geographie der Universität München
Fakultät für Geowissenschaften
80333 München, Luisenstr. 37

Herausgeber
Prof. Dr. O. Baume, Prof. Dr. J. Birkenhauer,
Prof. Dr. H.-G. Gierloff-Emden, Prof. Dr. W. Mauser,
Prof. Dr. K. Rögner, Prof. Dr. U. Rust, Prof. Dr. F. Wieneke

Schriftleitung: Dr. K.R. Dietz

Band 1 Das Geographische Institut der Universität München, Fakultät für Geowissenschaften, in Forschung, Lehre und Organisation. 1972, 101 S., 3 Abb., 13 Fotos, 1 Luftb., DM 10,- ISBN 3 920397 60 6

Band 2 KREMLING, H.: Die Beziehungsgrundlage in thematischen Karten in ihrem Verhältnis zum Kartengegenstand. 1970, 128 S., 7 Abb., 32 Tab., DM 18,- ISBN 3 920397 61 4

Band 3 WIENEKE, F.: Kurzfristige Umgestaltungen an der Alentejoküste nördlich Sines am Beispiel der Lagoa de Melides, Portugal (Schwallbedingter Transport an der Küste). 1971, 151 S., 34 Abb., 15 Fotos, 3 Luftb., 10 Tab., DM 18,- ISBN 3 920397 62 2

Band 4 PONGRATZ, E.: Historische Bauwerke als Indikatoren für küstenmorphologische Veränderungen (Abrasion und Meeresspiegelschwankungen in Latium). 1972, 144 S., 56 Abb., 59 Fotos, 8 Luftb., 4 Tab., 16 Karten, DM 24,- ISBN 3 920397 63 0

Band 5 GIERLOFF-EMDEN, H.-G. und RUST, U.: Verwertbarkeit von Satellitenbildern für geomorphologische Kartierungen in Trockenräumen (Chihuahua, New Mexico, Baja California) - Bildinformation und Geländetest. 1971, 97 S., 9 Abb., 17 Fotos, 2 Satellitenb., 5 Tab., 6 Karten, DM 10,- ISBN 3 920397 64 9

Band 6 VORNDRAN, G.: Kryopedologische Untersuchungen mit Hilfe von Bodentemperaturmessungen (an einem zonalen Struturbodenvorkommen in der Silvrettagruppe). 1972, 70 S., 15 Abb., 5 Fotos, 2 Tab., DM 10,- ISBN 3 920397 65 7

Band 7 WIECZOREK, U.: Der Einsatz von Äquidensiten in der Luftbildinterpretation und bei der quantitativen Analyse von Texturen. 1972, 195 S., 20 Abb., 27 Tafeln, 10 Tab., 2 Karten, 50 Diagr., DM 42,- ISBN 3 920397 66 5

Band 8 MAHNCKE, K.-J.: Methodische Untersuchungen zur Kartierung von Brandrodungsflächen im Regenwaldgebiet von Liberia mit Hilfe von Luftbildern. 1973, 73 S., 13 Abb., 7 Fotos, 1 Luftb., 1 Karte, vergriffen. ISBN 3 920397 67 3

Band 9 Arbeiten zur Geographie der Meere. Hans-Günter Gierloff-Emden zum 50. Geburtstag. 1973, 84 S., 27 Abb., 20 Fotos, 3 Luftb., 7 Tab., 3 Karten, DM 25,- ISBN 3 920397 68 1

Band 10 HERRMANN, A.: Entwicklung der winterlichen Schneedecke in einem nordalpinen Niederschlagsgebiet. Schneedeckenparameter in Abhängigkeit von Höhe über NN, Exposition und Vegetation im Hirschbachtal bei Lenggries im Winter 1970/71. 1973, 84 S., 23 Abb., 18 Tab., DM 18,- ISBN 3 920397 69 X

Band 11 GUSTAFSON, G.C.: Quantitative Investigation of the Morphology of Drainage Basins using Orthophotography - Quantitative Untersuchung zur Morphologie von Flußbecken unter Verwendung von Orthophotomaterial. 1973, 155 S., 48 Abb., DM 27,- ISBN 3 920397 70 3

Band 12 MICHLER, G.: Der Wärmehaushalt des Sylvensteinspeichers. 1974, 255 S., 82 + 7 Abb., 7 Photos, 23 Tab., DM 28,- ISBN 3 920397 71 1

Band 13 PIEHLER, H.: Die Entwicklung der Nahtstelle von Lech-, Loisach und Ammergletscher vom Hoch- bis Spätglazial der letzten Vereisung. 1974, 105 S., 16 Abb., 13 Fotos, 14 Tab., 1 Karte, DM 20,- ISBN 3 920397 72 X

Band 14 SCHLESINGER, B.: Über die Schutteinfüllung im Wimbach-Gries und ihre Veränderung. Studie zur Schuttumlagerung in den östlichen Kalkalpen. 1974, 74 S., 9 Abb., 12 Tab., 7 Karten, DM 18,- ISBN 3 920397 73 8

Band 15 WILHELM, F.: Niederschlagsstrukturen im Einzugsgebiet des Lainbaches bei Benediktbeuren, Obb.. 1975, 85 S., 40 Fig., 19 Tab., DM 19,- ISBN 3 920397 74 6

Band 16 GUMTAU, M.: Das Ringbecken Korolev in der Bildanalyse. Untersuchungen zur Morphologie der Mondrückseite unter Benutzung fotografischer Äquidensitometrie und optischer Ortsfrequenzfilterung. 1974, 145 S., 82 Abb., 8 Tab., DM 38,- ISBN 3 920397 75 4

Band 17 LOUIS, H.: Abtragungshohlformen mit konvergierend-linearem Abflußsystem. Zur Theorie des fluvialen Abtragungsreliefs. 1975, 45 S., 1 Fig., DM 14,- ISBN 3 920397 76 2

Band 18 OSTHEIDER, M.: Möglichkeiten der Erkennung und Erfassung von Meereis mit Hilfe von Satellitenbildern (NOAA-2, VHRR). 1975, 159 S., 65 Abb., 10 Tab., DM 36,- ISBN 3 920397 77 0

Band 19 RUST, U. und WIENEKE, F.: Geomorphologie der küstennahen Zentralen Namib (Südwestafrika). 1976, 74 S., Appendices, 50 Abb., 23 Fotos, 17 Tab., DM 60,- ISBN 3 920397 78 9

Band 20 GIERLOFF-EMDEN, H.-G. und WIENEKE, F. (Hrsg.): Anwendung von Satelliten- und Luftbildern zur Geländedarstellung in topographischen Karten und zur bodengeographischen Kartierung. 1978, 69 S., 6 Abb., 6 Luftb., 6 Tab., 2 Karten, 4 Tafeln, DM 44,- ISBN 3 920397 79 7

Band 21 PIETRUSKY, U.: Raumdifferenzierende bevölkerungs- und sozialgeographische Strukturen und Prozesse im ländlichen Raum Ostniederbayerns seit dem frühen 19. Jahrhundert. 1977, 174 S., 25 Abb., 32 Tab., 9 Karten, Kartenband (12 Planbeilagen), DM 46,- ISBN 3 920397 40 1

Band 22 HERRMANN, A.: Schneehydrologische Untersuchungen in einem randalpinen Niederschlagsgebiet (Lainbachtal bei Benediktbeuern/Oberbayern). 1978, 126 S., 68 Abb., 14 Tab., DM 32,- ISBN 3 920397 41 X

Band 23 DREXLER, O.: Einfluß von Petrographie und Tektonik auf die Gestaltung des Talnetzes im oberen Rißbachgebiet (Karwendelgebiet, Tirol). 1979, 124 S., 23 Abb., 16 Tab., 2 Karten, DM 60,- ISBN 3 920397 47 9

Band 24 GIERLOFF-EMDEN, H.-G.: Geographische Exkursion: Bretagne und Nord-Vendée. 1981, 50 S., 19 Abb., 9 Tab., 50 Karten, vergriffen. ISBN 3 88618 090 5

Band 25 DIETZ, K.R.: Grundlagen und Methoden geographischer Luftbildinterpretation. 1981, 110 S., 51 Abb., 9 Tafeln, 9 Karten, DM 40,- ISBN 3 88618 091 3

Band 26 STÖCKLHUBER, K.: Erfassung von Ökotopen und ihren zeitlichen Veränderungen am Beispiel des Tegernseer Tales - Eine Untersuchung mit Hilfe von Luftbildern und terrestrischer Fotografie. 1982, 113 S., 72 Abb., 6 Tab., 8 Tafeln, DM 56,- ISBN 3 88618 092 1

Band 27 WIECZOREK, U.: Methodische Untersuchungen zur Analyse der Wattmorphologie aus Luftbildern mit Hilfe eines Verfahrens der digitalen Bildstrukturanalyse. 1982, 208 S., 20 Abb., 6 Tab., 4 Tafeln, 3 Karten, DM 103,- ISBN 3 88618 093 X

Band 28 SOMMERHOFF, G.: Untersuchungen zur Geomorphologie des Meeresbodens in der Labrador- und Irmingersee. 1983, 86 S., 39 Abb., 2 Tab., 7 Beilagen, DM 25,- ISBN 3 88618 094 8

Band 29 GIERLOFF-EMDEN, H.-G.: Geographische Exkursion: Niederlande. 1982, 36 S., 13 Abb., 2 Tab., 44 Karten, vergriffen. ISBN 3 88618 095 6

Band 30 GIERLOFF-EMDEN, H.G. und WILHELM, F. (Hrsg.): Forschung und Lehre am Institut für Geographie der Universität München. 1982, 50 S., 21 Abb., 14 Bilder, DM 20,- ISBN 3 88618 096 4

Band 31 JACKSON, M.: Contributions to the Geology and Hydrology of Southeastern Uruguay Based on Visual Satellite Remote Sensing Interpretation. 1984, 72 S., 36 Abb., 7 Tab., DM 22,- ISBN 3 88618 097 2

Band 32 GIERLOFF-EMDEN, H.-G. und DIETZ, K.R.: Auswertung und Verwendung von High Altitude Photography (HAP) (Hochbefliegungen aus Höhen von 12 - 20 km). Kleinmaßstäbige Luftbildaufnahmen von 1:125000 bis 1:30000 mit Beispielen von UHAP und NHAP aus den USA. 1983, 106 S., 66 Abb., 23 Tab., DM 50,- ISBN 3 88618 098 0

Band 33 GIERLOFF-EMDEN, H.-G., DIETZ, K.R. und HALM, K. (Hrsg.): Geographische Bildanalysen von Metric-Camera-Aufnahmen des Space-Shuttle Fluges STS-9. Beiträge zur Fernerkundungskartographie. 1985, 164 S., 130 Abb., DM 60,- ISBN 3 88618 099 9

Band 34 STRATHMANN, F.-W.: Multitemporale Luftbildinterpretation in der Stadtforschung und Stadtentwicklungsplanung. Methodische Grundlagen und Fallstudie München-Obermenzing. 1985, 132 S., 31 Abb., 8 Tab., 39 Luftbilder/Bildtafeln, DM 33,50 ISBN 3 88618 100 6

Band 35 HALM, K.: Photographische Weltraumaufnahmen und ihre Eignung zur thematischen und topographischen Kartierung, zur Umweltverträglichkeitsprüfung (UVP) und zur wasserwirtschaftlichen Rahmenplanung (WRP) - dargestellt am Beispiel der Metric Camera Aufnahmen des Rhône-Deltas. 1986, 123 S., 127 Fig., DM 30,- ISBN 3 88618 101 4

Reihe A

Band A 36 KAMMERER, P.: Computergestützte Reliefanalyse unter Verwendung des Digitalen Geländemodells. 1987, 94 S., 49 Abb., 3 Tab., DM 26,- ISBN 3 88618 102 2

Band A 37 VAN DER PIEPEN, H., DOERFFER, R. und GIERLOFF-EMDEN, H.-G. unter Mitarbeit von AMANN, V., BARROT, K.W. und HELBIG, H.: Kartierung von Substanzen im Meer mit Flugzeugen und Satelliten. 1987, 60 S., 32 Abb., 5 Tab., DM 30,- ISBN 3 88618 103 0

Band A 38 WIENEKE, F.: Satellitenbildauswertung - Methodische Grundlagen und ausgewählte Beispiele. 1988, 169 S., 132 Abb., 33 Tab., DM 54,- ISBN 3 925308 60 1

Band A 39 STOLZ, W.: LFC-Satellitenbilder und ihre Anwendungsmöglichkeiten zur Nachführung und Verbesserung von Küstenkarten, speziell Seekarten - Beispiel Po-Delta, Italien. 1989, 210 S., 85 Abb., 31 Tab., DM 28,- ISBN 3 925308 61 X

Band A 40 GIERLOFF-EMDEN, H.-G. und WIENEKE, F. (Hrsg.): Analysen von Satellitenaufnahmen der Large Format Camera. 1988, 179 S., 118 Abb., 25 Tab., DM 36,- ISBN 3 925308 62 8

Band A 41 Fernerkundungssymposium aus Anlaß des 65. Geburtstages von Prof. Dr. rer. nat. H.-G. Gierloff-Emden. 1989, 122 S., 47 Abb., 5 Tab., DM 28,- ISBN 3 925308 63 6

Band A 42 GIERLOFF-EMDEN, H.-G., WIENEKE, F. und DIETZ, K.R.: Geomorphologic Applications of Remote Sensing. 1990, 66 S., 30 Abb., 17 Tab., DM 22,- ISBN 3 925308 64 4

Band A 43 METTE, H.J.: Optimierte Herstellung von photographischen Satellitenbildvergrößerungen - dargelegt am Beispiel der Large Format Camera. 1990, 67 S., 35 Abb., 11 Tab., DM 25,- ISBN 3 925308 65 2

Band A 44 GIERLOFF-EMDEN, H.-G., KRÜGER, U., PRECHTEL, N., und STRATHMANN, F.-W.: Auswertung von Hochbefliegungen für Stadtregionen. 1990, 127 S., 69 Abb., 15 Tab., DM 30,- ISBN 3 925308 66 0

Band A 45 SACHWEH, M.: Klimatologie winterlicher autochthoner Witterung im nördlichen Alpenvorland. 1992, 118 S., 44 Abb., 15 Tab., DM 22,- ISBN 3 925308 67 9

Band A 46 PRECHTEL, N.: Ein Modell des solaren Strahlungsempfanges für Bebauungsmuster in Theorie und Anwendung. 1992, 157 S., 119 Abb., 10 Tab., 3 Farbtaf., DM 24,- ISBN 3 925308 67 7

Band A 47 BECHT, M.: Untersuchungen zur aktuellen Reliefentwicklung in alpinen Einzugsgebieten. 1995, 187 S., 64 Abb., 40 Tab., 25 Photos, DM 48,- ISBN 3 925308 69 5

Reihe B

Band B 1 FELIX, R., GRASER, D., VOGT, H., WAGNER, O. und WILHELM, F.: Hydrologische Untersuchungen im Lainbachgebiet bei Benediktbeuern/Obb. 1985, 116 S., 31 Abb., 24 Tab., DM 20,- ISBN 3 88618 220 7

Band B 2 BECHT, M.: Die Schwebstofführung der Gewässer im Lainbachtal bei Benediktbeuern/Obb.. 1986, 201 S., 110 Abb., 13 Tafeln, DM 24,- ISBN 3 88618 221 5

Band B 3 WAGNER, O.: Untersuchungen über räumlich-zeitliche Unterschiede im Abflußverhalten von Wildbächen, dargestellt an Teileinzugsgebieten des Lainbachtales bei Benediktbeuern/Oberbayern. 1987, 156 S., 64 Abb., 31 Tab., DM 22,- ISBN 3 88618 222 3

Band B 4 GIERLOFF-EMDEN, H.-G. und WILHELM, F. (Hrsg.): Entwicklung des Instituts für Geographie an der Ludwig-Maximilians-Universität München: Beiträge zur Hydrogeographie und Fernerkundung - Ehrenpromotionen der Fakultät für Geowissenschaften. 1987, 194 S., 96 Abb., 17 Tab., DM 24,- ISBN 3 88618 223 1

Band B 5 ENGELSING, H.: Untersuchungen zur Schwebstoffbilanz des Forggensees. 1988, 242 S., 55 Abb., 27 Tab., DM 26,- ISBN 3 925308 224 X

Band B 6 FELIX, R., PRIESMEIER, K., WAGNER, O., VOGT, H. und WILHELM, F.: Abfluß in Wildbächen, Untersuchungen im Einzugsgebiet des Lainbaches bei Benediktbeuern/Oberbayern. 1988, 549 S., 175 Abb., 102 Tab., DM 29,- ISBN 3 925308 91 1

Band B 7 RUST, U.: (Paläo)-Klima und Relief: Das Reliefgefüge der südwestafrikanischen Namibwüste (Kunene bis 27° s.B.). 1989, 158 S., 56 Abb., 34 Fotos, 5 Tab., DM 22,- ISBN 3 925308 92 X

Band B 8 CASELDINE, C., HÄBERLE, T., KUGELMANN, O., MÜNZER, U., STÖTTER, J. und WILHELM, F.: Gletscher- und landschaftsgeschichtliche Untersuchungen in Nordisland. 1990, 144 S., 15 Abb., 10 Fotos, 1 Tab., DM 22,- ISBN 3 925308 93 8

Band B 9 STÖTTER, J.: Geomorphologische und landschaftsgeschichtliche Untersuchungen im Svarfaxardalur-Skíxadalur, Tröllaskagi, N-Island. 1991, 176 S., 75 Abb., 23 Tab., DM 22,- ISBN 3 925308 94 6

Band B 10 KRÄNZLE, H.: Messung, Berechnung und fraktale Modellierung von Küstenlinien. 1991, 166 S., 78 Abb., 31 Tab., DM 22,- ISBN 3 925308 95 4

Band B 11 BIRKENHAUER, J.: The Great Escarpment of Southern Africa and its Coastal Forelands - a Re-Appraisal. 1991, 419 S., 50 Abb., 19 Tab., DM 29,- ISBN 3 925308 96 2

Band B 12 STÖTTER, J. und WILHELM, F. (Hrsg.): Environmental Change in Iceland. 1994, 308 S., 111 Abb., 18 Fotos, 18 Tab., DM 35,- ISBN 3 925308 97 0

Band B 13 WIENEKE, F. (Hrsg.): Beiträge zur Geographie der Meere und Küsten - Vorträge der 9. Jahrestagung München 22. bis 24. Mai 1991. 1993, 240 S., 84 Abb., 16 Fotos, 20 Tab., DM 35,- ISBN 3 925 308 98 9

Band B 14 GIERLOFF-EMDEN, H.-G. und METTE, H.J.: Geographische Exkursion: Po-Delta und Po-Ebene. 1992, 178 S., 111 Abb., 13 Tab., DM 24,- ISBN 3 925 308 99 7

Band B 15 HIRTLREITER, G.: Spät- und postglaziale Gletscherschwankungen im Wettersteingebirge und seiner Umgebung. 1992, 176 S., Faltkarten, 9 Tab., DM 28,- ISBN 3 925 308 75 X

Band B 16 BECHT, M. (Ed.): Contributions to the Excursions During the International Conference „Dynamics and Geomorphology of Mountain Rivers". Benediktbeuern 8.-15.6. 1992. 1992, 117 S., 40 Abb., 6 Tab., DM 20,- ISBN 3 925 308 76 8

Band B 17 WETZEL, K.F.: Abtragsprozesse an Hängen und Feststoffführung der Gewässer. Dargestellt am Beispiel der pleistozänen Lockergesteine des Lainbachgebietes (Benediktbeuern/Obb.). 1992, 188 S., 83 Abb., 16 Tab., DM 25,- ISBN 3 925 308 77 6

Band B 18 GEGG, G.: Prognose räumlich und zeitlich differenzierter Gefährdungsstufen mit einem Expertensystem unter Integration eines Geo-Informationssystems - am Beispiel von Waldschäden durch Insektenfraß -. 1993, 139 S., 53 Abb., 37 Tab., DM 25,- ISBN 3 925 308 78 4

Band B 19 GIERLOFF-EMDEN, H.G.: Die erste Entdeckungsreise des Columbus. Nautische und ozeanische Bedingungen. 1994, 258 S., 95 Abb., 3 Farbtafeln, 23 Tab., DM 35,- ISBN 3 925 308 79 2

Band B 20 DEMIRCAN, A.: Die Nutzung fernerkundlich bestimmter Pflanzenparameter zur flächenhaften Modellierung von Ertragsbildung und Verdunstung. 1995, 178 S., 72 Abb., 31 Tab., DM 28,-   ISBN 3 925 308 80 6

Band B 21 BACH, H.: Die Bestimmung hydrologischer und landwirtschaftlicher Oberflächenparameter aus hyperspektralen Fernerkundungsdaten. 1995, 175 S., 98 Abb., 14 Tab., DM 28,-   ISBN 3 925 308 81 4

Band B 22 MIARA, S.: Gliederung der rißeiszeitlichen Schotter und ihrer Deckschichten beiderseits der unteren Iller nördlich der Würmendmoränen. 1995, 185 S., 33 Abb., 18 Tab., DM 25,-   ISBN 3 925 308 82 2

Band B 23 SCHNEIDER, K.: Die Bestimmung zeitlicher und räumlicher Verteilungsmuster von Chlorophyll und Temperatur im Bodensee mit Fernerkundungsdaten. 1996, 225 S., 85 Abb., 10 Tab. und CD-ROM, DM 36,-   ISBN 3 925 308 83 0

Band B 24 GANGKOFNER, U.: Methodische Untersuchungen zur Vor- und Nachbereitung der Maximum Likelihood Klassifizierung optischer Fernerkundungsdaten. 1996, 190 S., 21 Abb., 39 Tab., DM 24,-   ISBN 3 925 308 84 9

Band B 25 HERA, U.: Gletscherschwankungen in den Nördlichen Kalkalpen seit dem 19. Jahrhundert. 1997, 205 S., 80 Abb., 16 Photos, 55 Tab., DM 27,-   ISBN 3 925 308 85 7